荒漠草原放牧系统种群生态适应过程与机理
——以短花针茅为例

◎ 刘文亭　卫智军　吕世杰　等 著

中国农业科学技术出版社

图书在版编目（CIP）数据

荒漠草原放牧系统种群生态适应过程与机理：以短花针茅为例 / 刘文亭等著. —北京：
中国农业科学技术出版社，2020.9
ISBN 978-7-5116-5014-6

Ⅰ.①荒… Ⅱ.①刘… Ⅲ.①草原—放牧管理—种群生态—研究 Ⅳ.①S815.2

中国版本图书馆 CIP 数据核字（2020）第 173964 号

责任编辑　李　华　崔改泵
责任校对　贾海霞

出 版 者　中国农业科学技术出版社
　　　　　北京市中关村南大街12号　　邮编：100081
电　　话　（010）82109708（编辑室）（010）82109702（发行部）
　　　　　（010）82109709（读者服务部）
传　　真　（010）82106650
网　　址　http://www.castp.cn
经 销 者　各地新华书店
印 刷 者　北京建宏印刷有限公司
开　　本　787mm×1 092mm　1/16
印　　张　15　　彩插3面
字　　数　315千字
版　　次　2020年9月第1版　　2020年9月第1次印刷
定　　价　89.00元

《荒漠草原放牧系统种群生态适应过程与机理——以短花针茅为例》

著者名单

主　著：刘文亭　卫智军　吕世杰

著　者：（排名不分前后）

刘国朋　王天乐　刘红梅　孙世贤　张　爽

吴艳玲　丁莉君　张春平　俞　旸　杨晓霞

李世雄　王晓丽　刘玉祯　杨增增

资助项目

国家自然基金委项目：

荒漠草原放牧强度季节调控下植被稳定性研究（31460126）

放牧制度和放牧方式对高寒草原土壤及植被更新影响的研究（31772655）

国家重点基础研究发展计划（973计划）课题：

放牧优化对草原生产力提高的作用机理与途径（2014CB138805）

青海省"高端创新人才千人计划"：

青海省"高端创新人才千人计划"（引进拔尖人才）

青海省"高端创新人才千人计划"草地适应新管理研究团队（培养团队）

青海省创新平台建设专项项目：

高寒草地—家畜系统适应性管理技术平台（科技基础条件平台）（2020-ZJ-T07）

高寒草地适应性管理重点实验室（重点实验室）

青海省科技成果转化专项：

生态保护提质增效的高寒牧区放牧单元技术研发和模式示范（2019-SF-145）

天然草地放牧系统功能优化与管理专家系统研究与应用（2018-SF-145）

青海省重大科技专项：

青藏高原现代牧场技术研发与模式示范（2018-NK-A2）

前　言

　　欧亚草原是目前世界上占有土地面积最大、保存较完善的草原区，而针茅属（*Stipa*）植物则是整个欧亚草原最主要的建群种。据《中国植物志》记载，针茅属植物是多年生密丛草本，主要分布于温带地区的干旱草原区，而以针茅属植物占优势的天然草原通常被称为针茅草原。受东南季风影响，内蒙古高原由东至西针茅属植物呈现水平地带性分布，如内蒙古东部地区贝加尔针茅草原、大针茅草原广泛分布，中部地区多为克氏针茅草原，西部地区则以小针茅草原、短花针茅草原、戈壁针茅草原、沙生针茅草原为主。针茅属植物为草原型放牧场的优良牧草，其营养价值不低于一般禾草，特别是营养生长期粗蛋白含量较高。因此，在水热条件较好的内蒙古东部地区，针茅草原（大针茅草原和贝加尔针茅草原）不仅可作为放牧地使用，同时也是较好的天然打草场。

　　同水热条件较好的内蒙古东部草原相比，在年均降水量150～250mm、长期过度放牧的荒漠草原，依旧可以发现针茅属植物稳定生存且具有相对较高的生物量，这极大地引起了研究团队的兴趣，认为该物种采取的某种或某些生态策略能够高效地适应这种严峻的环境。鉴于此，研究团队在国家自然科学基金项目"荒漠草原放牧强度季节调控下植被稳定性研究"（31460126）、国家重点基础研究发展计划（"973"计划）课题"放牧优化对草原生产力提高的作用机理与途径"（2014CB138805）、国家科技支撑计划"重点牧区草原'生产生态生活'配套保障技术集成与示范"（2012BAD13B00）和内蒙古自然科学基金"荒漠草原植物群落数量关系对放牧强度季节调控的响应"（2015MS0349）的资助下，依托内蒙古锡林郭勒盟苏尼特右旗荒漠草原的长期放牧控制试验为平台，以建群种短花针茅为研究对象，分析了放牧处理短花针茅个体功能性状、生殖特征、生长地境，并进一步探讨短花针茅种群年龄格局、空间格局及种群动态过程，探明了短花针茅的自我调控过程及其对放牧利用调控的生态响应机理。

　　尽管本书试图将荒漠草原放牧调控下短花针茅种群的故事讲好，但仅局限于生态学角度，并未涉及更多生理学方面内容，不免些许遗憾，加之研究样点仅在苏尼特右旗荒漠草原长期放牧控制试验平台，并未涉及大尺度样带科考调研，而土壤—植被—家畜三者的相互作用过程比较复杂，致使部分结论的准确性在更高的时间尺度还有待商榷。但不论如何，这本书的出版发行是对我们前期工作的重要总结！在此，要感谢导师卫智军先生和董全民先生，他们孜孜不倦的探索精神、实事求是的科学态度和对科学问题的洞察把控，令我受益匪浅，并一直激励着我努力向前。

此外，要感谢一起欢乐试验的师兄孙世贤博士、卢志宏博士、代景忠博士，师姐吴艳玲博士、刘红梅博士，师妹白玉婷博士、张爽博士、丁丽君硕士、刘佳硕士，师弟王天乐硕士、田野硕士。最后，感谢内蒙古苏尼特右旗草原工作站贾利娟硕士、苏尼特右旗地震局海松在野外工作期间给予的支持和帮助。

在本书的撰写过程中，第一章、第二章由刘文亭、卫智军撰写，第三章由吕世杰、孙世贤撰写，第四章由王天乐、张爽、丁莉君撰写，第五章由刘文亭、张春平撰写，第六章由刘文亭、王天乐撰写，第七章由刘文亭、吴艳玲撰写，第八章由俞旸、王晓丽撰写，第九章由吕世杰、刘红梅撰写，第十章由杨晓霞、李世雄撰写，附录由卫智军、吕世杰、孙世贤、刘文亭撰写。全书中的图表均由刘国朋绘制，刘玉祯、杨增增负责文字的修改与校正。本书的出版，是集体劳动与智慧的结晶，再次衷心地感谢所有为本书作出奉献的同志们。鉴于笔者学术水平有限，书中难免存在疏漏与欠缺，期待相关专家和读者批评指正！

刘文亭

2020年6月

目　录

第一章 绪 论

禾本科植物不仅在分类学上占重要地位，而且在经济关系上也占首要地位。人类食物的95%直接或间接来源于禾本科植物，其中，水稻、小麦、玉米、谷子、粟均是种植最多的粮食作物。在饲用植物中，禾本科牧草又是一类最重要的牧草，其种类之繁多、分布之普遍以及生活力之强盛均为其他科牧草所莫及。就其饲用价值而言，禾草亦占据首要地位，由此可见，饲用禾草是一类最重要的饲草料资源。

中国是世界植物资源大国，有禾本科213属，1 124种，分布于全国各地。在我国60亿亩（1亩≈667m²，全书同）草地上，分布着极其丰富的饲用禾草资源，很多禾本科牧草在植物群落组成中起建群或优势种作用，形成各种禾草类草场。例如，在草甸草原地区有羊草草原、贝加尔针茅草原、多叶隐子草草原；在典型草原地区有羊草草原、大针茅草原、克氏针茅草原；荒漠草原地区有小针茅草原、戈壁针茅草原、沙生针茅草原、短花针茅草原，这些资源都是发展畜牧业生产的重要物质基础。

目前，世界上占有土地面积最大、保存相对最完善的草原区便是位于北半球中纬度地区的欧亚草原，其中禾本科早熟禾亚科针茅族针茅属（*Stipa* Linn.）植物则是整个欧亚草原最主要的建群种，本章将介绍针茅属草原分布、生态价值、主要特点及短花针茅（*Stipa breviflora*）的主要生物学特征。

第一节 禾本科植物的演化

草原植被的发生、形成与禾本科草本植物的发生、分布与演化有着十分密切的关系。据考证，原始的禾本科植物，早在中生代白垩纪中期已经出现。也有一种论点，认为禾本科植物的出现与整个草原的发生和形成相一致，即草原植被是在第三纪形成，在第四纪才逐渐定型而扩大其分布范围的。有鉴于此，为什么禾本科植物能适应如此严酷的草原生态环境，且能够成为优势植物而在草原地区逐渐广泛分布？主要是因为禾本科草本植物，在被子植物演化进程中成为进化程度高而适应性强的一类植物，一般具有适应干旱、寒冷的气候特征和贫瘠土壤的能力。

禾本科植物的地理分布非常广泛。可以这样认为，在地球上凡是有种子植物生长的地方，一定有禾本科植物的出现。海岸、湖泊、沼泽、湿地、盐沼、荒漠、草原、森林等生态系统均生长着禾本科植物。在欧亚大陆草原，拥有大量的禾本科植物，特别是针茅属植物成为草原植被的优势成分，从而形成了特异的草原景观。

在白垩纪、第三纪初期的地层中，采集到了禾本科植物化石，鉴定后的结果证实，与当今的"Stipeae"族和"Pancaeae"族较近似。因此，可以认为禾本科植物发生于第三纪末期，在此地质年代，被子植物全面分化，已有了目、科、属、种的分化，相应的禾本科植物也伴随着被子植物的分化而开始形成并出现。

值得注意的是，禾本科植物一旦形成，在当时外界环境的生态胁迫下，禾本科植物便表现出惊人的适应能力，促使其快速的进化和多样化，从而适应各种不同的生境，得以在地球上广泛地分布。由此看来，在被子植物中，禾本科植物是一类进化程度较高的维管植物，其具体表现为植物类型繁多、个体数量大和地理分布广三大特点。

禾本科植物（以针茅属为例）的进化方向，集中表现在两个方面。一是营养器官。地上部分由疏松到紧密，由稍宽到缩小；地下部分由复杂到简单，由少量到多量。反映在增强适应干、冷的气候和紧实、瘠薄、干燥的土壤。二是生殖器官。由大型到小型，由复杂到简化。反映在有利于授粉与种子的传播，从而扩大植物种群的分布范围。禾本科植物（以针茅属为主）器官的进化方向见表1-1（卫智军等，2013）。

表1-1　禾本科植物（以针茅属为主）器官进化方向

植物器官		进化方向	
		原始性状	进化性状
生殖器官	小穗	多数小花排列	单一小花
	小花	全部为两性花、大型	一部分为雄花、不稔花、小型
	最上小花	侧生	顶生
	颖	宿存	早脱落
	内稃	多脉纹	少脉纹

（续表）

植物器官		进化方向	
		原始性状	进化性状
生殖器官	外稃	草质叶状	硬化，膜质化
	稃顶端	无芒	有芒
	鳞片	3～6	1～2（或无）
	雄蕊	6	3（或更少）
	柱头	3	1
营养器官	叶片	线形	针状
	生草丛	疏丛	密丛
	根系	根茎、须根	大部须根
	根茎比	根量小于茎量	根量大于茎量

草食动物的进化契机与过程，在一定程度上是与禾本科植物的进化紧密地联系在一起的，当草原上的禾本科植物出现之后，奠定并推动了草食动物的进一步进化，并促使哺乳动物向另一个方向分化，即以草本植物作为食料的草食动物，因为，在以草本植物占绝对优势的草原尚未形成之前，在木本植物（以乔木为主）组成的森林植被中，多是以动物（肉类）为食料的肉食动物，尽管也生存有一些草食动物，如森林型的原始马（体小、趾多）属于"啃木型"的草食动物，以树叶为食料。然而，当森林退缩并形成以禾本科植物为主的草原之后，"啃木型"的森林性的原始马逐渐演变成"牧食型"的草原性的近代马。事实证明，禾本科植物的形成促进了原始马向近代马（有蹄类）的进化，也可以认为，原始马的进化是与禾本科植物的进化相互平行进行的。

草食动物与禾本科植物协同进化的具体表现，以马为例：一是由于禾本科草本植物草质比较粗硬，需要有坚硬的牙来咀嚼。二是茎秆含粗纤维含量高，需要强健的胃和发达的肠来消化吸收。三是草原土壤比森林土壤干燥而坚实，原始马的趾（3个）难以行走，而演变为奇蹄。四是辽阔而平坦的草原，适于快速奔跑，使得矮小体型的原始马演变成高大粗壮的现代马。同样，起源于俄罗斯的牛，具有4个发达的胃（瘤胃、网胃、瓣胃和皱胃）并进行反刍作用，也充分证实了草食动物与禾本科植物的协同进化。

必须指出，一旦草食动物在草原上大量出现，并以草原作为它们的食物来源与栖息地，那么长期以来，草食动物又影响着禾本科植物和整个大草原。主要表现为：一是草食动物的采食提高了禾草的再生性（枝条数目增多，生长速度加快）。二是草食动物的践踏增强了禾草特别是旱生丛生型禾草的耐践踏性和耐旱性。在草食动物的影响下，禾本科植物的再生性、耐旱性和耐践踏力不断提高，从而又促使禾本科植物（主要是多年生丛生禾草，特别是针茅属植物）得以作为草原植被的优势成分而长期生存，且广泛分布。显然，禾本科植物与草食动物相互促进，协同进化，最终取得了"双赢"的良好结果。

第二节　针茅属植物分类与分布

　　针茅属植物是禾本科家族中比较有特色的一员，针茅属是禾本科针茅族中种类较多的一个属，针茅属由林奈在1753年正式命名，并记载了3个种，分别为羽状针茅（*Stipa pennata*）、*Stipa juncea*、*Stipa arenacea*。1959年10月，我国正式成立《中国植物志》编辑委员会，植物分类学者总结归纳了国内现有种子植物的基本科学资料，对植物种类进行了科学的界定，并于1987年在科学出版社正式出版《中国植物志》第9卷第3分册禾本科（三），根据国内外众多植物学家通过不断的研究探索及《中国植物志》记载，针茅属植物是多年生密丛草本，全世界有200多种，主要分布于温带地区，在干旱草原区尤多。我国有23种、6变种，主产于西部。

　　针茅属植物为多年生密丛型禾草，叶纤细，圆锥花序较窄，机械组织与保护组织较发达，具有旱生结构，适宜在中性和微碱性的黑钙土、栗钙土上生长。针茅属植物株丛较密，草层较高，营养价值不低于一般禾草，特别是在营养生长期，粗蛋白质含量较高，是我国北方草原上最重要的饲用植物之一，由于营养生长期较长，结实期可延至初秋时节，冬季保存性好，针茅的放牧利用时间较长，而且再生性强，耐牧，适宜放牧利用。针茅属植物也是工业生产中造纸的上等原料，并且可作为编织品利用。因此，针茅属植物具有很重要的生态价值、经济价值和资源价值。但由于针茅属植物的外稃有尖锐的基盘和呈膝状弯曲的长芒，末端扭曲的芒柱受潮后能自行扭转，因此极容易扎在绵羊等家畜身上，刺入家畜的毛、皮、皮下组织乃至肌肉，严重时常引起死亡，所以在秋季放牧场上，针茅植物带稃的颖果会对放牧家畜造成一定的危害。

　　在我国境内，针茅属植物主要分布于平原或低山丘陵地带，平原地区主要分布在内蒙古、宁夏、甘肃中部和北部、黄土高原及东北的黑土平原；在山地，则主要分布在新疆的天山和阿尔泰山以及青藏高原的部分地区。针茅属植物在我国分布的北界为东北地区的根河市，北纬50°~51°（吴征镒，1980）。分布最北的种是贝加尔针茅（*Stipa baicalensis*）和大针茅（*Stipa grandis*）；分布区的南缘位于四川省岩泉县，约北纬27°，分布最南的种是丝颖针茅（*Stipa capillacea*），生于高山灌丛、草甸、丘陵顶部、山前平原或河谷阶地；分布海拔最低的种是本氏针茅（*Stipa bungeana*），在海拔50m的江苏省南京市也有分布，分布海拔最高的种是座花针茅（*Stipa subsessiliflora*）和狭穗针茅（*Stipa regeliana*），生长在海拔5 500m的新疆叶城仙湾北坡及西藏的仲巴县、帕米尔高原东部和喜马拉雅山地区（卢生莲和吴珍兰，1996）。

从分布区来看，针茅属植物在我国是以无毛芒组、宽颖组、一膝曲芒组和全毛芒组占优势。无毛芒组适应于相对较温暖的半干旱生境，植物体通常高大，广泛分布于海拔140~4 400m的平原、丘陵或山地，其中，丝颖针茅是高寒草甸或高寒草原种，其余均为具有真旱生生态型的真草原种；宽颖组适应于严寒、少雨、大风以及辐射强的环境，一般分布于青藏高原海拔4 000~5 000m的范围内，以及天山南部亚高山和阿尔泰山东南部，海拔2 000~3 000m的森林线以上，是高寒草原种；一膝曲芒组适宜较温暖而干燥的气候，多形成矮小的真旱生丛生禾草，分布于黄土丘陵地区及内蒙古南部和西北部且海拔在920~2 050m的区域，同时，新疆北部、南部海拔在600~5 000m地区也有分布；全毛芒组中的短花针茅（*Stipa breviflora*）、东方针茅（*Stipa orientalis*）是荒漠草原旱生生态型，而紫花针茅（*Stipa purpurea*）和昆仑针茅（*Stipa robarowskyi*）为高寒草原种，说明这个组是荒漠草原向高寒草原的过渡类型（卢生莲和吴珍兰，1996；彭江涛等，2016）。针茅组（毛芒针组）在欧洲和中亚草原占优势，但在我国仅分布于新疆天山北部和阿尔泰山海拔1 200~2 000m的谷地和台地。从种的分布上分析，针茅属植物在我国的内蒙古高原、新疆山地、黄土高原、青藏高原的分布密度较大，并且种类较多，而由水热条件的分布及其组合的不同，使针茅属植物不同种之间形成了生理生态特征差异，组成了广泛分布的不同草原群落，形成了针茅属植物的地带性分布特点，如内蒙古草原区从草甸草原、典型草原到荒漠草原分布有中生、旱中生、旱生的针茅属植物（Gonzalo et al.，2011；郭本兆，1987；郭本兆和孙永华，1982；李博等，1980）。

根据马毓泉等（1994）编著的《内蒙古植物志》第五卷中关于针茅属植物的记录，内蒙古现有针茅属植物12种，以针茅属植物为建群种所组成的地带性针茅草原群落是内蒙古地区地带性草原植被的主体。在内蒙古草地植被的13个主要群系中，以针茅属植物建群的有8个，草地类型多样，从东到西分布有草甸草原、典型草原、荒漠草原及草原化荒漠4个类型，分布于其上的以针茅属植物为建群种的有贝加尔针茅、大针茅、克氏针茅、短花针茅、小针茅、戈壁针茅（*Stipa gobica*）和沙生针茅（*Stipa glareosa*）等。从草原发生层面分析，草原植被形成于第三纪，当时国内的一些高山和高原尚未隆起，而且全国所处纬度要比现在低很多，亚热带界限在北纬42°左右，全国年平均气温比现在高9~10℃，当时的草原区要比现在温暖湿润，这样的气候条件适合大针茅和克氏针茅的生长发育。直到第四纪中期，地壳发生了巨大的变动，喜马拉雅山、昆仑山、青藏高原等先后隆起，阻挡了北大西洋和印度洋暖湿气流东下，东部临海部分地面开始上升，同时内蒙古高原与黄土高原隆起。由于上述变化，我国西北地区日趋干旱，草原和荒漠取代了稀树草原，早先发源于山地的草原群落下降到平地，并往东侵移，草原面积逐渐扩大。现在我国东部草原区大面积的大针茅、克氏针茅草原很有可能就是这次东移形成的。比较针茅属植物的胚，也证实大针茅、贝加尔针茅、克氏针茅的胚较小，属于较原始的种类；而短花针茅、戈壁针茅、小针茅的胚较大，是进化后的物种。

第三节　针茅属草原分布及生态价值

针茅草原通常指针茅属植物占优势的天然草原。据统计，我国有20多种针茅属植物在天然草地上占优势（彩图1），针茅草原是亚洲中部草原区特有的中温型草原代表类型之一，在特定的生境条件下，针茅属植物成为不同草地植物群落的建群种或优势种，形成的针茅类草原成为我国重要的草地类型。受东南季风影响，内蒙古高原由东至西热量和水分状况的差异使针茅属植物呈现水平地带性分布规律，如内蒙古东部地区分布有贝加尔针茅草原、大针茅草原；中部地区分布有克氏针茅（*Stipa krylovii*）草原；西部地区有石生针茅（*Stipa tianschanica*）草原、短花针茅草原（彩图2）、沙生针茅（*Stipa glareosa*）草原（中国科学院内蒙古宁夏综合考察队，1985；马毓泉，1994）。

一、贝加尔针茅草原

贝加尔针茅草原主要分布在我国东北地区的松江平原、内蒙古草原东部及蒙古草原东北部，在俄罗斯外贝加尔草原区也有些许分布，是欧亚大陆草原区和亚洲中部草原亚区（东部）特有的原生草原类型。贝加尔针茅草原在我国呈现出一条连续的分布带，由森林草原亚带为起点，随后穿越大兴安岭西麓进入内蒙古高原，再沿呼伦贝尔市山前的波状丘陵向南分布，从锡林郭勒盟的乌珠穆沁东部向西南一直延伸到锡林郭勒盟多伦县和太仆寺旗的宝昌地区。

依据全国草地类型划分标准，以贝加尔针茅为优势种的草地类型均被归为温性草甸草原类，相较于以大针茅或克氏针茅为建群种的草原，以贝加尔针茅为建群种的草原具备更为湿润的生境条件，土壤有机质积累丰富且组成植被群落的物种多样性程度更高。贝加尔针茅草原植被成分中杂类草层片最为发达，这也使其具有了较高的生物产量，是内蒙古东部地区重要的放牧场和打草场。

二、大针茅草原

大针茅草原主要分布在我国大兴安岭以西、内蒙古锡林郭勒高原（中部、东部）和呼伦贝尔高原（中部），在松嫩平原（中部）和黄土高原也有分布，还涉及俄罗斯西伯利亚高原（南部、东部）、蒙古国东部和北部。大针茅草原是亚洲中部草原区特有的一种丛生禾草草原，一般大面积分布于广阔、平坦且不受地下水影响的波状高平原的地带型生境上，部分分布于森林草原亚带的边缘，与贝加尔针茅草原相连，但不会延伸至荒漠草原带。大针茅草原对外界水分变化的响应较为敏感，当其所处生境趋于湿润时，大针茅常会被贝加尔针茅所代替；当其所处生境趋于干旱时，大针茅又会被克氏针茅所代替，并且在轻度退化地段上，大针茅草原常常演替为克氏针茅草原。正是因为这个特点，大针茅草原可以作为区分中温性森林草原亚带和典型草原亚带的重要标志。

三、克氏针茅草原

克氏针茅草原分布范围较广，主要分布于蒙古高原的典型草原带，以蒙古高原的典型草原带为中心，向东、北一直延伸至森林草原地带的边界；向南可延伸至我国黄土高原的半干旱地区；向西可成为干旱区某些山地草原类型，如阴山、贺兰山、祁连山、新疆天山，甚至在俄罗斯境内的中天山也有分布。克氏针茅虽在荒漠草原带内也有少量渗入，却并不能成为荒漠草原的优势种。因此，克氏针茅草原可以作为区分中温型森林草原亚带和典型草原带以及典型草原亚带和荒漠草原亚带的重要标志。

四、小针茅草原

小针茅荒漠草原主要分布在我国阴山山脉以北的乌兰察布层状高平原和鄂尔多斯

高原中西部地区，在极干旱的荒漠区山地（贺兰山、祁连山、东天山、阿尔泰山、柴达木等）也有零星分布。作为亚洲中部荒漠草原地带的一类小型丛生禾草草原，小针茅荒漠草原是最耐旱的针茅草原之一。小针茅荒漠草原的垂直分布特征与海拔的相关性表现为自北向南、自东向西逐渐升高的趋势。在乌兰察布高平原的北部及东部，它广泛分布在海拔950～1 000m的层状高平原上，向南、向西随着丘陵地势的上升和湿度的下降，小针茅荒漠草原大多出现在海拔1 300～1 600m的山麓坡脚和丘间谷地。因中小地形的起伏，小针茅荒漠草原还可以与其他的草原植物群落形成多种多样的复合结构与形式。在草原化荒漠亚带南部地区，小针茅草原往往与短花针茅草原、克氏针茅草原交错出现，在北部则多与沙生针茅草原形成组合。

五、短花针茅草原

短花针茅草原在气候偏暖区域分布较广，如亚洲中部草原亚区荒漠草原带，同时在荒漠区的一些山地中也有分布。在我国，短花针茅草原主要分布于内蒙古高原的南部，由乌梁素海以东的大佘太地区为起点，向西延伸经达茂旗、四子王旗至镶黄旗与化德一带，形成集中的分布区域，东西横贯于荒漠草原带的南部边缘，在典型草原与草原化荒漠的交界处，形成一条不宽的过渡带。短花针茅草原是典型草原带向西北过渡时最先遇到的荒漠草原类型，再往西北过度将逐渐出现更为干旱的戈壁针茅草原和沙生针茅草原群落。

六、戈壁针茅草原

戈壁针茅草原在我国主要分布于内蒙古高原典型草原、荒漠草原和荒漠区地带的山地（蛮汗山、大青山、乌拉山、狼山、贺兰山、雅布赖山、河西走廊北山、祁连山和天山东部）及石质丘陵顶部。作为亚洲中部荒漠草原地带的一类小型丛生禾草草原，戈壁针茅是典型亚洲中部戈壁荒漠草原种。戈壁针茅的出现总是与石质的原始粗骨性土壤高度相关。因此，向北在蒙古人民共和国的东蒙古地区、戈壁阿尔泰山东段山地和杭爱山区，向西在戈壁区的北部均有戈壁针茅的分布。

七、沙生针茅草原

沙生针茅草原主要分布在内蒙古高原西部（东阿拉善—西鄂尔多斯高原也有分布）的沙粒质棕钙土地带，海拔1 000～1 300m地段是沙生针茅荒漠草原分布的主体。作为内蒙古高原荒漠草原亚带西部分布的又一个常见的小型丛生禾草草原，沙生针茅群落分布区域的北界和东界与小针茅草原大体一致，但其西界和南界则较小针茅草原更加广泛。在荒漠地带沿着干燥山坡，沙生针茅群落的分布海拔可上升到3 700～3 900m，形成山地草原的一个组成部分。因此，沙生针茅草原在狼山、贺兰山、龙首山和马鬃山等山地植被垂直带谱中占有一定的位置，成为山地草地资源的基本类型之一。由于沙生针茅草原的地理分布范围处于亚洲中部草原亚区的荒漠草原亚带和荒漠区的山地，这也使沙生针茅草原成为了亚洲中部一系列针茅草原群系中具有明显的荒漠化特征的一个丛生禾草草原群落。

八、紫花针茅草原

紫花针茅草原广泛分布于青藏高原海拔4 500～5 200m平坦的高原面及山地，最高分布海拔可达5 400m。作为青藏高原高寒草原中分布面积最大的草原类型，紫花针茅草原既是青藏高原的特有成分，也是高寒典型草原的主要类型，亦是荒漠草原的重要类型之一。紫花针茅群落分布地段年均温为0～3℃，年降水量为150～300mm。紫花针茅草原分布范围广，面积大，这也使其在不同的地区呈现出物种组成、群落盖度等方面的差异。当紫花针茅所处生境水分条件较好时，其草原群落盖度较大，通常可达60%～80%且类型多样；当紫花针茅所处生境水分条件较差时，紫花针茅可形成单优势群落，群落总盖度一般为20%～40%，草层高度在20cm左右，最高可达40cm。常见的伴生种有羽柱针茅、昆仑针茅、沙生针茅等针茅属物种。

针茅属植物为草原型放牧场的优良牧草。通常分布广，生产力高，是中等高度的多年生密丛型禾草，茎叶稍硬，后期粗糙。针茅植物的营养价值不低于一般禾草，特别是营养生长期粗蛋白含量较高。针茅属植物在春季萌发，秋季再生的嫩叶适口性良好。马最喜食，其次是羊和牛，骆驼不喜食。在针茅草场上放牧时，动物体质恢复很快，而且产奶量也得以提高。在临近抽穗时，适口性下降。直到秋季，适口性又有所提高，冬季枯草保存良好，多数株丛较大，牲畜较易从雪下采食。因此，在水热条件较好的内蒙古东部地区，针茅草原（大针茅草原和贝加尔针茅草原）不仅可作为放牧地使用，同时也是较好的天然打草场。

在漫长的进化过程中，针茅属植物形成了独特的适应恶劣环境及草食动物啃食、践踏的机制。"适应"是生物界普遍存在的现象，也是生命个体所具备的独有现象。在家畜采食与植物适应进程中，个体通过对各类环境胁迫的响应不断演化、适应。无论是植物个体亦或种群，一旦能在特定的生境中生长、繁殖，说明它们已经具备适应此环境的能力，即具有相当程度的适应性。因此，对广布欧亚大陆草原的针茅属植物的深入分析，了解其响应机理与过程，将有助于更深层次地解释植物对不同生境的演替规律及适应阈值，为更优化地利用针茅草原、建设和谐生态环境奠定基础（韩冰和田青松，2016）。

第四节　短花针茅草原主要特点

短花针茅草原属偏暖型的荒漠草原类型。在内蒙古高原呈狭条状东西横贯于荒漠草原亚带的东南边缘，是典型草原带向西北荒漠草原过渡而首先出现的荒漠草原类型，这说明短花针茅荒漠草原具有明显的过渡性与脆弱性（卫智军等，2013）。据中国科学院内蒙古宁夏综合考察队在其考察区内考察的结果，组成短花针茅群落的高等植物有51种，其中以禾本科植物占优势，菊科、藜科次之，百合科、蔷薇科和十字花科的一些植物也有一定的数量。而构成群落建群种和优势种的植物大多属于针茅属、隐子草属、蒿属和锦鸡儿属。水生态类型分析认为，短花针茅草原中旱生植物处于主导地位，为群落总种数的84.3%，其中草原种占56.9%，荒漠草原种占25.5%，荒漠种占1.9%。

尽管短花针茅荒漠草原群落种类相对较少，但植被地带成分相对复杂，显示出短花针茅草原在地域上的独特性。群落中有荒漠草原成分，如无芒隐子草、小针茅、短花针茅、砂珍棘豆、碱韭、冬青叶兔唇花、木地肤和戈壁天门冬等，亦有典型草原群落组成成分，如克氏针茅、羊草、糙隐子草、糙叶黄芪、冰草和冷蒿等，甚至还有荒漠植物群落组成成分。但是，各成分在群落中的数量和作用是不尽相同的。除荒漠草原短花针茅在全部群落中占有建群地位外，在向荒漠草原亚带更干旱的小针茅草原过渡的短花针茅草原群落中，其荒漠草原成分的植物种类显著增多，小针茅和无芒隐子草成为群落的亚建群种。在向典型草原带湿润度稍高的克氏针茅草原过渡的短花针茅群落中，典型草原植物相对增多。有时克氏针茅同样也能成为群落的亚建群种（中国科学院内蒙古宁夏综合考察队，1985）。

短花针茅草原群落层片结构复杂。组成短花针茅群落的植物种类虽较少，但群落的层片结构比较复杂。可以认为层片的多样性与该群落地理分布上的过渡性有密切关系。群落中除由多种多年生丛生禾草组成的建群层片外，还有多年生根茎禾草根茎薹草层片、多年生杂类草层片、小半灌木层片、小灌木层片、一二年生植物层片和地衣藻类植物层片等。短花针茅草原所具有的多年生根茎禾草根茎薹草层片，也是小针茅草原所缺少的。若将短花针茅草原与相邻其他草原相比较，短花针茅草原的地衣藻类植物层片比克氏针茅草原更具优势，这是短花针茅草原在层片结构上较为突出的一个特点（卫智军等，2013）。

　　短花针茅草原生育期较早且生长发育节奏较快。如果与相邻其他群落的小针茅和克氏针茅相比，其抽穗开花期分别要提早半个月至1个月。短花针茅草原群落地上生物量年度波动性较大。群落地上生物量形成积累的增长模式种类多样，且随年降水量多少与降水季节分配的均匀程度而不同。短花针茅草原是小牲畜早春、夏秋季放牧场。在轻度和中度放牧强度下，群落具有相对稳定而偏高的生产力（卫智军等，2013；李德新，2011）。

第五节　短花针茅主要生物学特征

　　短花针茅为旱生植物，在区系地理成分上属于亚洲中部荒漠草原种，为荒漠草原的建群种或优势种，也常在某些典型草原群落和草原化荒漠群落中成为伴生成分。在亚洲中部草原亚区荒漠草原带，气候偏暖的区域内分布较广，有些地区也能分布到荒漠区的一些山地和典型草原地段。在我国主要分布于黄土高原的西北部、阴山山地和内蒙古高原南部的淡栗钙土及暗棕钙土上，甘肃的兰州、会宁和宁夏的固原、环县等地主要分布在黄土丘陵阳坡的灰钙土上，以及陕北的靖边、榆林、绥德和晋西北的河曲、偏关等地。就其种的分布，几乎遍布整个亚洲中部，包括东亚至内蒙古赤峰市郊黄土丘陵区、北至蒙古人民共和国南部的草原地区、西至阿拉善和新疆南部荒漠区的山地，以及独联体境内的中天山，西南至青藏高原以及雅鲁藏布江以南的撒美和隆子地区（陈世锽等，2001）。

　　短花针茅属针茅属须芒组（*Sect. Barbatae*）的一种多年生密丛植物，株高30~40cm，芒长5~8cm，全芒披短柔毛。在内蒙古高原荒漠草原亚带南部地区，短花针茅4月上旬开始萌动返青，5月下旬至6月中旬抽穗开花进入生长发育盛期，6月下旬至7月上旬颖果成熟脱落，生殖枝开始枯黄，而株丛基部的营养枝仍保持绿色。之后，在7月中旬至8月上旬期间，株丛再次生长出一些营养枝，此时已开始进入生长繁茂的果后营养期，直至9月下旬整个株丛逐渐变黄且最后干枯，而完全进入相对休眠期。

　　种子在暴光条件下发芽，当年长出实生苗，以夏秋为最多。种子出苗率基本上随着放牧强度的增加而降低。实生苗的中胚轴延伸极端，一般不到0.5mm；当年实生苗可分蘖1~2条，翌年再分蘖1~6条而成为具有3~9个枝条的幼小株丛。实生苗的第一苗叶为完全叶，叶鞘三脉，苗叶特别细长，具明显的针状外貌。颖果往往残存于胚芽鞘节上2~3年时间。

成龄植株的分蘖芽一般在8月中旬开始形成，有些也延长至土壤封冻前。最初是在母枝第一返青叶片的叶腋内形成白色透明的小凸起，逐渐成为锥形鞘状结构，但不突破叶鞘，是沿着叶鞘内壁向上生长，以后，叶鞘逐渐失水而变成粗老的膜质纤维鞘，分蘖芽的第一片真叶就在纤维鞘内生长，纤维鞘对它具引导和保护作用（陈世锽等，2000）。

每个母枝的基部分蘖节上，在一个生长季内，通常产生一个分蘖枝，也有较少数的母枝产生2~3个分蘖枝。如为2个分蘖芽，长出时间先后相差7~10d。第一叶片生长接近最大长度时第二叶片发出，其发生位置恰好与第一叶片相对称，第三片也露出地面时由于生境处于不利于其生长，生长较为缓慢。3个叶片中，第二叶片为最长。枝条分化也主要是在深秋初冬完成，即随气温的下降、生长锥开始分化，其上出现小凸状隆起，随时间的推移地上叶片逐渐枯黄，生长锥停止发育，并以这一状态越冬。翌年春季气温升高开始返青，生长锥小凸状隆起再次发育形成圆锥花序。但当年分化枝一般不分化成花序。枝条分化占总枝条数的24.8%~34.9%。

短花针茅种群具有二次开花现象，但出现在不同个体上，其原因主要是组成株丛的不同个体生长发育状况不同所造成，另外是生态条件。株丛枝条数具有明显的消长变化，其规律呈偏"V"字形变动，产生这种消长的主要原因为生殖枝成熟后脱落、幼嫩枝条受虫害和生殖枝迅速生长而水分及养分供应不足导致死亡，以及果后营养期营养枝虽以一定速率死亡，但数量很少，并且在此时期，新分蘖枝开始逐渐增加所造成。

短花针茅以无性繁殖为主，当年实生苗在群落中的数量很可观，但生长发育到2~3年后出现逐渐死亡现象。2~3年植株的根系入土，一般只有5~7cm，遇到干旱季节大量死亡，故在草群中，中株丛很少，生长5年以上的株丛更为稀少。在不同放牧强度的草地，短花针茅株丛的死亡数目随放牧强度的增加而上升。出现此种规律一是由于过度放牧消耗贮藏养分过多，株丛失去营养更新能力，二是生境恶化、土壤结构破坏，表土风失、流失，根系裸露等。

种子萌发时产生胚根一条，中胚轴不产生不定根，鞘节不定根一般仅有一条。成龄株丛产生的新枝条，当年一般不产生根芽，待翌年进一步生长到2~3个叶片之后，才产生新根，根芽钝头、透明，位于枝条的基部。生殖枝发育粗壮时，紧挨的营养枝生长旺盛，且新根发达；如老根死亡早，也可促使新根提前生长；另外，在特殊条件下，营养枝在分蘖节上较多时，也可促使新根的出现。

短花针茅属密丛型根系，短花针茅群落的地下生物量为643g/m³，其中0～10cm深度的根量占总地下生物量的64.7%，10～20cm深度的根量占21.6%，即0～20cm深度的根量占总根量的85.6%。根量在土壤中的分布呈典型倒金字塔形，粗、中、细3类根系的根量均随着分布深度的增加而逐渐减少。3类根系的根量中，细根所占比例较高，可占到总根量的94.47%。地下生物量以8月最高，随着季节的变化具有明显的波动性和差异，一般0～10cm土层中的波动较大，往下波动性逐渐减少。生长季节（4—8月）增长较大，尤其表土层较为显著，枯黄季节各层均有较大幅度的下降。

短花针茅具有耐干旱、耐贫瘠特点，营养价值很高，各种家畜四季均喜食，为优等饲用牧草。但芒对牲畜皮毛质量和健康具有一定的破坏作用。此外，由短花针茅建群的短花针茅荒漠草原群落的植物种类组成较小针茅荒漠草原群落更为复杂，因为与之邻近的典型草原群落中的一些植物侵入，短花针茅群落常见的有克氏针茅、糙隐子草和沙生冰草等。致使其层片结构较复杂，群落中除由多种多年生旱生丛生禾草组成的建群层片外，还有多年生根茎禾草层片、多年生薹草层片、多年生杂类草层片、旱生小半灌木层片、旱生小灌木层片、一二年生植物层片和地衣藻类植物层片等。这样复杂的群落层片结构，在荒漠草原亚带中是较为突出的一个特点。但由于短花针茅分布区生态环境脆弱，一旦被开垦弃耕后很难恢复到原生植被，为此要严格控制乱开垦乱撂荒的现象，从而达到分布区畜牧业可持续发展和控制荒漠化的目的（陈世锇等，2000）。

第二章　草原植物种群对放牧的响应

　　草原的形成，有力地保证了草原动物的繁殖和生存，尤其是草食性的奇蹄兽和偶蹄兽，它们从退却、缩小的森林逐渐迁徙到广阔的草原，包括大型食草动物，如三趾马、中华马、长颈鹿和古犀牛等，一些小型食草动物，如啮齿类的兔和鼠类，地栖鸟类也日渐增多。于是，草原从一个原有的比较单一的植物群落世界，逐渐发展为栖居、繁殖、生存着多种野生动物的比较完整的草原生态系统，成为原始放牧畜牧业产生的摇篮。

　　历史考证，在我国秦汉时代，匈奴人在辽阔的蒙古高原上缔造了草原畜牧业文明。司马迁这样解说匈奴人"随畜牧而转移，其畜之所多则马、牛、羊……逐水草迁徙"。班固《汉书·爱盎晁错传》记载道"美草甘水则止，草尽水竭则移"。这里所说的"逐水草而居"，虽说是一种自由放牧的原始方式，但绝不是一种散漫的任牲畜随便游移的自然状态，而是牧人根据地形、气候，主要是水、草状况而驱赶和放牧牲畜的行为。游牧的最大特点就是对自然的适应性，即人对自然有依存性，各种生命现象之间是相互联系的。因此，人类、牲畜与自然之间是相互关联、和谐共生并协同发展的。但由于近50多年的长期超载放牧，草地植物生产力持续衰减、生态系统功能退化，成为放牧生态学研究中的热点问题，越来越多的生态学者聚焦于放牧下植物生产力的衰减机理（Koerner et al., 2014）及植物自身保护过程（Mesa et al., 2017）。

　　植物与动物长期交互过程中，大多数生态学者认为，抵抗和忍耐是植物适应草食动物的两个主要途径（Endara & Coley, 2011; Fine et al., 2004）。抵抗，植物能够通过化学物质（酚类化合物、萜类化合物、含氮化合物等次生代谢产物）和防御器官（针、刺、毛等）来抵抗草食动物采食。忍耐，植物通过补偿性生长和提升繁殖成功率来适应草食动物（Paige & Whitham, 1987）。事实上，植物会采取何种自卫途径不仅取决于植物自身，很大程度上还取决于受干扰程度和植物生长地境（土壤养分、土壤结构等）（Bardgett et al., 2002; Verón et al., 2011）。

　　研究认为，放牧对草地的一般影响过程为放牧改变了"植物—生长地境"两个界面的内部关系，即通过草地植物界面受到草食动物干扰，如牲畜采食、践踏植物，打破植物原有营养元素循环状态（Li et al.，2016）；草食动物影响植物生长地境界面，如土壤物理结构、土壤化学性质产生变化（Barger et al.，2004），进而诱使草地"植物—生长地境"内部调节过程与功能的改变和衰退（Klumpp et al.，2009）。土壤结构与功能逐步退化是草原植物群落退化的直接原因，土壤的退化必将导致个体植物的亚健康生长（Bisigato et al.，2009；Singer & Schoenecker，2003）。因此，放牧家畜对草原植物的作用效应主要是减弱了植物对资源的同化能力，降低了生境资源的可利用总量，从而影响植物个体功能性状、生殖特征、生长地境、种群分布格局及种群动态过程。

第一节　植物个体性状

植物个体由不同结构和质量的组织器官精细的镶嵌组成，草食动物作为草地植物组成与多样性的管理者，其对植物种群的影响直接体现于植株的表型特征（García et al.，2014）。研究认为，植物株高对放牧的反应最为直接和敏感（Díaz et al.，2007），被认为是最有效的指标，并伴随叶片变短变窄、节间缩短、枝叶硬挺、丛幅变小、种子缩小、花期提前和根系分布浅层化等性状的改变（Louault et al.，2005；王炜等，2000）。此外，植株高度亦是植物生态策略的重要组成部分，其大小往往关系到植物的空间拓展策略与物质投资方式（Moles et al.，2009）。株高是生态系统的重要变量之一，直接影响植物碳增益能力和动物多样性（Macarthur & Macarthur，1961），其生态功能性与野外观测的便利性一直赢得研究人员的青睐（Macarthur，1964；Recher，1969；李西良等，2014；王炜等，2000）。

草食动物作为草地植物组成与多样性的管理者，通过采食等行为（Top-down，下行作用）作用于局部植物生存与灭绝来动态调控植物（Beck et al.，2015），同时也受植物（Bottom-up，上行作用）的作用来维持草地生态系统过程（Beck et al.，2015；李西良等，2014）。研究认为，植物个体小型化在长期过度放牧的草原群落具普遍性和持续性，是植物对放牧胁迫采取的生存策略（王炜等，2000）。目前，主要由放牧回避假说（The grazing avoidance hypothesis）与植物生长限制假说（The plant growth limitation hypothesis）来解释植物表型特征对放牧的响应机制（Mckinney & Fowler，1991；Damhoureyeh & Hartnett，2002；Fu et al.，2005；Hik，2002；

Verón et al.，2011）。

随植物生长时间的积累，丛生型多年生禾草叶片着生面积逐渐增大，个体年龄差异很大程度表现为株丛大小的差异（刘文亭等，2016a；白永飞等，1999），而植物个体性状随植株年龄变化的风险投资和物质分配是植物权衡策略的重要内容（Li et al.，2015a；董鸣，2011）。Tilman认为，在植物生长早期，叶片会加大同化器官的成本投入，如扩展叶长、叶宽、叶面积等，来增强光截获和碳收益的竞争优势，补偿其建成消耗（Tilman，1998；Wright et al.，2004）。

研究发现，大多数草食动物喜食幼时的植物（Ritchie et al.，1998），显然，这会对幼苗的生存带来巨大的生存威胁，而随植株年龄的累积，植物会经历更多更为复杂的胁迫。例如，在抗机械胁迫和结构建造方面投资更多的生物量来维持叶存活时间（Westoby et al.，2002）。短花针茅属多年生丛生禾草，基生叶舌钝，叶形纵卷呈针状（内蒙古植物志编辑委员会，1989），株高很大程度上即是自然叶高。植物表型特征是植物响应外界环境变化的综合体现（Louault & Soussana，2005），是生态适应过程的最终环节。家畜采食等行为使得植物叶片受损，在初始响应过程中，放牧阻滞了植物叶片的光合作用，而光合产物的减少使得植物组织中的C、N、P含量与植物生长策略发生变化，进而诱发"植物营养—微观结构—表型性状"的级联效应，形成与环境相适应的叶经济谱。

第二节　植物生殖特征

繁殖是植物最基本的生命过程，是完成一个生命循环、繁衍后代并影响植物种群动态、保证群落稳定、维持草地生物多样性和生态系统健康的关键（Wang et al.，2017a）。有花植物通过有性生殖产生种子繁衍后代，种子的萌发不仅决定了植物种群的繁衍和生存（Rajjou et al.，2012），更直接影响着植物进入生态系统的时间和干物质的积累（Weitbrecht et al.，2011）。因此，种子萌发具有重要的经济和生态意义。

在探讨种子萌发时，不同学者从温度（Khan & Ungar，1998）、光照（Yagihashi et al.，1998）、水分（Foolad et al.，2003），到基于土壤酸碱、土壤盐分（Khan et al.，1997）、化学物质（Okamoto et al.，2010）、埋深（Xiao et al.，2009）等角度来分析种子萌发的潜在机制，尽管这些研究极大地丰富了种子萌发的影响因素，但却局限于可控处理的试验条件下。然而，在野生状态下，植物在繁殖过程中除了面对上述非生物因素外，还时常存在被草食动物采食的风险（Yagihashi et al.，1998）。

当面对草食动物重度干扰时，家畜反复的采食必定破坏植物的营养器官和繁殖器官，并引起叶片变短变窄、株丛变小等消极影响。生活史理论（Life-history theory）认为植物在生长和繁殖之间的资源分配具有很强的灵活性（Miller et al.，2006），在可获得资源总量恒定时，植物不得不将更多的资源用于产生营养器官，以牺牲有性繁殖为代价补偿放牧带来的损害（Hedhly et al.，2009）。试想长此以往，必然会降低植物产种量，引起土壤种子库的减少，那在这一过程中，种子会采取怎样的生态对策来保护自己呢？此外，Louault等（2005）对长期放牧草原和不放牧草原植物性状进行比较，发现放牧还会引起种子外形缩小、质量变轻等连锁效应。

然而，种子大小直接影响着种子的传播、散布、存活几率（Chambers，1995）。与小种子相比，较大的种子会显著提高后代在群落中的生存适合度，小种子则可以借助芒的帮助进行趋远散布，进而提高其生存适合度（Coomes & Grubb，2003）。对广泛分布欧亚大陆草原的针茅属植物而言，芒柱能够帮助种子进行高效地趋远散布。例如，芒上的柔毛在空气干燥时竖起增加空气浮力（Peart，1981），降低其降落的速度（Greene & Johnson，1993），而芒上的柔毛也可粘在动物的毛皮上，借助动物进行散布。

种子成熟后从植株上脱落，可借助风力作用和芒的吸湿作用在土壤表面行走（图2-1）。当种子遇到障碍时不再移动，此时锥形繁殖体基部尖端穿透土壤表层，并依赖上面所附有的向上或者向后方向的细硬刚毛来锚住土壤（图2-1a）。一旦繁殖体锚住土壤便将自身固定在此位置，芒的吸湿运动使其在垂直方向上移动（图2-1b至图2-1d）。刚毛的锚住作用使种子在运动过程中只能前进不能后退，从而使繁殖体不断地进入土壤，完成种子的自我埋藏（Ghermandi，1995；Peart，1984）。

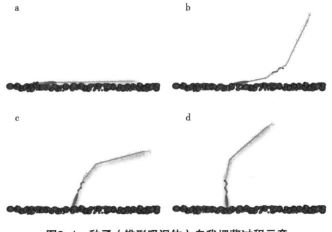

a　　　　　　　　　　b

c　　　　　　　　　　d

图2-1　种子（锥形吸湿体）自我埋藏过程示意

第三节　生长地境

植物源土丘是干旱、半干旱区普遍存在的一种风积生物地貌类型（Wood et al.，1978；Langford，2000），在荒漠系统的土壤生态过程、水文过程、生物过程、生物地球化学循环过程中发挥着重要作用（Bochet et al.，2015），是植被塑造地形地貌的典型例证（Ravi et al.，2007）（图2-2、图2-3）。植物与植物源土丘的关系是生态学中植物与土壤交互作用最经典的案例之一。现有记录关于植物源土丘的文献大多集中在荒漠、海岸生态系统，仅有少量的信息发生于荒漠草原（Luo et al.，2016），而放牧作用下荒漠草原植物与植物源土丘作用过程的文献几乎没有。

在探讨放牧家畜时，不同学者对放牧制度（Papanastasis et al.，2017）、放牧频率、放牧周期等（Hart，1993），到基于不同降水量（丰水年份、平水年份、欠水年份）、家畜食性选择与动物行为等情况下（Wang et al.，2010a），系统分析了植物、土壤养分等对放牧的适应机制（Bai et al.，2012）。尽管这些研究极大地丰富了放牧生态学理论，但在旱地生态系统，关于植物源微型地貌与放牧潜在联系的文献始终屈指可数。事实上，土地局部地形的差异会显著地影响家畜的牧食行为，进而改变放牧草地植被的生长情况（Wang et al.，2010b）。研究发现，植物源土丘上生长的植物通过阻碍局部微型地域流场，从而防止地面土壤风蚀或诱导风沙沉降，并以其内部残根和枯枝相互连接的形式来固定黏结风沙沉积物（Wang et al.，2005）。这也为我们提供了一个假设，植物源土丘其本身物理性状很大程度上可决定植物源土丘在特定时间段的表型特征。

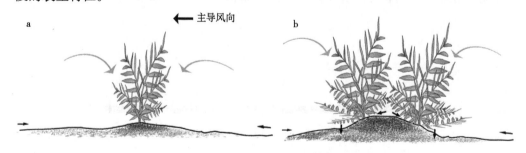

图2-2　植物源土丘形成概念

注：黑色箭头表示水文过程，灰色箭头表示风成过程；a. 植物拦截风沙沉积物示意；b. 水文过程变化（渗入和径流）。引自Ravi et al.，2007

植物源土丘表型特征是其特定发育阶段响应外界环境的综合体现（Hesp，

2002），其形成和演化过程受植被构型、风力强度和沉积物供应量3个因子驱动（Wang et al.，2005）。荒漠草原优势植物大多为多年生丛生禾草，基部密集枯叶鞘，是很好的具特殊类型的固沙土或集沙障碍物。草食动物通过下行作用（采食、践踏等行为）动态调控局部植物的生存与灭绝，致使植被结构和类型趋异（Olff & Ritchie，1998），然而，干旱地区，植物分布往往与相对较高的土壤养分趋同。相比无植物生长的裸地，植物源土丘（植物拦截风沙颗粒沉积导致）的形成和发展对干旱区生态系统具有非常重要的正反馈作用（Gang & Guo，2005），具体表现为改善植被组成、结构、土壤营养模式等。而这种反馈效应也是植物利用资源和适应贫乏资源环境的主要机制（Fuhlendorf & Engle，2001）。

图2-3　荒漠草原短花针茅生长地境（植物源土丘）

荒漠草原是草原生态系统向荒漠生态系统过度的中间地带，是草原生态系统中自然条件最差的草原类型（Shen et al.，2015；卫智军等，2013）。长期的超载放牧使得本已贫瘠的植被覆盖度和初级生产力持续衰减，植被的存在增加了地表粗糙度，有利于风蚀物质的堆积（Collins et al.，1998；Koerner et al.，2014）。因此，探究放牧对植物源土丘的影响过程可能是解析草食动物对草原生态系统作用机制的重要途径。

第四节　植物种群分布格局

种群空间格局是种群自身特性、种间相互关系以及生存环境条件综合作用的结果（Javier et al.，2012；Jacquemyn et al.，2007；Getzin et al.，2015）。植物种群的空间分布格局不仅反映植物的空间分布特点和种群利用环境资源的状况（Jacquemyn et al.，2013），而且可以揭示植物种群的生态过程及其与生境相互作用的种群生物学内涵（Martínez et al.，2012），是其在群落中地位与生存能力的外在表现（Condit et al.，2000）。清晰的种群年龄分布和空间格局不仅体现着种群动态与发展趋势，对揭示种群特征、更新和稳定性及草地的合理利用和有效恢复提供理论基础。

放牧家畜通过采食等作用于局部植物的生存与灭绝来动态调控种群数量与质量，同时也受植物的作用来维持草地正常的生态系统过程（Beck et al.，2015）。这亦为我们提供了一个假说，草食动物对草地植物种群年龄分布造成影响，而既有现存植物可体现家畜对某些年龄段植物的采食偏好（卫智军等，2016）。研究认为，高效的选择性采食会强烈的损伤植物，因为最吸引家畜的往往也是植物最有价值的部分（如幼嫩组织、果实、种子等）（Shroff et al.，2008）。动物在非限制性生境中进行的持续单一稳定的食性选择，可能是导致草地部分物种局部灭绝的重要原因之一，尤其当该物种得不到有效的幼苗补充或更新，这种灭绝的风险可能性就越大。

对植物而言，从一粒种子转变为一株幼苗，中间经历了自养至异养、种皮保护至面临各异风险的时期，是其整个生活史亏损比的最高峰（Fenner & Thompson，2005）。在动物采食过程中，家畜需要在不同植株个体间反复抉择（Stephens & Krebs，1986），植物也不得不"启用"自身防御策略迷惑草食动物。那么，在这场持久的博弈中，植物种群会采取怎样的方式来高效的保护自己呢？不同年龄的植物又是如何进行的呢？植物种群自身的生物学特征与种内关系是种群小尺度上格局形成与变化的主要原因（Condit et al.，2000；He et al.，1997；Wiegand et al.，2007），这是因为植物个体主要对其邻近地区的生物和非生物环境作出相应的适应策略（Purves & Law，2002），而这一生态适应策略会引起种群的空间分布格局及种群的动态调控等一系列级联效应（Getzin et al.，2008）。相比动物而言，种子是植物进行大尺度移动的唯一的生命阶段，因此，种子的扩散策略往往被认为是影响种群空间格局的重要因素（Seidler & Plotkin，2006；Muller-Landau et al.，2008；Wiegand et al.，2009）。然而，在动物强烈干扰的生态系统中，草食动物的行为活动通过改变植物的种群更新与生长来调控不同空间尺度下的植物分布（Howe，1989；Russo & Augspurger，2004；Rodríguez-Pérez & Santamaria，2012）。

植物种群的空间分布有3种，按照种群中个体的聚集程度和方式划分为3种分布类型，即聚集分布（Aggregated distribution）、随机分布（Random distribution）和均匀分布（Regular distribution），这3种分布类型是种群特征和环境特征的反应（张金屯和孟东平，2004）。聚集分布（集群分布），是指植物种群在群落中聚集在一起生长，形成好多大小不一的斑块，是成群分布的一种形式；随机分布，植物种群个体之间互不影响，一个个体的存在不影响别的个体的分布，植物种群个体在群落中出现的概率是相等的；均匀分布（规则分布），植物种群的每一个个体在群落中等距离出现。自然条件下，种群的空间分布格局很少有均匀分布的，大部分是聚集分布（Greig，1983；Dale，1999；阳含熙等，1985）。

研究发现，种子有限的空间散布（小尺度的扩散）能够引起种群强烈的空间聚集，导致年幼植物与年长植物呈现集群分布，随着年幼植物个体的快速生长，这一分布模式可能演替成整个种群的分布格局（Levine & Murrell，2003；Cramer et al.，2007）。这即是说，种子的扩散策略存在改变种群分布的潜力。有限空间传播引起的植物聚集生长可使种群呈现斑块化分布（Webb & Peart，2000）；而在生境相对恶劣的条件下发生小尺度植物聚集，可能会导致植物竞争和自疏现象的发生（Harper，1977），甚至引起年幼植物的死亡。这为我们提供了一个假说，植物种群的空间格局存在一定的权衡过程，生境条件是影响植物空间分布的重要因素。

第五节　植物种群动态

高强度的放牧活动能改变草地植物生物量与物种的组成（Sasaki et al.，2008；Bai et al.，2007）。研究发现，优势植物种的密度、高度和盖度等指标在持续的放牧下显著降低，且在过度放牧下草地植物结构趋向于简单化，优势种被逐渐取代，群落逐渐向旱生化和盐生化方向演替。紫花针茅草原植物群落结果显示，紫花针茅等优势植物的重要值随着放牧强度的增强在群落中逐步降低，而家畜非偏食物种（莎草类、杂类草）在群落中则相反，且群落盖度和生物量都呈现降低的趋势；而适度放牧处理植物多样性最高，在继续增大放牧强度的情况下草地则出现退化的趋势，草地优势植物种紫花针茅向青藏苔草、杂类草过渡。植物被家畜采食后降低了上层植物的高度，从而改善了未被采食部分的光照、水分和养分，植被单位面积的光合速率在增强，减缓了植株枯萎，增加植物繁殖的适应性等，从而促使植物生长速度加快，因此，草地第一性生产力随着放牧强度的增加而增加，补偿性生长取决于放牧对植物促进与抑制之间的净效应。

此外，荒漠草原植物地上生物量具有明显的时间分配波动性，且生物量呈现开始、增加、减少、终止4个阶段。这是因为在植物生长初期（返青期），温度有效地限制了植物生物量的积累，而在整个生长时期，降水都是主导因素。关于降水分布变化对放牧条件下植物种群变化的研究相对较少，且没有把不同降水时期引起种群动态变化作为明确的研究内容，仅当作其中的一个环境因子来分析。研究发现，1—4月的降水量对植物群落初级生产力具有积极影响，因为这期间的降水偏多能够增加地表积雪厚度，间接地提高了土地温度，从而降低了越冬期植物对营养物质的依赖，减小了地下休眠芽的死亡率，同时，雪融后又增加了土壤的含水量，对牧草返青及其早期发育也具有积极作用，从而有效地提高当年植物群落初级生产力。4月中旬至6月中旬降水量对植物群落初级生产力具有消极影响，因为这一时期温度相对较低且风力较大，地上部分植物生长相对缓慢，主要表现为地下部分的生长。一定程度的干旱条件，有利于保持土地温度和植物根系的生长，并贮藏足够的非结构性碳水化合物，为植物地上部分进入生长发育期作准备。研究表明，这一时期正值群落地下生物量的积累盛期；而在6月下旬以后，降水对群落初级生产力的影响再度表现为积极作用，这是由于此期间温度已不再是影响植物生长的主要影响因素，气温逐渐升高并达到高峰值，大部分植物开始拔节、抽穗进入生育盛期，植物地上生物量大量地积累，植物生长对水分的需求也逐渐进入了高峰期，因此充足的降水是生物量大量积累的必要条件。8月中旬以后，气温开始回落，多年生植物开始将同化产物向地下器官转移，地上部分的生长逐渐减慢和停止，降水对群落初级生产力的正效应也逐渐减弱。这说明荒漠草原植物种群动态不仅受放牧影响，亦受到非生物因素的显著影响。降水格局变化影响植物生物量积累及生物量向繁殖器官的分配，导致植物繁殖策略发生改变，以增加植物在生存环境中的适合度（Dore，2005），植物在异质环境中通过改变繁殖策略格局来协调生殖、生存与生长间的协同进化关系，增加其在生境中的适合度（Zhang et al.，2011a）。另外，短花针茅草原地上生物量还具有明显的年度波动性，随着年降水量与降水的季节分配不同，其地上生物量可呈现出不同的增长模式。

第三章　短花针茅种群结构特征

种群是指某一特定区域内某个物种所有个体的总和，是同一地区同一物种的结合体，或是能交换遗传信息的个体集合体。种群不是个体的简单组合，作为物种群体的特殊集合，具有其独特的性质和结构，包括自动调节能力和适应环境变化的能力，体现了个体间以及个体和环境间的密切关系。种群作为介于个体层次和群落层次间重要的组织层次，既是物种存在的形式，又是群落的基本组成。

为了解内蒙古锡林郭勒盟苏尼特右旗朱日和镇的荒漠草地群落中植物对草食动物的响应，以草地既有的24种植物现状为基础，对不同放牧强度处理的物种多重响应频数进行了分析（图3-1），结果显示出4种不同的响应类型：一是放牧"隐没种"，无论是重度放牧或适度放牧，兔唇花（*Lagochilus diacanthophyllus*）、异叶棘豆（*Oxytropis diversifolia*）、叉枝鸦葱（*Scorzonera divaricate*）、冷蒿（*Artemisia frigida*）、二裂委陵菜（*Potentilla bifurca*）、牻牛儿苗（*Erodium stephanianum*）、画眉草（*Eragrostis pilosa*）均未出现，且主要集中于多年生杂类草和一年生、二年生草本两个功能群中。二是放牧"敏感种"，包括木地肤（*Kochia prostrate*）、阿尔泰狗娃花（*Heteropappus altaicus*）、蒙古葱（*Allium mongolicum*）、细叶葱（*Allium tuberosum*）、栉叶蒿（*Neopallasia pectinata*）、狗尾草（*Setaria viridis*），这类响应频数随放牧强度增加而增加（或减少）。三是放牧"无感种"，这类植物频数不随外界干扰发生明显变动，如寸草苔（*Carex duriuscula*）、狭叶锦鸡儿（*Caragana stenophylla*）、戈壁天门冬（*Asparagus gobicus*）、猪毛菜（*Salsola collina*）。四是"绝对优势种"，在荒漠草地占有绝对主导地位，且不轻易随草食动物干扰出现变化，频数稳定在0.8以上，包含短花针茅（*S. breviflora*）、无芒隐子草（*Cleistogenes songorica*）、碱韭（*Allium polyrhizum*）、银灰旋花（*Convolvulus ammannii*）。

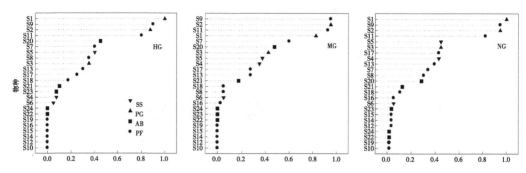

图3-1 重度放牧（HG）、适度放牧（MG）与不放牧（NG）条件下植物多重响应频数排序

注：S1. 短花针茅，*Stipa breviflora*；S2. 无芒隐子草，*Cleistogenes songorica*；S3. 寸草苔，*Carex duriuscula*；S4. 木地肤，*Kochia prostrata*；S5. 狭叶锦鸡儿，*Caragana stenophylla*；S6. 戈壁天门冬，*Asparagus gobicus*；S7. 茵陈蒿，*Artemisia capillaries*；S8. 阿尔泰狗娃花，*Heteropappus altaicus*；S9. 碱韭，*Allium polyrhizum*；S10. 兔唇花，*Lagochilus diacanthophyllus*；S11. 银灰旋花，*Convolvulus ammannii*；S12. 异叶棘豆，*Oxytropis diversifolia*；S13. 乳白花黄芪，*Astragalus gulactites*；S14. 叉枝鸦葱，*Scorzonera divaricata*；S15. 冷蒿，*Artemisia frigida*；S16. 蒙古葱，*Allium mongolicum*；S17. 细叶葱，*Allium tuberosum*；S18. 细叶韭，*Allium tenuissimum*；S19. 二裂委陵菜，*Potentilla bifurca*；S20. 栉叶蒿，*Neopallasia pectinata*；S21. 猪毛菜，*Salsola collina*；S22. 牻牛儿苗，*Erodium stephanianum*；S23. 狗尾草，*Setaria viridis*；S24. 画眉草，*Eragrostis pilosa*

荒漠草地不同放牧强度处理植物共10科，其中禾本科、百合科、菊科植物种类最多。多年生丛生禾草的短花针茅、无芒隐子草和百合科的碱韭虽多是矮小的植物，但对环境有极强的适应力，共同构成了荒漠草原独特的以强旱生植物短花针茅（表3-1）占绝对优势的短花针茅+无芒隐子草+碱韭群落。

表3-1 研究地短花针茅重要值（平均值±标准误差）

物种	重度放牧	适度放牧	不放牧
短花针茅	49.71 ± 4.01	44.04 ± 2.32	47.27 ± 4.23

此外，在2010—2016年期间，各放牧处理短花针茅种群始终为荒漠草原群落的优势物种，在群落生物量比例中较高，基本大于10%。重度放牧处理、适度放牧处理、不放牧处理下短花针茅种群均于2014年达到群落生物量比例较高，依次为32.68%、88.45%、74.19%。将7年的各物种生物量数据计算平均数后，发现重度放牧处理下在群落生物量比例大于10%的物种有短花针茅、栉叶蒿、无芒隐子草、银灰旋花、碱韭；适度放牧下在群落生物量比例大于10%的物种有短花针茅、栉叶蒿、碱韭，依次为36.19%、15.89%、12.10%；而不放牧处理下在群落生物量比例大于10%的物种有短花针茅、碱韭与无芒隐子草，依次为33.47%、12.15%、11.50%（图3-2）。

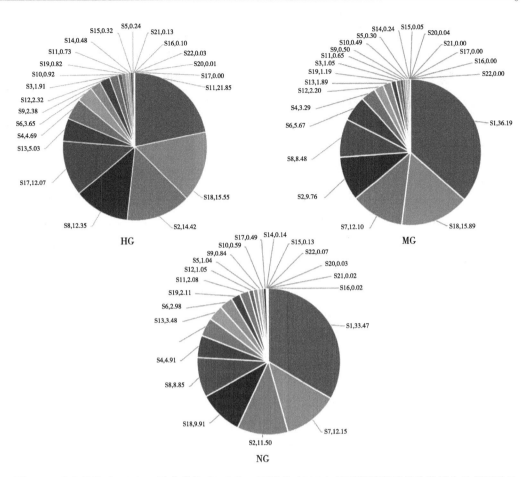

图3-2　重度放牧（HG）、适度放牧（MG）、不放牧（NG）处理荒漠草原植物种群生物量百分比

注：S1. 短花针茅，*Stipa breviflora*；S2. 无芒隐子草，*Cleistogenes songorica*；S3. 寸草苔，*Carex duriuscula*；S4. 狭叶锦鸡儿，*Caragana stenophylla*；S5. 戈壁天门冬，*Asparagus gobicus*；S6. 木地肤，*Kochia prostrata*；S7. 碱韭，*Allium polyrhizum*；S8. 银灰旋花，*Convolvulus ammannii*；S9. 乳白花黄芪，*Astragalus gulactites*；S10. 细叶葱，*Allium tuberosum*；S11. 阿尔泰狗娃花，*Heteropappus altaicus*；S12. 叉枝鸦葱，*Scorzonera divaricata*；S13. 茵陈蒿，*Artemisia capillaries*；S14. 细叶韭，*Allium tenuissimum*；S15. 蒙古葱，*Allium mongolicum*；S16. 异叶棘豆，*Oxytropis diversifolia*；S17. 草麻黄，*Ephedra sinica Stapf*；S18. 栉叶蒿，*Neopallasia pectinata*；S19. 猪毛菜，*Salsola collina*；S20. 狗尾草，*Setaria viridis*；S21. 灰绿藜，*Chenopodium glaucum*；S22. 画眉草，*Eragrostis pilosa*

第一节　种群密度对放牧的响应

种群生态学是研究种群的数量和动态特征、特性分化和生态规律的科学，研究内容主要包括种群结构、动态、分布、自我调节及群体遗传等。作为生态学研究中的重要层次，在理论和研究方法上是最为活跃、发展迅速的研究领域，在濒危物种保护、生物资源开发利用、生物防治等理论和实践中具有重要的价值。植物种群学即是在种群的组建水平上研究植物种群，可以是对静止状态的描述，也可以是对种群组成、分布变化等动态过程的评价。

对植物而言，从一粒种子转变为一株幼苗，中间经历了异养至自养、种皮保护至面临各异风险的时期，是其整个生活史亏损比的最高峰（Fenner & Thompson，2005）。在动物采食过程中，家畜需要在不同植株个体间反复抉择（Stephens & Krebs，1986），植物也不得不"启用"自身防御策略迷惑草食动物。那么，在这场持久的博弈中，植物种群会采取怎样的方式来高效地保护自己呢？不同年龄的植物又是如何进行的呢？

一、短花针茅种群密度动态

植物对放牧的响应决定于促进与抑制间的净效果，与草地的状况和草地管理措施有着密切的关系，一般研究表明，放牧对草地植被的影响既有抑制作用，也有促进作用，放牧通过采食牧草改善了植物未被采食部分水分、养分和光照，使得单位面积的光合速率增强，在群体水平上表现为植物生产的周转率加快。植物密度特征能够反应群落稳定性、光能利用效率及水土保持能力。短花针茅种群密度年动态结果显示，在适度放牧和重度放牧处理中，2013年短花针茅种群密度达到最大值；不放牧处理下，2016年短花针茅种群密度达到最大值（图3-3）。相比不放牧处理种群密度基本呈现逐年上升趋势，适度放牧处理和重度放牧处理种群密度呈现上升下降的往复波动。这是因为，除了种子自身的因素外，家畜具有较高的种子扩散能力（Rosenthal et al.，2012），能够为种子萌发创造更多有利生境的机会，减少因种内或种间的资源竞争带来的个体损伤。这暗示了相比不放牧处理，在重度放牧处理下的短花针茅种群采取加快种群更新速率的方式来维持种群个体数量的相对稳定。

短花针茅种群密度占群落比例的结果显示（图3-4），不同放牧处理的短花针茅密度比例基本呈现相同的规律，放牧试验前3年（2010年、2011年、2012年）3种放牧处理下短花针茅密度比例基本一致，在2014年达到最大值之后递减，于2017年回升。进一步的分析发现，2015年和2017年，重度放牧处理各年龄短花针茅数量及占群落的比例与不放牧处理亦无显著性差异。

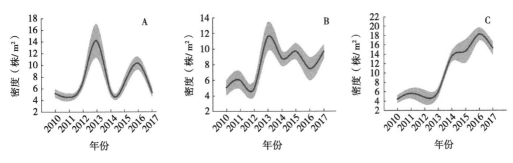

图3-3　短花针茅种群密度年动态

注：A. 重度放牧；B. 适度放牧；C. 不放牧处理。黑色实线表示年平均值，阴影部分表示标准误差区间

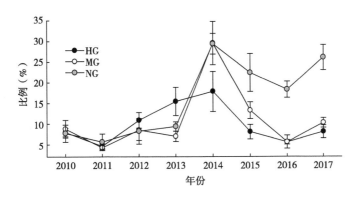

图3-4　短花针茅种群密度在群落密度中的比例

注：HG. 重度放牧；MG. 适度放牧；NG. 不放牧处理

单因素方差分析发现（表3-2），短花针茅种群密度及密度在群落中的比例在放牧试验进行第4年时出现差异。对于短花针茅种群密度，仅2014年重度放牧处理和适度放牧处理显著高于不放牧处理，依次高了136.67%、93.33%（$P<0.05$），而2013年、2015年、2016年、2017年均是不放牧处理显著高于放牧处理（$P<0.05$）。短花针茅种群密度占群落比例基本呈现与短花针茅种群密度相同的规律。该结果说明荒漠草原短花针茅种群的密度变化规律与群落密度的变化规律具有相似性，说明了荒漠草原短花针茅种群动态规律在群落演替过程中具有一定程度的代表度。

表3-2　短花针茅种群密度的单因素方差分析

年份	放牧处理	短花针茅密度	短花针茅密度比
	重度放牧	5.20 ± 0.69	7.94 ± 1.00
2010	适度放牧	5.07 ± 0.96	8.76 ± 2.14
	不放牧	4.44 ± 0.79	7.72 ± 2.07

（续表）

年份	放牧处理	短花针茅密度	短花针茅密度比
2011	重度放牧	4.60 ± 0.63	4.60 ± 0.60
	适度放牧	6.00 ± 1.10	4.24 ± 0.71
	不放牧	5.64 ± 1.06	5.63 ± 1.90
2012	重度放牧	7.20 ± 0.85	10.85 ± 1.89
	适度放牧	4.93 ± 0.93	8.48 ± 2.47
	不放牧	4.82 ± 1.49	8.21 ± 3.08
2013	重度放牧	14.20 ± 2.83a	15.41 ± 3.41a
	适度放牧	11.60 ± 1.81a	6.97 ± 1.23b
	不放牧	6.00 ± 0.84b	9.36 ± 1.12ab
2014	重度放牧	5.47 ± 0.68c	17.85 ± 4.85
	适度放牧	8.79 ± 0.96b	29.57 ± 5.23
	不放牧	13.57 ± 1.08a	29.4 ± 2.52
2015	重度放牧	7.00 ± 0.98b	8.06 ± 1.75b
	适度放牧	9.73 ± 1.01b	13.26 ± 2.04b
	不放牧	14.67 ± 2.43a	22.4 ± 4.61a
2016	重度放牧	10.33 ± 1.06b	5.58 ± 0.56b
	适度放牧	7.47 ± 1.46b	5.59 ± 1.61b
	不放牧	18.33 ± 1.36a	18.27 ± 1.98a
2017	重度放牧	5.33 ± 0.69c	8.07 ± 1.55b
	适度放牧	9.67 ± 0.85b	10.24 ± 1.19b
	不放牧	15.33 ± 1.32a	26.07 ± 3.04a

注：相同年份无字母、相同小写字母表示放牧处理之间差异不显著

二、不同生长阶段短花针茅种群密度动态

种群结构作为种群的基本特征，包括种群个体数量、年龄构成、性别比例、密度、高度等特征，反映了种群不同方面的特性。种群的年龄结构描述了种群内不同年龄个体数量的分布情况。因为不同年龄个体的生存能力和生殖能力不同，可根据年龄结构一定程度上推测种群未来的发展趋势。方差分析结果显示，短花针茅种群密度显著受其年龄、放牧、年份、年龄与放牧、年龄与年份、放牧与年份及年龄、放牧与年份交互作用影响（表3-3）。

表3-3 短花针茅种群密度的三因素方差分析

变异来源	df	F	P
年龄	4	92.08	<0.001
放牧处理	2	190.97	<0.001
年份	2	230.34	<0.001
年龄×放牧处理	8	52.69	<0.001
年龄×年份	8	88.04	<0.001
放牧处理×年份	4	98.25	<0.001
年龄×放牧处理×年份	16	46.15	<0.001

不同生长阶段短花针茅种群密度结果显示，重度放牧处理下，幼苗与成年阶段短花针茅密度最高（>4株/m²），老龄前期与老龄期短花针茅密度最低；而适度放牧处理与重度放牧处理不同生长阶段短花针茅基本呈现相同规律，幼龄期密度最高，老年期密度最低，随个体年龄增长密度逐渐降低的趋势（图3-5）。从不同生长年龄分布模式图分析，重度放牧处理短花针茅种群属稳定型种群与衰退型种群的中间阶段，即种群中各年龄结构相对适中，在一定时间内新出生个体稍比死亡个体数量少，种群密度保持相对稳定（图3-6）。而适度放牧处理与不放牧处理短花针茅种群属增长型种群，老年个体密度小，年幼个体密度大，在图像上呈金字塔形，意味着无较大干扰下，种群密度将不断增长，种内个体越来越多。

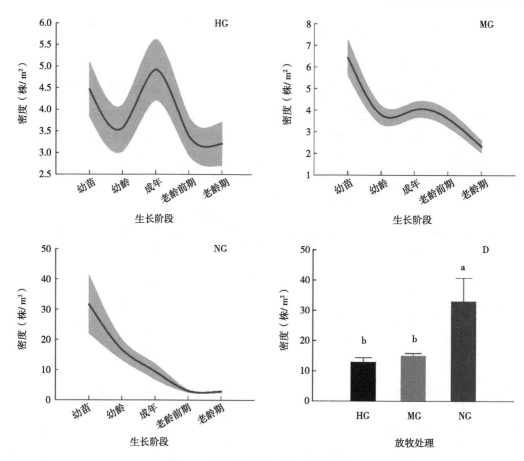

图3-5 不同放牧处理下短花针茅密度

注：HG.重度放牧；MG.适度放牧；NG.不放牧。相同小写字母表示差异不显著

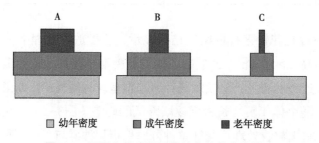

□ 幼年密度　■ 成年密度　■ 老年密度

图3-6 不同生长阶段短花针茅针茅密度模式

注：A.重度放牧；B.适度放牧；C.不放牧

　　不同生长阶段短花针茅比例及种群占比结果发现，幼苗、幼龄、老年前期短花针茅密度比在不同放牧处理下无显著性差异，放牧处理成年期短花针茅密度比显著高于不放牧处理，其中重度放牧处理和适度放牧处理依次比不放牧处理高242.18%、

166.71%（图3-7）；而放牧处理老龄期短花针茅密度比显著低于不放牧处理，其中重度放牧处理和适度放牧处理依次比不放牧处理低72.72%、56.09%。

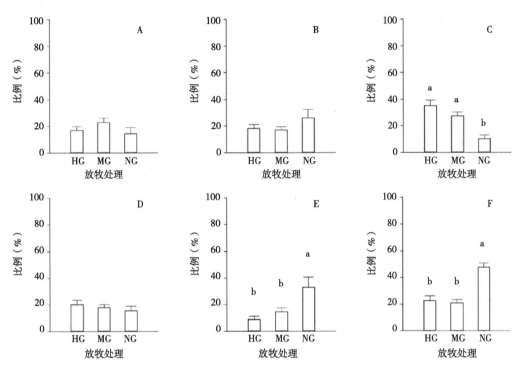

图3-7　不同生长阶段短花针茅比例及种群占比

　　注：A.幼苗占短花针茅种群的比例；B.幼龄占短花针茅种群的比例；C.成年占短花针茅种群的比例；D.老龄前期占短花针茅种群的比例；E.老龄期；F.短花针茅种群占群落的比例。HG.重度放牧；MG.适度放牧；NG.不放牧处理。无字母、相同小写字母表示差异不显著

三、不同生长阶段短花针茅相对饲用价值及家畜食性选择

　　根据美国的草地质量标准，牧草相对饲用价值（RFV）值越大，说明该牧草营养价值越高。不同年龄短花针茅相对饲用价值显示（图3-8），短花针茅相对饲用价值大于100，说明短花针茅整体营养价值较高，属放牧优质牧草。放牧提升了各年龄短花针茅叶片相对饲用价值，尤其是适度放牧处理；相比不放牧处理，适度放牧处理下幼苗期、幼龄期、成年期、老龄前期、老龄期短花针茅相对饲用价值依次提高了53.11%、37.64%、24.22%、19.95%、35.49%，重度放牧处理下依次提高了6.08%、9.16%、29.21%、28.43%、24.09%。

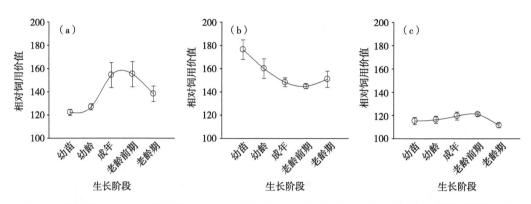

图3-8 重度放牧（a）、适度放牧（b）、不放牧（c）处理不同年龄短花针茅饲草相对饲用价值

家畜采食植物时，不仅喜欢采食品质高的植物，而且更喜欢适口性好的植物。动物偏食性指数结果显示，适度放牧处理与重度放牧处理下幼苗、幼龄期短花针茅家畜偏食性指数最高。重度放牧、适度放牧处理随植物年龄增大，家畜偏食性呈先减小后增大的趋势，于老龄前期偏食性达到最低（图3-9）。相比适度放牧处理，重度放牧加重了各年龄短花针茅偏食性，且于短花针茅老龄期家畜偏食性显著高于适度放牧处理，这说明尽管重度放牧会对草原植物产生消极影响，但植物在与家畜长期协同生活中亦形成了自己独特的生活策略，一般研究认为，草食动物喜欢采食植物最有价值的部分（如幼叶、果实、种子等）（Shroff et al., 2008），研究结果说明年长的植物会通过牺牲部分自己的方式来保护年幼个体，来保证种群相对稳定的更新，一定程度的验证了植物会诱导动物降低对幼嫩个体的倾向性取食这一假说（Gómez et al., 2008）。

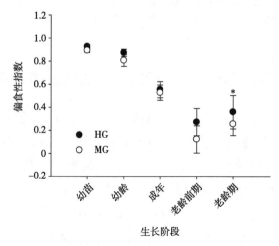

图3-9 家畜对短花针茅不同生长阶段的偏食性指数

注：HG. 重度放牧；MG. 适度放牧

放牧家畜食性行为选择既包括对精细尺度上的植物个体或小斑块的选择，还包括在更大尺度上的植物群落、大斑块与景观水平的选择。总之，食性选择是动物为了满足不断变化的营养需要和适应不断变化的环境条件，在综合考虑食物的适口性、自身的偏食性以及食物资源的供应状况等多因素的情况下，所作出的有效采食策略。在重度放牧处理中，偏食性指数随短花针茅密度增加呈现先增加后降低趋势（$y=-0.821\ 7x^2+6.850\ 1x-13.261\ 6$），偏食性指数随短花针茅相对饲用价值增加呈线性降低（$y=-0.015\ 9x+2.809\ 4$）。而在适度放牧处理中，家畜偏食性指数与短花针茅密度及相对饲用价值呈线性回归关系，回归方程依次为$y=0.162\ 4x-0.133\ 8$，$y=0.022\ 6x-3.012\ 7$（图3-10）。

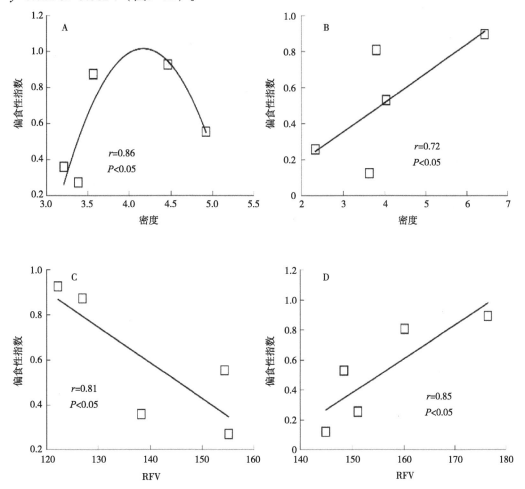

图3-10　家畜偏食性与短花针茅密度及短花针茅相对饲用价值（RFV）的回归关系

注：A、C.重度放牧处理；B、D.适度放牧处理

第二节　种群年龄对放牧调控的响应

　　个体年龄是生物体一个非常明显的特征，其生长和存活不仅仅受非生物因素的影响，而且受生物因素的影响，甚至在某些情况下，生物因素也会成为影响植物生长与分布的主导因素（LaBarbera，1989）。然而，一定空间范围内的不同植物个体之间存在各种各样的相互作用，是除动物和微生物之外影响植物生长与存活最重要的生物因素。相邻植物个体之间既有互利作用，也有竞争作用，而且随植物的不同发育阶段、所处环境的不同而发生变化（Callaway & Walker，1997；Choler et al.，2001；Miriti et al.，2001）。一般来说，生物量是度量植物个体年龄的一个较为精确的指标（Weiner & Thomas，1986），也有研究者采用株高、直径或种子大小等一些指标近似代替生物量/植物个体大小（Fang et al.，2006；Moles et al.，2009）。植物个体一般是大个体较少、小个体较多的右偏分布（Right-skewed distribution），这个分布特点在种内（Weiner & Thomas，1986）和种间（Aarssen et al.，2006；Tracey & Aarssen，2014）均存在。

　　植物个体由不同结构和质量的组织器官精细的镶嵌组成。随植物生长时间的积累，丛生型多年生禾草叶片着生面积逐渐增大，个体年龄差异很大程度表现为株丛大小的差异（白永飞等，1999；刘文亭等，2016a）。草食动物作为草地植物的直接管理者，其采食行为是影响植物种群存活的最直接因素（Hodgson & Illius，1996）。清晰的年龄配置不仅体现着种群动态与发展趋势，也为揭示种群特征、更新和稳定性及草地的合理利用和有效恢复提供理论基础。

　　放牧家畜通过采食等作用于局部植物的生存与灭绝来动态调控种群数量与质量（Olff & Ritchie，1998），同时也受植物的作用来维持草地正常的生态系统过程（Chapin et al.，2000；Gibson，2009；Jared et al.，2015）。这即是说，草食动物对草地植物种群年龄配置造成影响，而既有现存植物可体现家畜对某些年龄段植物的采食偏好。研究认为，高效的选择性采食会强烈的损伤植物，因为最吸引家畜的往往也是植物最有价值的部分（如幼叶、果实、种子等）（Shroff et al.，2008）。动物在非限制性生境中进行的持续单一稳定的食性选择，可能是导致草地部分物种局部灭绝的重要原因之一，尤其当该物种得不到有效的幼苗补充或更新，这种灭绝的风险可能就越大。

一、不同年龄短花针茅的数量特征

个体年龄是生物最基本也是最重要的表型之一，它与生物的生长、发育、生殖和存活密切相关，是影响种群发展潜力及群落结构与功能的重要因子。根据短花针茅株丛实际基径（Basal diameter，Bd）大小，将短花针茅划分为11个年龄阶段（A1，Bd≤4mm；A2，4mm<Bd≤11mm；A3，11mm<Bd≤21mm；A4，21mm<Bd≤31mm；A5，31mm<Bd≤41mm；A6，41mm<Bd≤51mm；A7，51mm<Bd≤71mm；A8，71mm<Bd≤91mm；A9，91mm<Bd≤111mm；A10，111mm<Bd≤131mm；A11，Bd>131mm）。

短花针茅种群特征结果显示（表3-3），重度放牧处理密度与生物量显著低于不放牧处理和适度放牧处理（$P<0.05$），且随放牧压增大呈递减趋势。从年龄角度分析，放牧对A4至A9阶段短花针茅影响较明显，基本为不放牧处理最高、适度放牧处理次之、重度放牧最低的规律；而现存草地中最年幼A1阶段与最年老A11阶段的短花针茅密度受放牧影响不显著。在各处理中，A1、A11阶段数值较低，A3、A4、A5阶段数值较高，短花针茅密度与生物量基本是先增大后减小的趋势（表3-4）。这一趋势在频度分析进一步证实，图3-11表明随着年龄逐步增大，短花针茅频度呈一元二次方程曲线，于A5阶段处曲线获得最高值。

表3-4　短花针茅种群及各年龄密度及生物量的方差分析结果（平均值±标准误差）

项目	密度（株/m²)			生物量（g/m²)		
	重度放牧	适度放牧	不放牧	重度放牧	适度放牧	不放牧
TP	8.57 ± 1.39b	14.90 ± 1.60ab	19.53 ± 2.78a	1.44 ± 0.31c	16.73 ± 1.57b	42.61 ± 3.90a
A1	0.11 ± 0.11[NS]	0.80 ± 0.39[NS]	0.40 ± 0.21[NS]	0.01 ± 0.01[NS]	0.09 ± 0.05[NS]	0.10 ± 0.07[NS]
A2	0.78 ± 0.36[NS]	1.70 ± 0.54[NS]	2.47 ± 0.70[NS]	0.06 ± 0.04b	0.28 ± 0.11ab	0.65 ± 0.17a
A3	2.00 ± 0.53c	3.20 ± 1.07b	4.53 ± 0.96a	0.15 ± 0.07[NS]	0.86 ± 0.29[NS]	2.77 ± 1.14[NS]
A4	1.67 ± 0.37c	2.20 ± 0.44b	3.87 ± 1.03a	0.12 ± 0.04b	0.96 ± 0.21b	2.62 ± 0.65a
A5	1.33 ± 0.41c	2.10 ± 0.48b	2.67 ± 0.54a	0.25 ± 0.11b	1.62 ± 0.45ab	3.28 ± 0.80a
A6	0.44 ± 0.24b	0.90 ± 0.31ab	1.20 ± 0.31a	0.04 ± 0.04b	0.81 ± 0.27ab	1.98 ± 0.63a
A7	0.67 ± 0.29b	1.40 ± 0.22a	1.40 ± 0.32a	0.10 ± 0.06b	1.89 ± 0.41ab	3.87 ± 0.93a
A8	0.67 ± 0.24b	1.30 ± 0.30a	1.07 ± 0.23a	0.19 ± 0.07b	5.28 ± 2.72ab	7.45 ± 2.15a
A9	0.44 ± 0.18b	0.80 ± 0.25ab	1.20 ± 0.17a	0.11 ± 0.06b	2.41 ± 0.76b	15.44 ± 3.21a
A10	—	0.40 ± 0.22	0.40 ± 0.19	—	2.04 ± 1.58	5.77 ± 2.66
A11	0.22 ± 0.22[NS]	0.10 ± 0.10[NS]	0.33 ± 0.16[NS]	0.09 ± 0.09[NS]	0.42 ± 0.42[NS]	4.22 ± 1.91[NS]

注：相同字母表示处理间不存在显著性差异；NS代表差异不显著

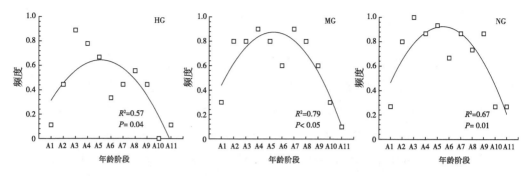

图3-11　重度放牧（HG）、适度放牧（MG）与不放牧（NG）条件下各年龄短花针茅频度

　　幼苗阶段是植物生活史中最重要的阶段之一，幼苗的存活不仅影响种群大小、持久性及遗传变异能力，并且是植物完成种群更新、扩散、演替及稳定性维持机制的核心环节（Hanley，1998）。本研究发现，A1阶段短花针茅密度和生物量特征基本一致，且存活的数最少；但频度分析表明，若其幼苗"挺过"A1瓶颈期，短花针茅的数量特征则明显上升。产生这种现象的可能原因：一是平摊风险，较年长的植株为了减少自身的死亡风险，通过无性繁殖产生许多幼苗分布在其周围（董鸣，2011），或通过草丛堆（植物源土丘）作用聚集大量种子，进而存在较多幼苗分布。理论上，年长短花针茅被家畜采食致死的概率等于该株丛和其他所有幼苗个体死亡概率的乘积，由于短花针茅植株个体被采食致死的概率为0～1，那么年长植株产生幼苗越多，短花针茅越有可能采取这种平摊风险的策略，来降低个体被采食的风险。二是不定根，针茅属种子萌发过程是胚芽突破种皮、胚根生长、胚芽鞘长1.2～2.0cm、胚芽突破胚芽鞘、胚芽鞘露出地面形成第一片子叶、胚根突破胚根鞘形成主根、不定根出现、不定根接替种子根起主要作用。研究发现，真叶达到4～5片，不定根不出现，幼苗最终将大量死亡（韩冰和田青松，2016）。三是恶劣生境，短花针茅生长于环境恶劣且异质性较高的荒漠草地，幼苗的生存率远小于成年植株（陈世锃等，1997），致使短花针茅种群现存幼苗存活率低的现象。

　　种源限制也是植物种群幼苗更新的主要原因（Swamy et al.，2010；Cordeiro et al.，2009）。研究发现（表3-5），荒漠草地每平方米现存千粒以上短花针茅种子，而其发芽率均为50%以上，那么荒漠草地短花针茅种子出苗数每平方米应超过500株以上，而实际的全年出苗数却远低于500株，其中重度放牧处理更是其他处理的1/9，各处理中A1时期的现存短花针茅数均不足1。这证明了种子到幼苗阶段是植物投资收益比亏损最严重的时期，重度放牧会加剧这一现象。当面对草食动物重度干扰时，植物会以牺牲有性繁殖为代价（Fornara & Du Toit，2007），进行叶片变短变窄、节间缩短、枝叶硬挺、丛幅变小、种子缩小、花期提前等多性状协同变化来抵抗或耐受动物的取食（王玮等，2000）。此外，家畜反复的采食必定破坏短花针茅的营养器官和繁殖器官，此时植物不得不将更多的资源用于产生营养器官以补偿放牧带来的损害，间接地影响"幸存而未成熟"的短花针茅种子质量，造成重度放牧处理种子发芽率低及后期种子发育不健全的现象。

表3-5　放牧条件下短花针茅种子现存数与出苗数（株/m²）

项目	重度放牧	适度放牧	不放牧
短花针茅种子现存数	1 066.8	1 552.6	1 562.4
短花针茅种子累计出苗数	18.14	153.71	160.93

注：数据来源（陈世锼等，1997）

二、不同年龄短花针茅密度与生物量的关系

短花针茅种群密度与生物量之间的关系因放牧方式的不同表现出不同模式。重度放牧处理短花针茅密度与生物量表现正相关关系，回归方程为$y=-0.005\ 3x^2+0.251\ 5x-0.230\ 6$（$r^2=0.76$，$P<0.001$）；不放牧处理为线性关系（$y=21.810\ 7x+1.064\ 7$；$r^2=0.58$，$P=0.001$）；适度放牧表现为单峰曲线（$y=-0.113\ 9x^2+3.365x-5.048$；$r^2=0.62$，$P=0.007$）（图3-12）。将短花针茅按年龄分为11个阶段拟合密度与生物的关系发现，仅重度放牧处理达到显著相关性（$P=0.005$）（图3-13）。种群的年龄结构不仅反映了植物更新与个体行为策略，也清晰地描述了不同年龄组分个体在种群内的地位和配置情况。针茅属植物属于多年生丛生禾草，在相同的生境下，短花针茅基径大小和年龄特征对环境等条件的反应规律基本一致（刘文亭等，2016）。本研究中，重度放牧处理密度与生物量显著低于不放牧处理和适度放牧处理（$P<0.05$），且随放牧压增大呈递减趋势。这是因为重度放牧处理中，绵羊反复过度践踏改变了土壤表层环境，使土壤表层变得紧实，通透性变差，降低了土壤渗透速率，影响了植株生长（Yavuz & Karadag，2015）；加之植物地上部分被家畜反复啃食，使株丛生活力减弱，生长发育受抑制（白永飞等，1999），大多数短花针茅的植株不能抽穗、开花和结实，使开花结实株丛的密度相应减少，伴随出现A4至A9阶段短花针茅不放牧处理最高、适度放牧处理次之、重度放牧最低的规律。有研究认为，动物过度干扰，植物的防御机制会诱导动物偏食成年植株（Gómez et al.，2008），这很好地解释了现存的幼龄短花针茅受放牧影响小的事实。此外，放牧会诱使年长的短花针茅株丛破碎化（白永飞等，1999），使其转变为几个较小的株丛，这不仅在数量上提高了短花针茅中青年的数量，也一定程度地保护了幼龄短花针茅。

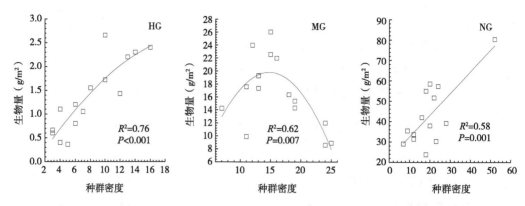

图3-12 重度放牧（HG）、适度放牧（MG）与不放牧（NG）条件下短花针茅种群
密度与生物量的回归关系

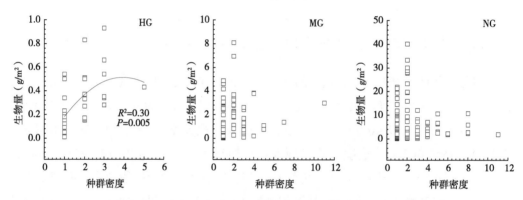

图3-13 重度放牧（HG）、适度放牧（MG）与不放牧（NG）条件下各年龄短花针茅
密度与生物的回归关系

注：同一处理下达到显著相关者给出拟合曲线

三、短花针茅种群的稳定性

本研究采用时间稳定性指数来评价短花针茅的稳定性。结果显示，重度放牧处理下短花针茅稳定性最高，适度放牧处理次之，不放牧处理最低（图3-14）。随短花针茅年龄增加，稳定性指数呈小幅波动上升趋势。其中重度放牧处理稳定性指数上升幅度最大，适度放牧处理次之，不放牧处理最小。

研究认为，同种个体以相同或相似的手段优化资源，在特定的时空内，种群个体数量的增加势必会压缩每个个体所能获得的资源，进而影响种群的生存状态或生存模式（Chen et al., 2010）。本研究中，放牧会改变草地物种间的竞争强度，使一些在竞争上占劣势的植物种因竞争而被排除，加之短花针茅荒漠草原物种多样性随放牧梯度下降而上升（刘文亭等，2016b），短花针茅重要值不随放牧压显著改变（孙世贤等，2013），致使短花针茅对现有资源享有绝对统治地位，种群稳定性最高。相反，不放牧处理草地物种多样性最高，使之加剧了其种内与种间竞争，物种的资源利用竞争性较强，导致单个种群的稳定性降低。此外，短花针茅密度与生物量之间的关系因放牧方式的不同表现出不同模式。这一定程度的说明了，在长期协同进化中，短花针茅均形成了维持种群稳定性的有效机理。

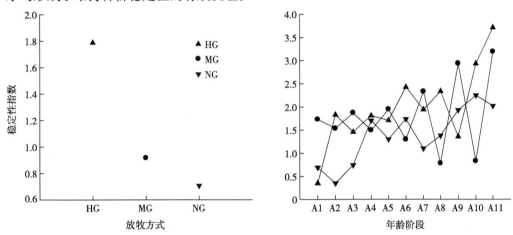

图3.14　重度放牧（HG）、适度放牧（MG）与不放牧（NG）条件下短花针茅的稳定性

本研究以放牧草地为依托，分析比较荒漠草原建群种短花针茅种群年龄结构。研究认为短花针茅年龄整体趋势如图3-15所示，种子数量、全年潜在出苗数与累计出苗数均较高，幼苗损失程度高，其种群采取提高产种数及缓慢萌发的方式权衡放牧草地幼苗的高损失，并通过调控各年龄短花针茅数量维持种群稳定性，在亚稳态生境中完成其生活史。

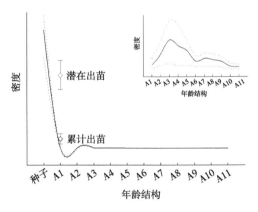

图3-15　短花针茅种群年龄结构模式

第四章　短花针茅营养个体性状

人类活动对全球生态系统以及生物多样性造成的负面影响和潜在影响，以及由此而引发的各种生态环境问题已引起全社会的密切关注。几十年来，关于放牧对草原生态系统的影响，随着研究问题的逐渐深入，内容发生了转变，科学范式亦几经变化。早期研究重点揭示草原类型及生态系统的地带格局，随后对放牧下群落演替机制进行了较为系统的研究。近年来，越来越多的研究集中在草原生产力的形成机制及放牧下生产力的衰减机理方面。而功能性状及其多样性、生态化学计量学等新理论与方法的引入，为解析放牧对草原的影响机制提供了新工具，成为草原生态学的一个新兴与前沿领域（李西良等，2015）。

第一节　叶性状对放牧的响应

在植物的整个生长过程中，功能性状是植物与环境相互作用的结果，如何调节各构件的生长及其相互关系，是植物生存策略和生境适合度调整的重要内容（肖遥等，2014）。植物种群的发育特性和物质分配策略是植物局部特化的形态特征对资源异质性的响应（Kleyer & Minden，2015）。在植物各器官中，叶片是重要的输导和物质生产器官，在生物力学及功能上具有密切联系。枝条具有导水功能和机械支撑作用（Alméras et al.，2004），其大小往往关系到植物的空间拓展策略，决定叶片的物质投资方式；叶片大小和多少直接影响着植株的发育模式，以及植物对光的截取和对碳的获取能力（Parkhurst & Loucks，1972；Givnish & Vermeij，1976），其关系不仅是植物个体发育过程的表现（Brouat et al.，1998），也体现了植物对特定生境的适应性（Violle et al.，2007）。

植物的形态特征和叶片多功能之间的平衡受年龄和个体大小制约（Heuret et al.，2006；Barthélémy & Caraglio，2007），不同大小株丛在群落中占据的资源生态位存在差异（姚婧等，2013），其受群落郁闭度和干扰程度不同，不同层次叶片接受的有效太阳辐射也不同，从而影响植物的空间分布格局及光照、温度等环境条件，往往导致不同个体大小植株分枝构型出现明显的分化。为了提高植物构型构件的生境适应性和自身的生存适合度，不同大小等级植株可能需要适时调整其分枝角度，增加植株所接受的光照强度，促使叶性状生长及其相互关系进行相应的调整（林勇明等，2007），使种群内每个植株可获得性资源的数量最大化，构建与生境协同进化的冠层构型（de Kroons & Hutchings，1995），体现了植物适应特定环境的构型塑造。

植物种群特征随植株年龄变化的风险投资和物质分配是植物权衡策略的重要内容。研究认为，在植物生长早期，叶片会加大同化器官的成本投入，如扩展叶面积，来增大光截获和碳收益的竞争优势，补偿其建成消耗。而家畜喜食幼时的植物，显然，这会对幼苗的生存带来巨大的生存威胁，那么短花针茅会采取何种手段来维持其生存？而随植株年龄的累积，植物会经历更多更为复杂的胁迫。例如在抗机械胁迫和结构建造方面投资更多的生物量，来维持叶存活时间。绵羊在进行采食等行为的过程中，会对其视若无睹吗？短花针茅又会采取何种策略来生存呢？

一、短花针茅叶性状基本特征

植物性状与植物生物量和植物对资源的获得、利用及利用效率的关系密切，能够反映植物适应环境变化所形成的生存对策。植物叶片结构特征随着气候、土壤和环境因子的变化而变化，因此对不同生境植物叶性状的研究能更好地阐明叶片生理生态对草食动物的响应与适应机制。双因素方差分析结果显示（表4-1），放牧处理显著影响短花针茅叶高、叶宽、叶缘距、叶卷曲度（$P<0.05$）；植株年龄显著影响其叶高、干重、叶数、叶宽、叶缘距（$P<0.05$）；干重、叶片数显著受放牧处理和植株年龄的交互作用影响（$P<0.05$）。放牧和植株年龄对短花针茅叶面积、叶长宽比和比叶面积无显著性影响（$P>0.05$）。

表4-1　短花针茅叶性状变异来源

性状	变异来源	df	F	P	性状	变异来源	df	F	P
叶高	AP	4	9.33	0.00	叶面积	AP	4	1.88	0.11
	GS	2	13.36	0.00		GS	2	1.35	0.26
	AP × GS	8	0.35	0.95		AP × GS	8	1.57	0.13

（续表）

性状	变异来源	df	F	P	性状	变异来源	df	F	P
	AP	4	36.38	0.00		AP	4	3.49	0.01
干重	GS	2	0.93	0.40	叶缘距	GS	2	7.42	0.00
	AP × GS	8	2.75	0.01		AP × GS	8	1.73	0.09
	AP	4	33.15	0.00		AP	4	0.19	0.95
叶片数	GS	2	0.63	0.53	叶卷曲度	GS	2	8.17	0.00
	AP × GS	8	3.01	0.00		AP × GS	8	0.68	0.71
	AP	4	1.87	0.12		AP	4	1.80	0.13
叶长	GS	2	1.12	0.33	长宽比	GS	2	0.57	0.57
	AP × GS	8	1.57	0.13		AP × GS	8	1.58	0.13
	AP	4	2.64	0.03		AP	4	1.57	0.18
叶宽	GS	2	19.41	0.00	比叶面积	GS	2	1.76	0.17
	AP × GS	8	0.56	0.81		AP × GS	8	1.43	0.18

注：AP.年龄；GS.放牧

　　进一步分析（表4-2），结果显示幼苗期与老龄期植株性状基本不受放牧影响（$P>0.05$），差异主要体现在幼龄期、成年期、老龄前期3个年龄阶段。随短花针茅生长年龄的增加，各放牧处理下叶高、干重、叶片数、叶长、叶宽基本呈递增的趋势。此外，放牧处理下成年期、老龄前期、老龄期短花针茅叶缘距依次比不放牧处理高19.10%、26.19%、23.96%，而重度放牧处理下成年期、老龄前期、老龄期短花针茅叶高依次比不放牧处理低26.06%、10.62%、20.05%。

表4-2 短花针茅叶功能性状方差分析统计特征

指标	放牧处理	幼苗期	幼龄期	成年期	老龄前期	老龄期
叶高（mm）	HG	47.51±3.80Ab	50.13±3.71Bb	64.68±4.96Bb	82.41±4.42Ba	84.92±13.86Aa
	MG	70.59±5.10Aa	77.46±32.17Aa	91.50±4.53Aa	98.81±5.05Aa	106.07±12.85Aa
	NG	68.14±6.58Ac	74.09±3.00ABc	87.48±2.98Ab	92.20±3.89ABb	106.21±5.48Aa
干重（g）	HG	0.06±0.01Ad	0.24±0.03Acd	0.45±0.05Bc	1.09±0.14ABb	1.48±0.24Aa
	MG	0.06±0.02Ad	0.18±0.04Acd	0.74±0.09Abc	1.17±0.10Aab	1.57±0.25Aa
	NG	0.13±0.04Ac	0.22±0.02Ac	0.55±0.06ABb	0.82±0.08Bb	2.21±0.25Aa
叶片数	HG	17.56±2.33Ac	47.50±5.38Abc	77.67±7.76Ab	156.73±21.70Aa	191.00±23.50Aa
	MG	8.00±4.00Ac	35.33±6.01Ac	108.17±12.71Abc	158.46±15.95Aab	231.33±45.50Aa
	NG	17.81±1.98Ac	34.93±2.76Ac	79.68±7.16Ab	111.53±10.98Bb	313.86±34.66Aa
叶长（mm）	HG	78.67±3.56Ab	127.29±65.88Aa	75.36±3.27Ab	99.85±8.45Aab	86.02±11.06Ab
	MG	84.69±8.23Ab	96.43±2.83Aa	105.78±3.76Aa	108.03±4.64Aa	109.47±7.78Aa
	NG	75.31±5.21Ab	85.04±3.02Ab	101.98±3.00Aab	109.10±4.18Aa	111.18±6.43Aa
叶宽（mm）	HG	0.38±0.02Ab	0.42±0.02Ab	0.42±0.02Ab	0.42±0.03Ab	0.51±0.05Aa
	MG	0.37±0.02Aa	0.37±0.08Aa	0.44±0.02Aa	0.47±0.02Aa	0.48±0.03Aa
	NG	0.29±0.03Ab	0.33±0.02Aab	0.33±0.01Bab	0.31±0.02Bb	0.38±0.03Aa

（续表）

指标	放牧处理	幼苗期	幼龄期	成年期	老龄前期	老龄期
叶缘距（mm）	HG	0.92±0.05Ab	0.99±0.04Aab	1.09±0.07Aab	1.02±0.05Aab	1.21±0.06Aa
	MG	0.81±0.05Ab	0.84±0.19Ab	1.03±0.04Aab	1.10±0.05Aab	1.17±0.06Aa
	NG	0.94±0.06Aab	0.89±0.03Aab	0.89±0.02Bab	0.84±0.04Bb	0.96±0.03Ba
叶面积（mm^2）	HG	45.99±4.77Aa	121.52±60.87Aa	82.41±6.11ABa	82.84±465.77Aa	91.24±8.3Aa
	MG	43.62±3.94Ab	81.43±19.75Aab	90.30±6.73Aa	99.00±7.18Aa	124.44±12.98Aa
	NG	61.69±6.26Ab	67.28±3.90Ab	72.52±3.22Bb	75.08±4.85Ab	90.94±7.06Aa
叶卷曲度	HG	0.59±0.01Bab	0.58±0.01Ab	0.61±0.01ABa	0.59±0.01ABab	0.58±0.03Ab
	MG	0.54±0.00Bb	0.56±0.01Aab	0.57±0.01Bab	0.57±0.01Bab	0.59±0.01Aa
	NG	0.68±0.02Aa	0.64±0.02Aa	0.64±0.01Aa	0.64±0.02Aa	0.62±0.04Aa
长宽比	HG	130.66±9.73Ab	306.38±154.98Aa	190.09±12.04Ba	237.74±13.22Aa	161.16±42.62Aa
	MG	150.17±31.65Ab	290.31±64.59Aa	199.77±9.97Bb	192.29±10.64Aa	222.65±18.42Aab
	NG	277.67±51.72Aa	311.13±42.04Aa	279.74±16.52Aa	307.01±26.57Aa	300.59±44.13Aa
比叶面积	HG	183.27±38.11Aa	275.05±151.63Aa	142.4±10.83Abc	76.00±10.14Ac	121.44±10.86Abc
	MG	53.54±5.98Ab	168.19±44.5Aa	134.35±10.99Aa	135.53±12.90Aa	173.42±19.20Aa
	NG	122.00±14.87Aa	115.60±6.93Aa	107.24±5.87Ba	104.70±8.08Aa	130.47±12.75Aa

注：相同大写字母表示不同放牧处理下不存在显著性差异，相同小写字母表示不同年龄下不存在显著性差异

植物叶性状是整个植物适应环境所采取策略的最终环节，是植株个体权衡外界生境来改变自身结构特征的综合体现。大量研究表明，植物因生存环境中水分、光照、草食动物及自身遗传因素的变化，适度调节形态结构与营养分配，可逐渐形成对自身存活最为高效的结构特征，从而增加其在群落中的应变能力。可见，可塑性是植物自身有效的保护机制（Tripathi，2013）。植株矮小化是放牧导致草原生态系统结构和功能衰退的重要触发机制，株高因其视觉的直观性和操作的便捷性，被大多数生态学者认为是最可取的测量指标。本研究结果显示，仅幼苗期和老龄期短花针茅叶高不随放牧方式的改变而发生明显变化。这是因为短花针茅是多年生丛生型禾草，个体无明显茎叶分化，叶片内卷成长筒状条形或"V"字形，故叶面积的增大意味着一定程度的叶高的增加，幼苗期个体为增加光合作用的碳收益，显然通过保证叶面积大小稳定是有效地生态策略；而老叶组织密度和厚度的增大使得光合能力衰退，叶片通过继续增大面积这一策略来进行的光合收益-支出的边际效应已甚小，继续投资叶面积显然不符合叶经济谱原理。这一定程度证明了短花针茅叶性状对放牧的响应伴随种群年龄的权衡。此外，还发现短花针茅叶性状亦存在年龄响应模式，叶高、干重、叶数、叶宽、叶缘距为年龄型敏感性状，而叶长、叶面积、叶卷曲度、长宽比、比叶面积为年龄型保守性状，可见，在衡量草地放牧管理有效指标及表征植物表型特征时，种群年龄应当被充分考虑。

二、短花针茅叶性状可塑性

植物对不同功能性状进行权衡，通过表型可塑性达到对异质生境的适应是植物的一种生态对策。以不放牧处理为参考，本研究利用可塑性指数分析短花针茅叶性状对放牧的响应波动情况（图4-1）。整体而言，成年期与老龄前期短花针茅叶性状可塑性指数波动范围相对较小，各年龄植株叶卷曲度、叶长、叶宽可塑性指数较小，而长宽比可塑性指数较大。重度放牧处理下，幼苗期短花针茅叶干重、长宽比可塑性指数均较大（PI>0.5），随着植株年龄的增加，发现长宽比可塑性指数始终较大，而叶干重可塑性指数减小并稳定在一定范围内。适度放牧处理短花针茅比叶面积可塑性指数数值始终高于重度放牧处理，而长宽比则相反。大量研究表明，生境差异导致植物生长分异是植物生长可塑性的基础表现。植物因生存环境中水分、光照、草食动物及自身遗传因素的变化，适度调节形态结构与营养分配，可逐渐形成对自身存活最为高效的结构特征，从而增加其在群落中的应变能力。可见，可塑性是植物自身的有效保护机制。本研究中，成年期与老龄前期短花针茅叶性状可塑性指数波动范围相对较小，而其他年龄则相对较大。可塑性指数变幅越大，能够适应的环境越广，短花针茅越可能通过调整该年龄段的叶性状来适应草食动物；相反，小的变幅则体现着较小的可塑性，这表明性状值更为聚集和稳定。如各年龄植株叶卷曲度、叶长、叶宽可塑性指数较小，而叶长宽比可塑性指数相对较大。

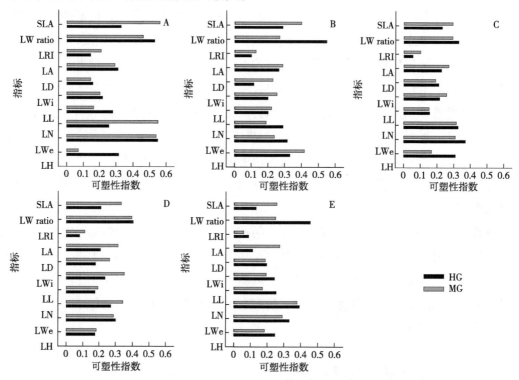

图4-1 重度放牧、适度放牧下不同年龄短花针茅叶性状可塑性指数（PI）

注：A. 幼苗期；B. 幼龄期；C. 成年期；D. 老龄前期；E. 老龄期；LH. 草丛高度；LWe. 干重；LN. 叶片数；LL. 叶长；LWi. 叶宽；LD. 叶缘距；LA. 叶面积；LRI. 叶卷曲度；LW ratio. 长宽比；SLA. 比叶面积

三、短花针茅叶片解剖结构

为了进一步分析短花针茅个体叶性状对放牧调控的响应，本研究从短花针茅叶解剖结构进行了分析，如图4-2所示，短花针茅叶片厚度随放牧压力的增大呈现逐渐递增的趋势（P<0.05），放牧处理下叶片主脉厚度显著高于不放牧处理。下表皮细胞面积适度放牧处理与不放牧处理无显著性差异，且显著高于重度放牧处理，而上表皮细胞面积在重度放牧处理下显著低于其他处理，且适度放牧处理最高。放牧对短花针茅叶片上表皮细胞厚度、下表皮细胞厚度、上表皮角质层厚度、下表皮角质层厚度无显著性影响。

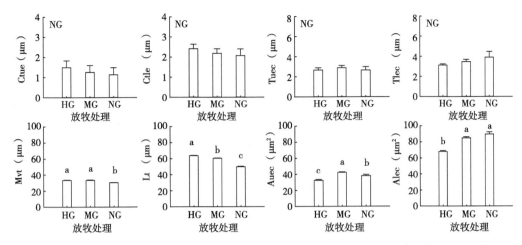

图4-2　重度放牧（HG）、适度放牧（MG）与不放牧（NG）条件下短花针茅叶解剖结构

注：Ctue.上表皮角质层厚度；Ctle.下表皮角质层厚度；Tuec.上表皮细胞厚度；Tlec.下表皮细胞厚度；Auec.上表皮细胞面积；Alec.下表皮细胞面积；Mvt.主脉厚度；Lt.叶片厚度。相同小写字母表示不同放牧处理间差异不显著

四、短花针茅叶片养分含量及生态化学计量

伴随叶片结构的变化，多数植物通过主动地调整养分需求，进而调整体内各元素的相对丰度，灵活地适应生境的变化。N是蛋白质、核酸的主要组成元素，可直接影响植物的呼吸作用、光合作用（Güsewell，2004；Tessier & Raynal，2003）。本研究中，重度放牧处理显著提高了短花针茅叶片N含量（图4-3）。这是因为家畜大量采食原有植物老旧组织，而新生的植物组织N含量较高（Ritchie et al.，1998），进一步激发短花针茅的补偿性生长。在无数次"动物采食—植物生长"的往复循环中，植物构型不断更新、适应，进而促成了本研究中出现的两种结果，重度放牧处理中短花针茅逐渐形成了叶宽变窄、株丛矮小的形态特征，适度放牧处理则刚好相反。不同年龄阶段植物的碳同化能力不同，随植物生长至个体成熟，C的同化能力由弱到强，从成熟到衰老碳的同化能力又变弱。这可能是植物在生长初期叶片N的积累速度较快，到后期则较慢，并且淋溶作用使得N的积累也减少（吴统贵等，2010）。因为在生长初期，叶片细胞分裂速度较快，所以需要大量的核酸和蛋白质的支持，因此浓度较高；生长旺盛期，植物生长速度较快，但是植物对养分的吸收赶不上叶片生长的速度，所以叶片的N、P浓度逐渐降低；到生长高峰期之后叶片的生长速度放缓，叶片的N、P浓度又相对增加；但叶片开始衰老的时候叶片N、P开始出现重吸收，浓度又开始降低（吴统贵等，2010）。

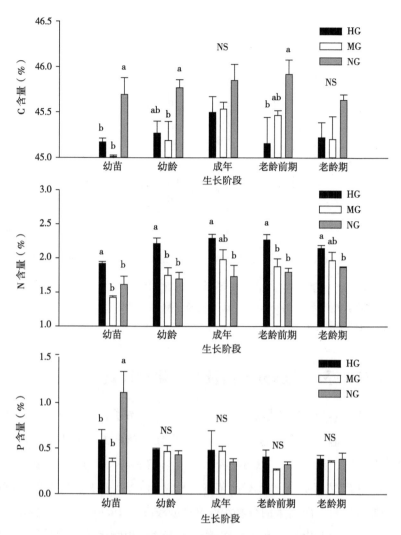

**图4-3　重度放牧（HG）、适度放牧（MG）、不放牧（NG）
处理不同年龄短花针茅叶片C、N、P含量**

注：相同小写字母、NS表示不同放牧处理间无显著性差异。下同

　　C是组成植物体的结构性物质，N、P则为生物体的功能性物质，植物生长主要受N和P的限制。因此，有关植物N、P及其N：P对植物生长的影响备受生态学家关注（银晓瑞等，2010；徐冰等，2010）。植物的N：P不仅被用来判断个体、种群、群落和生态系统的N和P养分限制格局，而且被用来判断环境对植物养分的供应状况（Hessen et al.，2004；Sterner et al.，1997）。研究表明，当植被的N：P小于14时，植物生长受到N素的限制作用较大，而大于16时，植被生长受到P的影响更大，介于14～16，表明受到N和P素的共同限制作用（银晓瑞等，2010）。试验中短花

针茅不同年龄阶段的N∶P均小于14（图4-4），说明荒漠草原植物主要受到N素的限制，暗示了荒漠草原建群种C、N、P化学计量学特征对植物的演替具有指示作用（银晓瑞等，2010）。此外，N∶P与C∶P呈现相同的响应模式，放牧对幼龄期、成年期、老龄前期、老龄期无显著性影响，幼苗期适度放牧处理显著大于不放牧处理（$P<0.05$），N∶P与C∶P依次高出185.98%、152.45%；而重度放牧处理与适度放牧处理无显著性差异（$P>0.05$）。C∶N结果显示，不放牧处理与适度放牧处理随植株年龄增大呈现逐渐降低的趋势，而重度放牧处理则表现为先下降后上升的规律，于成熟期达最低值。此外，不放牧处理与适度放牧处理C∶N无显著性差异，但显著高于重度放牧处理（$P<0.05$）。

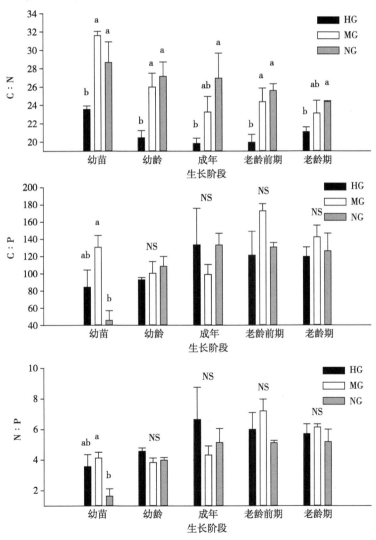

图4-4　重度放牧（HG）、适度放牧（MG）、不放牧（NG）
处理不同年龄短花针茅叶片生态化学计量比

第二节　株高及与其他叶性状的关系

植被高度是植物生态策略的重要组成部分，其大小往往关系到植物的空间拓展策略与物质投资方式（Moles et al.，2009）。株高是生态系统的重要变量之一，直接影响植物碳增益能力和动物多样性（Macarthur & Macarthur，1961），其生态功能性与野外观测的便利性赢得研究人员的青睐（MacArthur，1964；Recher，1969；August，1983；Moles et al.，2009；李西良等，2014）。研究认为，植物株高对放牧的响应最为直接和敏感，被认为是最显著的指标，并伴随叶片变短变窄、枝叶硬挺、丛幅变小、种子缩小、花期提前和根系分布浅层化等性状的改变（王炜等，2000）。短花针茅是亚洲中部暖温性草原的主要建群种，研究短花针茅种群高度对放牧调控的响应机制，在揭示荒漠草地资源利用与植物适应机制有很强的代表性。

一、短花针茅种群高度年动态

放牧利用及其驱动草原生产力的衰减机理，是草原生态学研究的核心问题之一。重度放牧影响草原生产力主要表现在两方面：一方面，重度放牧影响土壤微环境，通过践踏、粪尿、养分输出等使得土壤结构变化、营养元素减少、种子库劣变等（Klimkowska et al.，2010），进而影响植物生长发育（Akiyama & Kawamura，2007）；另一方面，植物对过度放牧的适应性变化形成避牧机制（Suzuki & Suzuki，2011）。在重度放牧处理中，短花针茅种群的株高与群落高度、不包含短花针茅种群的荒漠草原植被平均高度在2012年之前亦呈现此消彼长的规律，但2012年之后呈现相同的变化趋势（图4-5）。说明了重度放牧对研究区域植物影响较大，且短花针茅株高呈现出逐渐降低的趋势。

植物个体矮化型变被认为是放牧导致草原生产力下降的机理性环节，成为解开生产力衰减机制的一把钥匙，有研究证实，矮小化植株个体生物量较未退化样地正常植株下降30%～80%，植物随着放牧胁迫增强，往往先采取高度和生物量降低的适应策略，此外，家畜喜食牧草生态位收缩，杂毒草生态位趁机扩张，使优良牧草分布范围缩减（王炜等，2000）。因此，植物的矮化型变是草原生态系统结构与功能变化的重要触发机制。

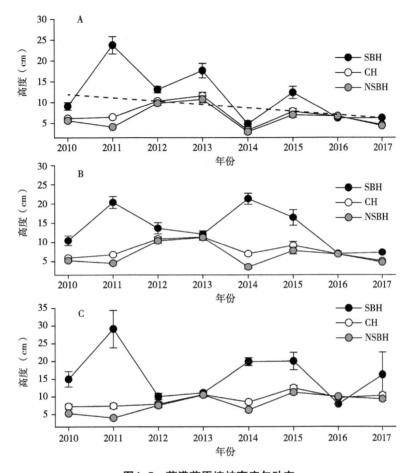

图4-5　荒漠草原植被高度年动态

注：A. 重度放牧；B. 适度放牧；C. 不放牧处理。SBH. 短花针茅种群平均高度；CH. 荒漠草原植被平均高度；NSBH. 不包含短花针茅种群的荒漠草原植被平均高度

年动态结果显示，各放牧处理中短花针茅株高均处于群落平均水平之上（图4-5）。在适度放牧处理和不放牧处理中，短花针茅种群株高与群落高度、不包含短花针茅种群的荒漠草原植被平均高度呈现此消彼长的趋势，在2011年与2014年表现尤为突出。方差分析结果显示，短花针茅种群高度受不同物种高度、放牧处理、生长年份及其交互作用影响（表4-3）。多重比较结果显示，在各放牧处理中短花针茅种群的高度基本均高于荒漠草原植被平均高度及不包含短花针茅种群的荒漠草原植被平均高度（表4-4）。这说明短花针茅在空间垂直配置方面处于优势地位。此外，各年份短花针茅种群高度呈现不放牧最高、适度放牧次之、重度放牧最高的趋势，而2012年放牧处理显著高于不放牧处理（$P<0.05$）。

株高是植物竞争光的主要决定因素，是植物协调生活史特征的重要组成部分

（Moles et al., 2009）。本研究发现，短花针茅叶高、叶长受放牧影响明显，表现为适度放牧处理均值最高，不放牧处理次之，重度放牧最低。先前的研究认为，物种间的营养差别较大，食物越充足，草食动物对它们的偏食性或选择性也越大，较短花针茅而言，绵羊对质地柔软、嫩叶丰富、籽实丰富的植物（如二型叶棘豆、乳白黄耆、冷蒿、蒙古韭、韭、细叶韭）有强偏食性（刘文亭等，2016b）。适度放牧处理中，放牧家畜食物相对充足并能满足其多种营养需求，其采食是以偏食物种为主且选择多样化的植物组合来满足其营养平衡，使得草地释放出更多的可利用空间与资源，为偏食性较低的短花针茅提供了更好的生存条件。重度放牧处理中家畜可利用食物较少，采食选择范围相对被动，绵羊不得不以饱腹为目的大量采食短花针茅，导致短花针茅株丛"矮化"。

表4-3　荒漠草原植被种群高度的方差分析

变异来源	df	F	P
高度	2	195.16	<0.001
放牧处理	2	28.26	<0.001
年份	7	21.39	<0.001
高度×放牧处理	4	2.97	0.019
高度×年份	14	22.53	<0.001
放牧处理×年份	14	9.07	<0.001
高度×放牧处理×年份	28	2.64	<0.001

表4-4　不包含短花针茅种群的荒漠草原植被高度

年份	指标	重度放牧	适度放牧	不放牧
	短花针茅高度	9.07 ± 0.92Ba	10.43 ± 1.27ABa	14.94 ± 2.18Aa
2010	群落高度	6.14 ± 0.31Ab	5.90 ± 0.42Ab	7.19 ± 0.69Ab
	不包含短花针茅的荒漠草原植被高度	5.61 ± 0.37Ab	5.23 ± 0.34Ab	5.28 ± 0.30Ab
	短花针茅高度	23.73 ± 2.09Aa	20.36 ± 1.55Aa	29.09 ± 5.29Aa
2011	群落高度	6.43 ± 0.33Ab	6.73 ± 0.31Ab	7.27 ± 0.68Ab
	不包含短花针茅的荒漠草原植被高度	4.05 ± 0.17Ab	4.52 ± 0.25Ab	3.97 ± 0.34Ab

（续表）

年份	指标	重度放牧	适度放牧	不放牧
2012	短花针茅高度	13.07 ± 0.78Aa	13.64 ± 1.43Aa	10.00 ± 0.88Ba
	群落高度	10.27 ± 0.44Ab	10.85 ± 0.59Ab	7.83 ± 0.63Ba
	不包含短花针茅的荒漠草原植被高度	9.77 ± 0.53Ab	10.37 ± 0.59Ab	7.49 ± 0.66Ba
2013	短花针茅高度	17.60 ± 1.73Aa	12.10 ± 0.89Ba	11.00 ± 0.52Ba
	群落高度	11.57 ± 0.86Ab	11.36 ± 0.63Aa	10.51 ± 0.55Aa
	不包含短花针茅的荒漠草原植被高度	10.72 ± 0.83Ab	11.24 ± 0.74Aa	10.44 ± 0.61Aa
2014	短花针茅高度	4.80 ± 0.72Ba	21.29 ± 1.45Aa	19.83 ± 1.11Aa
	群落高度	3.31 ± 0.42Cb	6.97 ± 0.36Bb	8.41 ± 0.37Ab
	不包含短花针茅的荒漠草原植被高度	2.90 ± 0.41Bb	3.57 ± 0.44Bc	6.22 ± 0.28Ac
2015	短花针茅高度	12.33 ± 1.46Ba	16.40 ± 2Aba	20.00 ± 2.48Aa
	群落高度	7.77 ± 0.65Bb	9.13 ± 1.04Bb	12.36 ± 0.7Ab
	不包含短花针茅的荒漠草原植被高度	6.97 ± 0.63Bb	7.76 ± 0.88Bb	11.15 ± 0.55Ab
2016	短花针茅高度	6.20 ± 0.35Ba	7.00 ± 0.53Aba	7.80 ± 0.22Ab
	群落高度	6.60 ± 0.30Ba	6.84 ± 0.18Ba	9.62 ± 0.33Aa
	不包含短花针茅的荒漠草原植被高度	6.67 ± 0.32Ba	6.83 ± 0.17Ba	9.93 ± 0.38Aa
2017	短花针茅高度	6.23 ± 0.24Aa	7.27 ± 0.42Aa	16.13 ± 6.38Aa
	群落高度	4.58 ± 0.16Bb	5.06 ± 0.21Bb	10.24 ± 0.85Aa
	不包含短花针茅的荒漠草原植被高度	4.34 ± 0.17Bb	4.74 ± 0.21Bb	9.24 ± 0.54Aa

注：相同年份相同指标下相同大写字母表示不同放牧处理差异不显著；相同年份相同放牧处理下相同小写字母表示不同指标差异不显著

二、影响短花针茅叶片高度因素的排序

通过偏最小二乘法构建短花针茅叶高与其他属性的回归方程，进而计算短花针茅其他叶性状对叶高的重要程度（VIP值），如表4-5所示，在不放牧处理和重度放牧处理中，短花针茅植株年龄、干重、叶片数、叶长、叶面积是影响叶高的重要指标（VIP>1），这一结果同样适用于重度放牧处理；而适度放牧处理下，叶长宽比是影响叶高的重要指标，叶片数则是影响植株叶高的非重要指标（VIP<0.5）。

表4-5　短花针茅叶高与其他叶性状VIP值

性状	重度放牧	适度放牧	不放牧
年龄	1.27	1.10	1.11
干重	1.38	1.07	1.22
叶片数	1.19	0.46	1.24
叶长	1.36	1.74	1.58
叶宽	0.54	0.04	0.13
叶缘距	0.57	0.24	0.70
叶面积	1.28	1.24	1.12
叶卷曲度	0.12	0.53	0.11
长宽比	0.84	1.58	0.97
比叶面积	0.49	0.12	0.71

三、短花针茅叶高与其他叶性状指标的关系

通过构建短花针茅叶高与其他属性的偏最小二乘回归方程，发现年龄、干重、叶片数、叶长、叶面积是影响叶高的重要性状，那么为了进一步分析每个短花针茅个体叶高与干重、叶片数、叶长、叶面积之间的关系，采用一元回归方程来进一步解释。结果如图4-6所示，一元回归方程能够较好的解释叶高与其他叶性状的关系，尤其在重度放牧处理下，决定系数r^2均大于0.30，说明干重等每一性状解释度都能达30%以上，且模型均达到极显著性水平（$P<0.01$）。在不放牧处理下，除叶高与叶面积决定系数小于0.30，其他模型决定系数均大于0.30，且回归方程模型达到极显著性水平（$P<0.01$）。在适度放牧处理中，相比其他两个放牧处理，叶干重、叶长、叶面积的解释能力相对较弱。

此外，为了排除短花针茅株丛年龄对短花针茅个体的影响，把植株年龄设置为控制变量，对各叶性状进行偏相关分析。偏相关分析结果显示（表4-6），叶高与叶干量、叶数、叶长、叶宽、叶缘距、叶面积、长宽比、比叶面积呈正相关，其中，叶高与干重、叶数、叶长、叶面积呈极显著正相关，而与叶卷曲度为负相关关系。此外，在本研究中，叶干重与其他叶性状均呈正相关，与叶片数的相关系数甚至达到0.913（$P<0.01$），叶面积与叶长呈极显著正相关，叶卷曲度与叶长宽比呈极显著正相关，与叶宽呈极显著负相关。

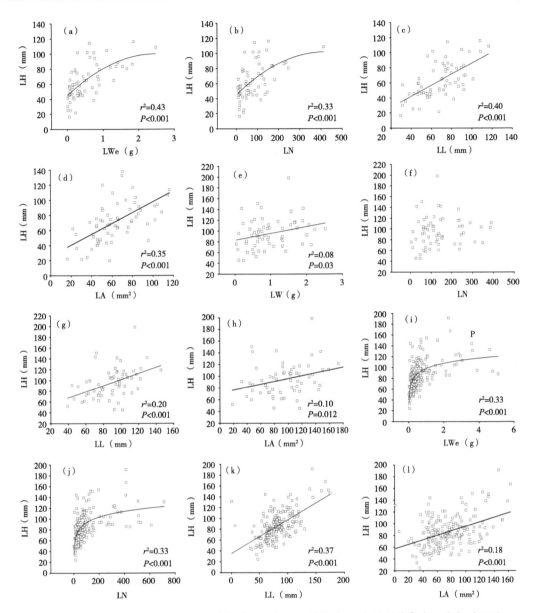

图4-6　重度放牧（a~d）、适度放牧（e~h）、不放牧（i~l）处理叶高（LH）与叶干重（LWe）、叶片数（LN）、叶长（LL）、叶面积（LA）的回归关系

表4-6　短花针茅叶性状偏相关分析

叶性状	高度	干重	叶数	叶长	叶宽	叶缘距	叶面积	叶卷曲度	长宽比	比叶面积
高度	1	0.243**	0.215**	0.539**	0.046	0.018	0.38**	-0.037	0.296**	0.122*
干重		1	0.913**	0.215**	0.039	0.082	0.214**	0.032	0.094	0.126*
叶数			1	0.195**	0.146*	0.109	0.212**	-0.086	-0.004	0.282**

（续表）

叶性状	高度	干重	叶数	叶长	叶宽	叶缘距	叶面积	叶卷曲度	长宽比	比叶面积
叶长				1	0.104	0.165**	0.783**	0.021	0.491**	0.43**
叶宽					1	0.61**	0.433**	-0.653**	-0.685**	0.357**
叶缘距						1	0.712**	0.175**	-0.300**	0.456**
叶面积							1	0.126*	0.142*	0.589**
叶卷曲度								1	0.579**	-0.022
长宽比									1	-0.003
比叶面积										1

注：*表示$P<0.05$；**表示$P<0.01$

为了分解叶片形态、放牧与年龄多种因素对叶高的影响程度，构建了如图4-7所示的路径分析模型。路径分析结果显示，放牧显著影响短花针茅叶高，路径系数为0.11（$P<0.05$），放牧极显著影响叶长宽比、叶卷曲度，植株年龄极显著影响短花针茅叶高（$r=0.40$，$P<0.01$），叶长宽比亦极显著影响叶高，而叶卷曲度则对叶高产生负作用，说明叶卷曲度与叶高存在一定的权衡关系。

通过本研究，表明长期放牧导致的短花针茅矮化型变中，至少存在两种适应机制，一是植物个体发生矮小化趋向，以达到躲避家畜采食的表型特征；二是植物不同性状对放牧响应的非对称性，通过各种性状之间的权衡，实现在放牧干扰下的生活对策最优，在生态系统亚稳态下，充分利用环境资源供给，完成其生活史。但是，短花针茅叶表型中不同性状对放牧的非对称响应的具体生物学功能与生态学意义，以及它的形成过程和机制，尚需进一步研究。

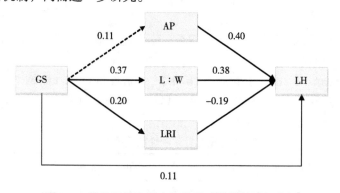

图4-7 放牧调控下叶高与其他叶性状的路径分析

注：GS.放牧处理；AP.年龄阶段；L∶W.叶长宽比；LRI.叶卷曲度；LH.叶高。虚线表示$P>0.05$，实线表示$P<0.05$，粗体实线表示$P<0.01$

四、短花针茅叶片卷曲的生态进化意义

短花针茅是基生叶型多年生丛生禾草，叶长很大程度上即是株高，即叶长是影响叶高的重要影响因素。但由于短花针茅这一植物没有茎的支撑，较长的针形叶很容易发生披垂现象。研究认为，叶片发生卷曲能够很好地解决叶长与叶挺两者之间的矛盾（刘文亭等，2016a）。叶片长度的增加容易致使植株叶片披垂，但卷叶性状可以提高较长叶片的直立性，减少披垂的发生，卷曲度较大，可支持较长的叶片挺立不披垂（刘文亭等，2016a），起到抵抗草地多风、动物践踏等作用，卷叶通过改变其叶片的电导率和有效叶面积来减少其拦截的辐射量及降低蒸腾作用，进而有效防止水分的丧失（Kadioglu & Terzi，2007；Price et al.，1997）。

尽管这很好地解释了短花针茅叶片卷曲行为的意义，但却与本研究所观察到的事实有所偏离。在本研究中，把植株年龄设置为控制变量，对叶高和其他叶性状进行了偏相关分析，结果显示叶高与叶卷曲度呈负相关关系；而当把短花针茅年龄设为观测变量进行路径分析后，发现叶片卷曲度对叶高产生负作用，这充分说明了叶卷曲度与叶高存在一定的权衡关系。这可能是因为尽管叶片发生卷曲能够很好地解决叶长与叶挺两者之间矛盾，然而在干旱少雨的荒漠草原，短花针茅叶片始终处于闭合状态来减少植株个体水分的流失，如图4-8所示，完全处于闭合状态的叶片就会失去叶片卷曲时的支撑作用，致使叶片卷曲度对短花针茅叶高存在显著的负作用。

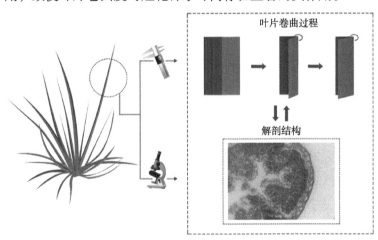

图4-8　叶片卷曲过程模式

为了进一步探究短花针茅叶高与其他叶性状的关系，以期从短花针茅叶片解剖结构得到合理解释。研究发现，放牧处理并未明显改变上表皮角质层厚度、下表皮角质层厚度、上表皮细胞厚度、下表皮细胞厚度；矛盾集中体现在上表皮细胞面积，即重

度放牧处理下显著低于适度放牧与不放牧处理，导致了重度放牧处理短花针茅叶卷曲度高。这可能是因为短花针茅长期处于重度放牧压力下，增加物种高度的物质投资回报不如采取避牧更为客观。此外，通过对叶片微观结构进行观察，发现短花针茅叶表皮细胞、厚壁组织排列整齐密集，维管组织和维管束导管腔发达紧密，尽管这些特征本研究中并未量化表现，但这些典型的旱生特征均为短花针茅种群高度提供了保证。

第三节　分蘗、根系生长、构型与分布

　　分蘗是禾本科植物的特性之一。禾本科植物在地下或接近地面处所发生的分枝，直接从主茎基部分蘗节上发出的称一级分蘗，在一级分蘗基部又可产生新的分蘗芽和不定根，形成次一级分蘗。后续类推第三级、第四级分蘗，结果一株植物形成了许多丛生在一起的分枝。分枝是植物规避伤害（如顶芽丧失）和适应外界环境而产生的一种保护机制，而且分枝的特性是决定植物茎结构的一个重要因素，受内部因素和外部环境条件的共同调控。分蘗起源于主芽基部不伸长的内部节点（分蘗节），与双子叶植物的侧向分枝不同，分蘗最终能产生不定根。禾本科植物在营养生长阶段产生很多分蘗，其中一些分蘗在植株成熟前就已经衰老死亡，这些无效分蘗会与有效分蘗产生营养竞争，降低资源利用率，因此，分蘗的调控具有重要的生态学意义。

　　此外，分蘗常伴有不定根出现，而根系是植物吸收、传输水分和养分的重要器官，在植物的生长过程中发挥着主要作用（Dannowski & Block，2005），同时也是与土壤环境进行物质交换的主要器官。在漫长的进化岁月中，根系分布特点反映了植物对土壤资源的利用情况和对环境的适应性（Fitter et al.，1991）。一直以来，根系构型的研究都是植物形态学研究的组成部分，起源较早，但根系构型的概念是McMinn于1963年首次提出，他通过手绘和拍照的方式对根系进行了研究。直到20世纪90年代，随着先进科学仪器在根系构型研究领域的应用和相关学者对根系构型的进一步重视，该领域的研究报道才开始大量涌现。

　　根系构型是植物长期适应环境的进化结果（Guswa，2010），而且根系在应对短时间内的环境变化时具有形态可塑性的变化（Bouma et al.，2001；Oppelt et al.，2001）。研究认为，根系构型主要是通过根系几何形态和拓扑结构参数来描述的，几何形态参数主要包括根长、根直径、根系生物量和分支角度等；根系拓扑结构则主要通过根系的连接数量、根系分支率以及根系在土层中的空间分布特征等来反映根系的分支状况（Glimskär，2000）。当植物根系处于干旱或贫瘠的土壤环境中时，会采取降低分支强度，增加根系连接长度等策略，以寻求更多的水分和养分，保证自身的生存和生长。在自然条件下，环境对根系构型影响的研究主要集中在中国北方的天然草地植物（陈世镶等，2001）。研究发现，生长于风蚀坡地上的成龄阿尔泰狗娃花（*Heteropappus altaicus*）无明显的主根，根颈部强烈分支并形成多数平卧侧根，形成根蘖型根系，而生长于干河床边冲击土上的阿尔泰狗娃花则具有明显的主根，为轴根型根系；生长于固定沙地上的蓼子朴（*Inula salsoloides*）形成轴根型根系，而生长于流动沙地上的演化为根蘖型根系。可见，根系构型对环境的生态适应能力常常通过根系构型的变化体现出来。根系构型在一定程度上反映了根系对其所处土壤环境的生态适应，适应能力越强，则植物地上部分越能适应其生存环境，进而在一定水平上影响该植物所处的群落环境，并在更大尺度上反映植被的演替和退化状况。

一、短花针茅分蘖特征

短花针茅属于多年生密丛型旱生禾本科野生牧草，密丛型禾草分蘖节位于地表的上方，枝条几乎彼此紧贴垂直向上生长。茎秆基部分蘖节的分蘖芽能产生不定根，可独立于主茎而单独存活。通过观测不同放牧处理下短花针茅分蘖节深度发现，短花针茅在重度放牧处理下分蘖节分布最浅，为21.8mm，不放牧处理分蘖节分布最深，为24.7mm（图4-9）。

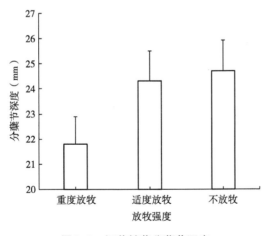

图4-9　短花针茅分蘖节深度

不同放牧处理短花针茅分蘖数量方差分析结果显示，相比不放牧处理，放牧处理能够在一定程度上增加短花针茅分蘖数量（图4-10），这在短花针茅中株丛、小株丛上体现的尤为明显；而大株丛的短花针茅分蘖数量不受放牧家畜的影响。此外，短花针茅分蘖数量在不同月份之间存在显著差异，4月短花针茅分蘖数量最多（69个/株），7月分蘖数量最少（38.59个/株），4月分蘖数量比7月分蘖数量多78.80%（图4-11）。长期定点观测发现，短花针茅第一次分蘖期出现在4月，同时4月也是分蘖数量最鼎盛的时期，从第一次分蘖期结束直到7月短花针茅的分蘖数量一直呈显著下降趋势，8月短花针茅出现二次分蘖，分蘖数量增加，但数量低于第一次分蘖期，9月短花针茅叶片开始衰老、枯黄甚至死亡，分蘖数量下降。

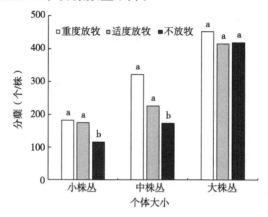

图4-10 不同放牧强度下短花针茅的分蘖数量

注：相同小写字母表示相同大小短花针茅不同放牧处理间不存在显著性差异。数据引自贾丽欣等，2019

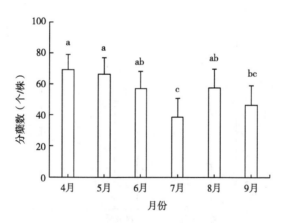

图4-11 短花针茅分蘖数量的月动态变化

注：相同小写字母表示不同月份间不存在显著性差异。数据引自贾丽欣，2019

研究发现，放牧对短花针茅的影响主要体现在地上部分。相比其他放牧处理，适度放牧处理短花针茅分蘖个体的形态较大，而不放牧和重度放牧区处理短花针茅分蘖个体相对较小。短花针茅通过种子萌发产生实生苗的数量相对较少，其幼苗在群落中成功存活率相对较低。因此通过无性繁殖产生分蘖，增加新的营养枝才是保障种群个体数量的有效途径。有研究认为，过度放牧干扰了小嵩草（*Kobresia pygmaca*）建群草地及其原生植被优势种的生长生殖特征，使得原优势种的个体数、分蘖、分枝数均有不同程度的下降。古琛等（2017）对短花针茅的繁殖策略进行研究时发现，轻度放牧处理短花针茅的分蘖数要显著高于适度、重度与不放牧处理。该研究结论与上述均有不相同，即放牧能够在一定程度上影响短花针茅植株个体的分蘖数量（$P<0.05$），重度放牧处理能够显著增加短花针茅植株个体分蘖数量。本研究认为原因可能有以下几点：一是测量方法不同。本试验为规避短花针茅个体大小对分蘖造成的影响，故设定大、中、小3种丛径范围进行取样，比较不同放牧强度处理下，相同丛径大小植株的分蘖数量。二是取样方法不同。上述文献均为样方取样而本试验为单株取样，样方取样的侧重点是比较群落差异，而单株取样的侧重点为个体上的差异。

重度放牧能够增加短花针茅个体的分蘖数量，最为显著的一个原因是，重度放牧处理使短花针茅个体趋于小型化，小个体的短花针茅在重度放牧处理中占的比重相对较高，并伴随群落高度降低，形成了以避牧为主的生态适应策略。然而，草地植物表型特征的改变不仅仅是放牧胁迫单一作用的结果，它与植物本身属性（如遗传特性、生理特性）和环境因子（如气候变化和土壤养分）等因素都有密不可分的关联。有研究认为，植物通过改变叶片角质层的厚度或表皮细胞的面积来适应放牧胁迫，以恢复植株的光合作用能力、增加光合速率和繁殖的适应性。通过比较重度放牧和适度放牧条件下种群的形态特征和遗传多样性，发现重度放牧会降低草丛高度，增加营养枝的密度，减少繁殖枝的密度。但在两个种群间未发现明显的遗传学差异。形态特征的差异可能是由于放牧处理下植物的表型可塑性引起的。刘忠宽等（2006）研究不同放牧强度草原休牧后土壤养分和植物群落变化特征时发现，植物群落的生物量、群落高度、群落密度与土壤养分分布均表现一致的正相关关系，但只有植物群落生物量和群落高度与土壤有机碳、全氮、无机氮、土壤有效磷和有效硫相关显著（$P<0.05$）。除了受环境因子、遗传特性的影响外，短花针茅分蘖的内在机制有待进一步探索。

放牧家畜的采食践踏等行为对植物构成了一定程度的物理性损伤，为了缓解植物受到的损伤，细胞内的内源激素会作出相应的调节来影响植物的生理代谢。从表观来看，植物能够在草食动物采食之后进行补偿性再生生长，弥补动物采食所造成的损失。事实上，植物的补偿性效应是与碳水化合物和氮素在植物体各部分之间的转移，以及外界的环境干扰对植物体内源激素的产生及传递直接相关的。王静等（2005）研究放牧退化群落中冷蒿种群生物量资源分配的变化发现，随放牧强度的增加，冷蒿体内生长素含量随之下降，从而削弱顶端优势、抑制植物细胞的伸长，增强分蘖作用。该研究与高莹（2008）的研究结果一致，即放牧能够显著增加内源激素的浓度

（$P<0.05$），但这种相关只存在于中、小株丛的短花针茅中。这是因为植物激素是植物响应环境胁迫信号转导的主要成员，当植物受到放牧胁迫后，植物的生长和发育受到抑制，激素含量会发生变化，从而缓解环境胁迫对植物的伤害。如生长素含量的增加会抑制花芽的分化作用，进而减少分蘖芽的生长。在细胞分裂素方面，研究发现，细胞分裂素会促进水稻分蘖芽的发生。刘杨（2011）在研究细胞分裂素对水稻分蘖相关基因表达的调控时也发现，外界因素对分蘖芽生长的调控至少存在2条途径，其中关键的一条就是通过调控节和芽中细胞分裂素含量，然而，研究表明细胞分裂素与短花针茅的分蘖数量无显著的相关关系。

二、短花针茅根系生长、构型及分布

短花针茅属密丛型根系，根系具砂套。种子萌发时产生胚根一条，中胚轴不产生不定根，鞘节不定根一般仅有一条。成龄株丛产生的新枝条，当年一般不产生根芽，待翌年进一步生长到2~3个叶片之后，才产生新根，根芽钝头、透明，位于枝条的基部。生殖枝发育粗壮时，紧挨的营养枝生长旺盛，且新根发达（图4-12）；如老根死亡早，也可促使新根提前生长；另外，在特殊条件下，营养枝在分蘖节上较多时，也可促使新根的出现。

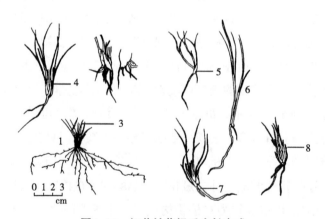

图4-12　短花针茅根系生长方式

注：1.株丛；2.生殖枝；3.芽；4.位移；5.根芽；6.分蘖方式；7.砂套；8.芽。引自陈世锽等，2000

根系拓扑结构分析的主要目的是探讨随着生境条件的改变根系的分支和延伸策略是否会发生相应的变化（Oppelt et al., 2005）。拓扑结构特征作为根系构型的重要组成部分，决定了根系在土壤中的空间分布特征，也影响着根系对水分和养分的吸收能力

（Biondini & Grygiel, 1994）。既有研究认为鱼尾状分支结构根系中次级根分支较少，重叠较少，内部竞争也较小；叉状分支的根系由于次级分支较多，重叠增加，内部竞争则较强，然而叉状分支可以加强根系在土层中的空间分布，有利于植物在资源贫瘠的生境中获取更多的土壤资源（Fitter, 1987; Bouma et al., 2001）。植物根系长度与根系连接长度的大小直接决定了根系在土壤中的空间拓展和对营养物质的吸收能力，根系连接长度越长，其空间拓展能力就越强。根系分支率的差异性是植物对异质性资源环境的适应性的反应，直接反映了根系适应环境的能力（单立山等，2012）。根系分支率能够表征根系分支的能力，但在应用的过程中，由于该参数对于Strahler等级系统较为敏感，所以仍存在较大的争议（杨小林等，2009）。根系分支率几乎不受植株大小的约束，但在Strahler等级系统下会随着根级增加而呈现出明显递减的趋势（Berntson, 1995）。Leonardo da Vinci法则认为植物根系分支前后的横截面积是相等的，即分支前的根系横截面积等于分支后的根系横截面积的总和（van Noordwijk & Purnomosidhi, 1995）。前人的大量研究表明不同植物的根系分支前后横截面积之比具有一致性（van Noordwijk & Purnomosidhi, 1995; Glimskär, 2000; Eduardo et al., 2004）。

单个分蘖的须根系数目和根深在不放牧区和重度放牧区最大，根系平均直径受长期放牧影响而显著减小。另外，在放牧压力的作用下，根系的比根长、根尖数、分根数和交叉数均受放牧影响显著增大、增多。不同放牧压力导致分蘖个体地上、地下生物量分配发生变化，较低放牧强度下短花针茅分蘖个体地上生物量较多，而重度放牧则导致分蘖个体地下生物量显著增多。不同放牧强度没有对分蘖个体生物量、根系生物量、茎生物量、分蘖个体叶片数目、总根表面积、总根投影面积和总根体积产生显著影响（表4-7、表4-8）。对不同根系直径范围内各项根系性状指标的分布范围进行分析，根系根尖数分析结果表明，直径超过3mm的根系没有根尖，根系直径大于2mm的不放牧区，短花针茅根系没有根尖，根尖数分布较多的根系直径范围主要集中在0~0.5mm，说明根系的根尖主要集中在较细根系的顶部，并且在对照区，根系的根尖要分布在更细的根系处。不同根系直径范围内，根系的根长、根系体积、根系表面积和根系投影表面积分布范围分析结果表明，短花针茅根系中没有直径超过4.5mm的根系，且根系直径大于4mm的根系仅在部分不放牧区出现，不同载畜率之间，根系长度较长、体积较大且表面积和投影面积较大的根系，其直径一般都在0~1mm。随着根系直径范围的不断扩大，根系根尖数、根长、体积、表面积和投影表面积的分布逐渐减少，超过一定根系直径范围（4.5mm），无短花针茅各根系性状的分布，说明短花针茅的根系直径不会超过4.5mm，且短花针茅根系直径一般都比较细，主要集中在1mm以下。

表4-7 不同放牧处理短花针茅根系构型、分布指标

放牧处理	指标	平均值	范围	指标	平均值	范围
不放牧	根系总面积（cm²）	13.78	9.33~21.55	根平均直径（mm）	0.39	0.31~0.51
适度放牧		14.67	7.44~24.12		0.33	0.24~0.46
重度放牧		14.00	6.23~23.45		0.33	0.23~0.43
不放牧	总根体积（cm³）	0.17	0.12~0.27	根尖数	148.57	68.57~222.86
适度放牧		0.17	0.07~0.26		280.00	102.86~468.57
重度放牧		0.17	0.08~0.28		228.57	74.29~480.00
不放牧	根深（cm）	47.94	28.85~62.44	分枝数	108.57	17.14~188.57
适度放牧		43.05	31.61~56.03		160.00	80.00~285.71
重度放牧		47.48	36.03~63.51		171.43	74.29~348.57
不放牧	单个分蘖须根系数目	6.02	4.00~12.57	交叉数	6.90	0.86~19.83
适度放牧		5.45	2.93~9.48		13.79	1.72~26.72
重度放牧		6.09	2.89~9.61		20.69	4.31~40.52
不放牧	总根长（cm）	91.27	51.59~146.83	比根长（mm/mg）	10.33	5.16~18.65
适度放牧		111.11	47.62~174.6		15.49	10.33~19.80
重度放牧		103.18	43.65~174.6		14.06	7.46~21.80

注：数据引自李江文，2018

表4-8 密丛型根系参数的相关性分析

指标	总根长（cm）	总表面积（cm²）	平均直径（cm）	根系总体积（cm³）	根尖数（根）	分叉数（个）
总根长（cm）	1					
总表面积（cm²）	0.557**	1				
平均直径（cm）	-0.252	0.577**	1			
根系总体积（cm³）	0.053	0.828**	0.862**	1		
根尖数（根）	0.824**	0.487**	-0.214	0.098	1	
分叉数（个）	0.918**	0.772**	0.039	0.369**	0.755**	1

注：数据引自王旭峰等，2013

　　根系作为植物地上部分与土壤的连接器官，在植物水分、养分的吸收和转运过程中有着不可替代的作用（Dannowski & Block，2005）。根系构型会对周围环境产生适应性的改变，从而表现出不同的适应特性（Oppelt et al.，2005）。根系构型策略的差异可以用根系碳投入与土壤水分、养分收益的权衡关系来解释（Oppelt et al.，2001）。在内蒙古针茅草原，增大植物根系连接长度可以提高根系在土层中的分布范围（表4-9），有效地利用土壤中的水分（Schenk & Jackson，2002a；2002b），这与植物自身根系碳投入与土壤水分养分的收益权衡相契合，是植物提高资源获取能力的一个重要策略。根系分支率表征根系的分支能力，在一定程度上影响根系的空间分布特征，较小的根系分支率有利于提高植物对干旱的适应性。

表4-9　几种针茅属植物根系构型

物种	总根长（cm）	总表面积（cm²）	平均直径（cm）	根系总体积（cm³）	根尖数（根）	分叉数（个）
戈壁针茅	67.69 ± 39.00	16.26 ± 11.00	0.71 ± 0.17	0.32 ± 0.24	146.33 ± 59.75	1 209.33 ± 585.27
沙生针茅	219.30 ± 125.14	46.29 ± 30.36	0.65 ± 0.05	0.78 ± 0.58	598.00 ± 254.48	6 367.67 ± 4 637.36
石生针茅	518.19 ± 421.54	122.21 ± 34.00	1.07 ± 0.65	2.92 ± 1.08	850.00 ± 479.65	14 868.67 ± 12 195.56
西北针茅	475.60 ± 183.01	106.26 ± 47.72	0.70 ± 0.07	1.90 ± 0.96	1 124.00 ± 536.84	12 967.67 ± 5 493.19
克列门茨针茅	330.35 ± 144.49	67.77 ± 26.52	0.68 ± 0.27	1.20 ± 0.70	695.67 ± 312.97	9 255.00 ± 4 024.42
大针茅	250.25 ± 139.10	72.03 ± 20.92	1.00 ± 0.26	1.75 ± 0.42	752.67 ± 677.52	7 680.00 ± 2 336.42

注：数据引自王旭峰等，2013

　　在干旱半干旱地区，由于降水量少且蒸发性强的气候特征，导致草本植物难以利用深层地下水，从而使土壤水分成为了植物生长的限制因子（Berndtsson & Chen，1994）。植物根系是适应干旱胁迫下的主要对象。研究表明，随着退化程度的加剧，土壤含水量呈现出有规律地减小且差异显著，而土壤容重和土壤紧实度的变化无规律性，因此植物根系如何提高对降水的利用率就显得尤为关键。例如，星毛委陵菜的阔腰倒锥体根系构型，该构型整体上像"漏斗"一样收集雨水并将其导入地下，供根系生长所需。同时星毛委陵菜根系能将土壤单粒黏结起来，将板结密实的土体分散，并通过自身的腐烂分解和转化合成腐殖质，使土壤形成良好团聚结构的同时具备较佳的孔隙状况，增强了土壤的渗透性，使土壤硬度变小，水分流转效率增加，反过来又为根系提供了更为适宜的生长环境，且随着退化程度的加剧根量显著增大，这种作用也更加明显。

第五章 短花针茅生殖个体性状

植物在完成其生活史的过程中,生存、繁殖和防御等各种功能存在着对有限资源的竞争。因此,植物对资源的分配必须在这些功能之间进行协调。一般认为,自然选择的结果使得不同生境中的植物在不同功能之间的资源分配达到最佳程度,从而很好地适应所处的环境条件。由于生物量反映了植物获得各种资源的总量,因此基于生物量分配的植物进化策略理论受到普遍关注。这方面的研究大多用繁殖效力(生殖与营养生物量的比例)来表示植物用于繁殖的资源分配格局,这些研究也多集中在植物用于有性繁殖的最终资源分配格局上。植物的有性繁殖过程是随着生殖器官的不断分化和发育,资源沿时间序列逐级分配的过程。对于能够同时进行有性和无性繁殖的多年生植物而言,从植物种群—生殖个体—生殖构件—种子散布体的不同组织水平上的资源分配共同决定着最终的生物量生殖分配格局(或繁殖效率)。因此,从不同组织水平上研究短花针茅的生殖分配格局可以揭示其资源分配沿时间序列的动态变化,从而比较全面地了解短花针茅在生活史上对放牧的适应。

第一节 生殖个体对放牧的响应

分配是生命史理论的核心概念,为不同的策略提供依据(Weiner,2004)。在环境胁迫条件下,植物性状会受到较强的环境选择压力(Harper,1977),这意味着植物很难达到最优资源配置。为了适应胁迫,在资源一定的情况下,对某器官投入的增加,必然导致对另一器官投入的减少。通过权衡调整资源配置,尤其是营养生长与繁殖生长之间的资源分配,使生活史性状达到最优(Gao et al.,2014)。

研究发现,植物在营养生长和生殖生长之间的资源分配具有很强的灵活性(Miller

et al.，2006），为了能够延续植株个体生存，往往以牺牲有性繁殖为代价来补偿营养器官。这是因为长期处于大型草食动物胁迫下，单果类植物对放牧的响应只有一种选择，它们必须立即修复损伤，以弥补生物量的损失和受损的生殖结构（Huhta et al.，2009）；然而，多果类植物则有更多可选的生态策略。此外，植物物种的繁殖行为还受到其自身（如生活史、年龄等）的严格限制。

相比短命植物而言，多年生植物的繁殖行为取决于目前用于繁殖的资源量与为将来繁殖而储存的资源量之间的潜在作用（Brys et al.，2011），具体表现在植株的表型特征上（García et al.，2014）。研究认为，高度对放牧的反应最为直接和敏感（Díaz et al.，2007），直接影响着植物获取光资源的能力，进而影响植物可分配资源的量。家畜长期的采食，尤其是重度放牧的草地，植物的高度必然会下降，意味着植物可分配资源的下降，这是否会引起植物对有性繁殖投入的减少呢？如果是，生殖个体数量、生物量会减少多少？如果不是，那植物会采取何种生态策略呢？

一、短花针茅生殖个体与营养个体密度、生物量

研究结果表明，放牧显著降低了短花针茅种群的密度与生物量，其生殖个体密度与生物量也呈现相同的规律（图5-1）。但在1m×1m的样方中，3种处理短花针茅生殖个体密度无显著性差异，但适度放牧生殖个体生物量相比其他两种处理高出1倍多（$P<0.05$）。生殖个体密度比非生殖个体密度3种处理无显著性差异，而生殖个体生物量比非生殖个体生物量适度放牧处理显著高于不放牧处理与重度放牧处理。此外，3种处理中生殖个体密度比非生殖个体密度均大于1，而其生物量之比均小于1。从个体大小角度分析，短花针茅生殖个体基径适度放牧处理显著高于不放牧处理与重度放牧处理。进一步分析，成年阶段比例各放牧处理均大于35%，幼苗阶段比例均小于1。此外，适度放牧处理老年阶段依次比不放牧处理与重度放牧高63.15%、88.66%（图5-2）。

以往的研究认为，放牧对植物具有消极影响作用，如减少单位面积植物的个体数量（Liu et al.，2018a）与植物的有性繁殖（Hickman & Hartnett，2002）。这与本研究结果相一致，但研究还发现，放牧处理下不会显著改变短花针茅生殖个体密度占短花针茅个体总密度的百分比，且相比不放牧与重度放牧，适度放牧处理下短花针茅生殖个体的生物量占所有短花针茅个体生物量的百分比显著提高。这一结果说明了不论是重度放牧还是适度放牧，放牧都会降低单位面积牧草的个体数，但不会降低短花针茅在有性繁殖方面的投入，且适度放牧还会提高短花针茅个体有性繁殖的投入。推测短花针茅在与家畜长期协同生活中亦形成自己独特的生活策略，短花针茅能够进行有

性繁殖与无性繁殖，然而在家畜的持续干扰下，增加无性繁殖个体数量显然不是一种明智的抉择，因为通过无性繁殖幼苗的个体通常与母体形成小尺度的聚集分布，这无疑会减小家畜的采食成本，不利于种群的存活。

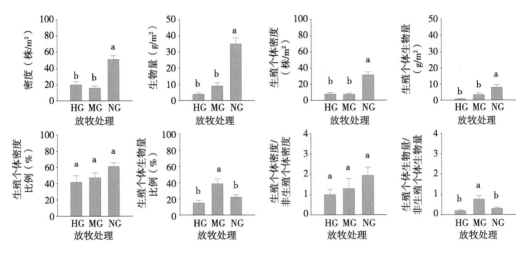

图5-1　放牧处理下短花针茅种群特征

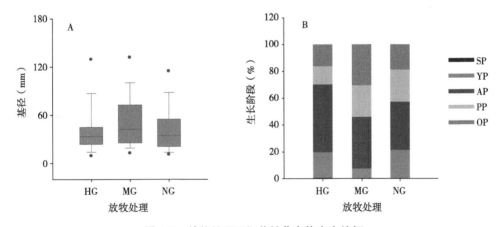

图5-2　放牧处理下短花针茅个体大小特征

注：SY. 幼苗期；YP. 幼龄期；AP. 成年期；PP. 老龄前期；OP. 老龄期

此外，还有一个大胆的设想，短花针茅可能会诱使家畜采食其他生长阶段的个体，通过牺牲部分个体的生态策略来完成有性繁殖过程以保障种群的更新与稳定。尽管不能完美地验证这一设想，但本研究结果显示，相比不放牧处理，放牧降低了幼龄阶段的比例，提高了短花针茅成年阶段的比例（图5-2），这一定程度证明了上述假说。

二、短花针茅生殖个体、营养个体性状

双因素方差分析结果显示（表5-1），放牧显著影响短花针茅生殖个体营养枝高度、生殖枝高度、营养枝长度、营养枝数、生殖枝数、营养枝干重、生殖枝干重、种子数，株丛年龄显著影响生殖个体营养枝高度、营养枝数、生殖枝数、营养枝干重、种子数；营养枝数、生殖枝数、营养枝干重、种子数受放牧与短花针茅株丛年龄的交互作用影响。

表5-1　短花针茅生殖个体性状变异来源

指标	变异来源	df	F	P	指标	变异来源	df	F	P
营养枝宽度	AP	3	0.07	0.98	营养枝数	AP	3	8.18	<0.001
	GS	2	0.06	0.94		GS	2	14.97	<0.001
	AP×GS	6	0.25	0.96		AP×GS	6	4.24	<0.001
生殖枝宽度	AP	3	0.99	0.40	生殖枝数	AP	3	6.9	<0.001
	GS	2	2.14	0.12		GS	2	6.87	<0.001
	AP×GS	6	0.68	0.66		AP×GS	6	4.61	<0.001
营养枝高度	AP	3	8.12	<0.001	营养枝干重	AP	3	14.01	<0.001
	GS	2	11.21	<0.001		GS	2	15.21	<0.001
	AP×GS	6	0.34	0.92		AP×GS	6	5.17	<0.001
生殖枝高度	AP	3	1.36	0.26	生殖枝干重	AP	3	2.55	0.06
	GS	2	16.16	<0.001		GS	2	3.68	0.03
	AP×GS	6	1.96	0.07		AP×GS	6	1.76	0.11
营养枝长度	AP	3	1.42	0.24	种子数	AP	3	6.5	<0.001
	GS	2	17.04	<0.001		GS	2	9.47	<0.001
	AP×GS	6	0.46	0.84		AP×GS	6	4.12	<0.001
生殖枝长度	AP	3	0.21	0.89					
	GS	2	0.62	0.54					
	AP×GS	6	0.19	0.98					

注：AP. 年龄；GS. 放牧

短花针茅营养枝高度、生殖枝高度、营养枝长度、生殖枝长度、生殖枝数、生殖枝重量、种子数、个体重量均为适度放牧处理显著高于重度放牧处理（表5-2），其

中适度放牧种子数比重度放牧、不放牧处理依次高236.05%、85.09%，生殖个体生殖枝重量比例重度放牧、适度放牧依次比不放牧处理高47.68%、109.13%，且适度放牧处理生殖枝重量比营养枝重量显著高于其他处理。

表5-2　放牧处理下短花针茅性状特征

指标	放牧处理	平均数 ± 标准差	指标	放牧处理	平均数 ± 标准差
营养枝高度	HG	48.55 ± 1.91b	生殖枝高度	HG	121.78 ± 6.19b
	MG	70.81 ± 4.66a		MG	174.14 ± 9.79a
	NG	69.57 ± 1.75a		NG	123.46 ± 3.48b
营养枝宽度	HG	0.77 ± 0.03b	生殖枝宽度	HG	1.46 ± 0.06b
	MG	0.76 ± 0.03b		MG	1.6 ± 0.07ab
	NG	0.91 ± 0.02a		NG	1.62 ± 0.03a
营养枝长度	HG	49.68 ± 2.13b	生殖枝长度	HG	160.00 ± 6.42b
	MG	65.17 ± 5.45a		MG	196.85 ± 7.14a
	NG	73.26 ± 1.56a		NG	141.55 ± 2.77c
营养叶数	HG	46.67 ± 5.85b	生殖叶数	HG	2.08 ± 0.13b
	MG	77.79 ± 7.08b		MG	6.58 ± 0.77a
	NG	121.86 ± 9.71a		NG	5.54 ± 0.57a
营养重量	HG	0.27 ± 0.03b	生殖重量	HG	0.08 ± 0.01b
	MG	0.42 ± 0.06b		MG	0.46 ± 0.08a
	NG	0.71 ± 0.06a		NG	0.23 ± 0.04b
总重	HG	0.36 ± 0.03b	种子数	HG	35.42 ± 3.46b
	MG	0.89 ± 0.11a		MG	119.05 ± 14.54a
	NG	0.93 ± 0.09a		NG	64.32 ± 7.34b
生殖比重	HG	29.60 ± 2.06b	生殖比营养	HG	0.55 ± 0.07b
	MG	42.7 ± 3.21a		MG	4.25 ± 1.94a
	NG	20.42 ± 0.95c		NG	0.37 ± 0.04b

　　从生长阶段分析，发现放牧降低了各生长阶段短花针茅个体营养枝宽度、营养枝长度、营养枝重量，而适度放牧生殖枝高度、生殖枝长度则显著高于不放牧处理。幼

龄期、成年期短花针茅个体生产的种子数不受放牧影响，适度放牧处理老龄前期、老龄期种子数比重度放牧处理依次高374.17%、443.79%（表5-3）。为了进一步探索短花针茅生殖个体对放牧的响应模式，本研究对其生殖个体的性状进行了分析，发现适度放牧提高了生殖枝的各项指标。这与Tang和Wang（2014）的研究结果相一致，放牧提高了植物对有性繁殖的投入。植物在与大型家畜长期互动的过程中，通过改变一系列的营养器官与生殖器官表型特征来适应生境的变化。短花针茅在放牧干扰下增加对繁殖器官的投入，就意味着与不放牧处理下个体比，放牧地的植物增加了其种子数量或相对减小了种子大小（Liu et al.，2018a）。这样植物在放牧生境中既尽量减少当代世代损失率的同时又增加了种子扩散能力，从而在一定程度上实现了其适合度的最大化（Bazzaz et al.，1987）。

表5-3 放牧处理下不同生长阶段短花针茅生殖个体性状

指标	放牧处理	2	3	4	5
营养枝高度	HG	34.54 ± 6.02b	49.12 ± 2.01b	47.46 ± 4.96b	65.19 ± 4.63
	MG	53.78 ± 7.18a	59.22 ± 4.22ab	74.03 ± 6.17a	90.78 ± 14.5
	NG	55.31 ± 3.03a	66.23 ± 2.84a	72.49 ± 2.91a	90.47 ± 4.64
营养枝宽度	HG	0.84 ± 0.11	0.72 ± 0.04b	0.79 ± 0.04b	0.96 ± 0.06
	MG	0.69 ± 0.11	0.74 ± 0.05b	0.79 ± 0.05b	0.77 ± 0.08
	NG	0.85 ± 0.02	0.87 ± 0.02a	0.97 ± 0.04a	1.00 ± 0.06
营养枝长度	HG	37.48 ± 5.06b	49.83 ± 2.68c	51.52 ± 4.39b	64.7 ± 7.67
	MG	62.08 ± 11.03a	59.85 ± 4.72b	57.01 ± 4.91b	82.27 ± 18.49
	NG	64.74 ± 2.53a	72.96 ± 2.26a	72.14 ± 2.99a	87.28 ± 5.2
营养枝数	HG	1.22 ± 0.15	43.59 ± 4.81b	46.71 ± 8.74b	104.75 ± 39.78b
	MG	1.43 ± 0.3	55.83 ± 7.09b	95.22 ± 12.31a	114.35 ± 16.8b
	NG	2.84 ± 1.02	88.43 ± 7.89a	120.54 ± 10.42a	302.28 ± 42.96a
营养枝干重	HG	0.07 ± 0.02b	0.23 ± 0.02b	0.26 ± 0.03b	0.78 ± 0.17b
	MG	0.23 ± 0.12a	0.23 ± 0.03b	0.37 ± 0.05b	0.82 ± 0.2b
	NG	0.18 ± 0.02ab	0.4 ± 0.03a	0.7 ± 0.05a	2.1 ± 0.28a
生殖枝高度	HG	112.6 ± 23.54	126.42 ± 7.31b	115.92 ± 11.99b	121.65 ± 33.19b
	MG	152.65 ± 37.4	155.61 ± 16.64a	195.1 ± 16.34a	189.07 ± 18.23a
	NG	104.17 ± 6.13	114.7 ± 5.52b	122.36 ± 6.75b	163.56 ± 8.32ab

（续表）

指标	放牧处理	2	3	4	5
生殖枝宽度	HG	1.3 ± 0.19	1.49 ± 0.08	1.41 ± 0.07b	1.56 ± 0.12
	MG	1.61 ± 0.32	1.49 ± 0.09	1.78 ± 0.13a	1.54 ± 0.16
	NG	1.49 ± 0.07	1.61 ± 0.04	1.73 ± 0.05a	1.64 ± 0.08
生殖枝长度	HG	145.08 ± 20.81ab	166.13 ± 8.52b	141.78 ± 10.62b	181.67 ± 26.12a
	MG	176.47 ± 20.81a	196.05 ± 11.16a	213.53 ± 14.91a	187.41 ± 13.79a
	NG	133.64 ± 5.99b	143.36 ± 4.51c	145.63 ± 5.93b	141.23 ± 5.88b
生殖枝数	HG	1.22 ± 0.15	2.24 ± 0.19b	2.14 ± 0.25b	2.13 ± 0.35b
	MG	1.43 ± 0.3	4.71 ± 0.84a	8.78 ± 1.85a	9 ± 1.56ab
	NG	2.84 ± 1.02	3.34 ± 0.5ab	4.13 ± 0.3b	15.74 ± 2.39a
生殖枝干重	HG	0.04 ± 0.01	0.09 ± 0.01b	0.09 ± 0.02b	0.09 ± 0.03
	MG	0.05 ± 0.02	0.28 ± 0.06a	0.54 ± 0.15a	0.81 ± 0.24
	NG	0.05 ± 0.01	0.14 ± 0.04ab	0.16 ± 0.03b	0.75 ± 0.17
种子数	HG	14.44 ± 2.99	42.95 ± 4.98	34.79 ± 7.72b	25.88 ± 6.87b
	MG	25.71 ± 7.23	96.5 ± 25.32	164.94 ± 26.74a	140.71 ± 27.95a
	NG	20.49 ± 2.51	53.95 ± 14.4	53.34 ± 5.32b	159.33 ± 25.03a
总重	HG	0.11 ± 0.03b	0.32 ± 0.03b	0.35 ± 0.04b	0.87 ± 0.17b
	MG	0.29 ± 0.14a	0.52 ± 0.07ab	0.9 ± 0.15a	1.64 ± 0.33ab
	NG	0.23 ± 0.02ab	0.53 ± 0.05a	0.87 ± 0.07a	2.8 ± 0.39a

在自然种群中，植物的繁殖分配强烈地依赖于个体的大小（Nakahara et al.，2018），这与本研究结果相一致，在野外观测过程中基本没有发现幼苗阶段的生殖个体，且重度放牧处理种子数最高值在成年阶段，适度放牧在老龄前期阶段，而不放牧处理在老龄期阶段。这一结果一定程度的验证了植物繁殖分配对环境变化的响应不但由个体大小影响，而且还依赖于个体大小对干扰的可塑性（Weiner，2004；Bazzaz et al.，2001）。这可能是因为短花针茅是多年生丛生型禾草，个体大小的增加无疑会增加生殖枝的生物量，增加有性繁殖的投入，产生更多的种子。然而在家畜持续干扰的放牧处理中，大尺寸（年长的）植物个体无疑是家畜首选目标，不仅是因为草食动物喜欢采食植物最有价值的部分（如果实、种子等）（Shroff et al.，2008），同时大

尺寸的植物意味着更多的干物质以及更少的寻找食物的过程，这能够减少绵羊的采食成本。在重度放牧处理中，高强度的干扰促使短花针茅在成年阶段达到产种子的高峰期，比适度放牧处理提前了一个生长阶段。

在对家畜反馈调节过程中，一个性状的改变总是伴随着其他性状的协同变化（Louault et al.，2005）。相比不放牧处理，适度放牧处理下老年前期的短花针茅通过维持其营养枝高度、营养枝数（保证其光合作用），并增加生殖枝高度、生殖枝长度、生殖枝数、生殖枝重量，来达到有性繁殖的高效运行；而重度放牧下成年期的短花针茅通过降低营养枝高度、营养枝宽度、营养枝长度、营养枝叶数、营养枝重量等一系列避牧措施，来保证其生存与繁殖。这可能是因为在试验样地中，短花针茅并非绵羊最喜欢采食的物种（刘文亭等，2016a），当食物充足能满足其多种营养需求时，动物采食是以偏食物种为主且选择多样化的植物组合来满足其营养平衡，短花针茅仅需维持同化作用即可；而当食物相对紧张时，动物采食选择范围相对被动，相应地以饱腹为目的（Provenza，1995；Villalba & Provenza，2000），短花针茅不得不采取有效的避牧措施，以储备足够的资源来支撑即将来临的生殖时期，这可能是为了达到最大的繁殖输出而形成的生态适应对策。这说明了生殖活动在植物的资源分配中处于中心地位，面对不同程度的环境胁迫，不同器官间会权衡有限的资源。

三、生长阶段、生殖枝性状、营养枝性状之间的联系

放牧改变了短花针茅个体生长阶段、生殖枝性状、营养枝性状三者之间的潜在关系（图5-3）。随放牧压力的增大，生殖枝性状与营养枝性状典型相关系数逐渐减小，在重度放牧处理下其典型相关系数仅为0.14（$P>0.05$），且这一规律同样适用生殖枝性状与个体生长阶段。而个体生长阶段与营养枝性状不随放牧压力的改变而改变，典型相关系数均在0.35之上（$P<0.05$）。说明放牧会削弱短花针茅生殖枝性状与营养枝性状、生殖枝性状与植物生长阶段间的关系，尤其是重度放牧处理。尽管从短花针茅生殖个体的性状表型特征分析，放牧并不会显著影响植物对有性生殖的投入，但生殖枝性状与营养枝性状、生殖枝性状与植物生长阶段间的关系确确实实减弱了。我们猜测这是植物不得不采取的权衡策略，即在保证生产足够的种子数的前提下，短花针茅不会将营养枝同化的资源优先分配于生殖枝，表现为削弱生殖枝高度、生殖枝宽度与生殖枝间的联系。此外，在面对高强度的家畜采食，短花针茅牺牲部分年龄较大的个体，增加了绵羊对小尺寸个体植物的采食成本，间接地保护了尺寸相对较小的生殖个体，从而减小了生殖枝与生长阶段的联系。这进一步验证了长期过度放牧会对植物产生不利影响。这说明了短花针茅对放牧压力存在一定的阈值，如果长此以往，

必然不利于种群的更新与繁殖，甚至引起种群灭绝、生物多样性丧失、土壤退化等现象。

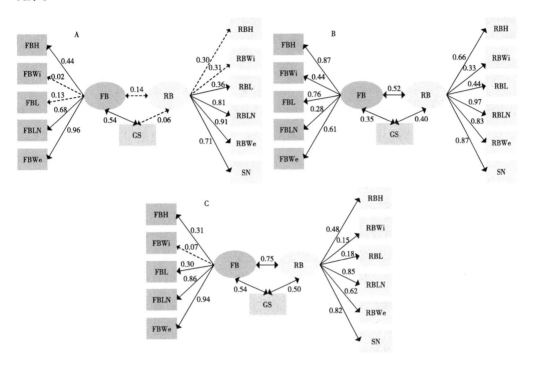

图5-3　个体生长阶段、生殖枝性状、营养枝性状的典型相关分析

注：FBH. 营养枝高度；FBWi. 营养枝宽度；FBL. 营养枝长度；FBLN. 营养枝数量；FBWe. 营养枝重量；RBH. 生殖枝高度；RBWi. 生殖枝宽度；RBL. 生殖枝长度；RBLN. 生殖枝数量；RBWe. 生殖枝重量；SN. 种子数；FB. 营养枝性状；RB. 生殖枝性状；GS. 生长阶段

第二节　生殖个体性状与繁殖体的关系

植株资源分配的关系通常被认为是影响植物生活史特征的重要因素之一（Wright & Barrett，1999；Cao & Kudo，2008；Liu et al.，2009）。在植株生长发育及繁殖过程中，各构件获得的资源不仅随发育阶段的变化而变化（Charlesworth & Charlesworth，1987；Hawkins et al.，2005；Liu et al.，2009），而且还与其个体大小密切相关（St ö cklin & Favre，1994）。植株各构件获得的有效资源及彼此间的关系通常用资源利用假说来解释（Willson，1983；Wang et al.，2006）。该假说认为，植物体可供利用的资源有限时，可通过调节分配给各构件的资源来保障个体的生长发育和繁殖过程，提高对有限资源利用的有效性（Charlesworth & Charlesworth，1987；Zhang & Jiang，2000）。植物体分配给营养生长和生殖生长的资源与其个体大小有关，植株大小不仅影响繁殖构件的数量和大小，还可影响果实与种子的败育水平以及后代的生存力（Han et al.，2011）。

种子的产量、大小和活力在很大程度上受到植物繁殖分配的影响。繁殖分配是指植物在有限的环境条件下，将资源在不同的组织和器官之间进行有效的分配，是植物在生殖生长与营养生长之间的一种平衡策略。现阶段的研究成果表明，降水格局的变化和放牧、施肥、刈割等人为干扰对植物的繁殖分配有着较大的影响。对于我国西北干旱区灌木繁殖分配的研究较为多见，例如，黑沙蒿繁殖分配研究发现，繁殖分配随着黑沙蒿个体增大呈现出先增大后减小的规律；四合木繁殖分配研究中发现，从花期到果期四合木的繁殖分配降低；唐古特白刺、西伯利亚白刺、大白刺和泡泡刺的研究发现，其个体大小与生殖分配之间呈负相关关系（郭伟等，2010；徐庆等，2001；宋于洋等，2012；李清河等，2012）。在合理的资源配置模式下，种子的生产和扩散还面临着各项挑战，由于植物自身因素或环境条件可以导致种子的选择性败育，植株可以通过选择性败育来去除低发育率的后代，提高其平均质量，同时减少种内竞争的压力（赵学杰等，2007）。植物通过自身的各项调节机制最终生产出能够适宜环境条件、易于传播扩散的种子。

一、影响短花针茅产种数的指标排序

运用偏最小二乘法构建生殖期短花针茅种子数与生殖枝数、生殖枝高度、营养枝干重、营养枝数、营养枝高度、营养枝长度、生殖枝干重、生殖枝宽度、营养枝宽度、生殖枝长度、年龄、放牧的回归方程。根据所得回归方程即可知变量投影的重要性（VIP）。自变量VIP数值越大，该自变量对短花针茅产种数影响越强。若自变量VIP>1，则认为该自变量是影响短花针茅产种数的重要指标；若自变量VIP<0.5，则认为该自变量是影响短花针茅产种数的非重要指标。如图5-4所示，可知生殖枝数、生殖枝高度、营养枝干重、营养枝数、植株年龄是影响种子数的重要性状（VIP>1）；生殖枝宽度与营养枝长度则是非重要性状（VIP<1）。

为进一步分析短花针茅生殖个体性状对种子数的影响，把植株年龄设置为控制变量，对各叶性状进行偏相关分析。偏相关分析结果显示（表5-4），种子数与生殖枝数、生殖枝高度、营养枝干重、营养枝数、营养枝高度、营养枝长度、生殖枝干重、生殖枝宽度、生殖枝长度呈正相关关系，其中与生殖枝数、生殖枝高度、营养枝干重、营养枝数、营养枝高度、生殖枝干重、生殖枝宽度呈显著正相关关系（$P<0.05$），而与营养枝宽度呈负相关关系。

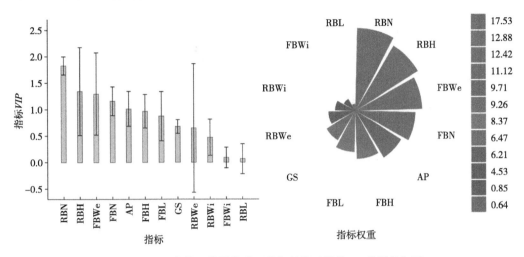

图5-4　生殖个体短花针茅种子数与其他叶性状VIP值及其权重

注：RBN.生殖枝数；RBH.生殖枝高度；FBWe.营养枝干重；FBN.营养枝数；FBH.营养枝高度；FBL.营养枝长度；RBWe.生殖枝干重；RBWi.生殖枝宽度；FBWi.营养枝宽度；RBL.生殖枝长度；SN.种子数

表5-4　生殖个体性状的偏相关

指标	FBWi	RBWi	FBH	RBH	FBL	RBL	FBN	RBN	FBWe	RBWe	SN
FBWi	1	0.06	−0.01	−0.02	0.00	−0.01	−0.04	−0.02	−0.03	0.00	−0.03
RBWi		1	0.16**	0.16**	0.17**	−0.01	0.04	0.11*	0.05	−0.05	0.11*
FBH			1	0.53**	0.50**	0.11*	0.03	0.23**	0.16**	−0.07	0.16**
RBH				1	0.31**	0.11*	0.09	0.32**	0.14*	−0.03	0.44**
FBL					1	0.02	0.02	0.16**	0.17**	−0.10	0.05
RBL						1	0.02	0.03	0.02	0.00	0.06
FBN							1	0.44**	0.84**	0.02	0.37**
RBN								1	0.52**	0.10	0.65**
FBWe									1	0.02	0.41**
RBWe										1	0.18**
SN											1

注：RBN.生殖枝数；RBH.生殖枝高度；FBWe.营养枝干重；FBN.营养枝数；FBH.营养枝高度；FBL.营养枝长度；RBWe.生殖枝干重；RBWi.生殖枝宽度；FBWi.营养枝宽度；RBL.生殖枝长度；SN.种子数。*表示$P<0.05$；**表示$P<0.01$

二、生殖个体性状及其联系

结构方程模型结果表明，重度放牧积极影响了短花针茅生殖枝数量、营养枝数量（r=0.12，0.13，P<0.05），生殖枝数量、营养枝数量显著积极影响了短花针茅生产种子数（r=0.66，0.30，P<0.05，图5-5）。然而，重度放牧却对营养枝重量、生殖枝重量无显著影响，营养枝重量、生殖枝重量亦对种子数无显著影响。更进一步地，生殖枝数量积极地影响了营养枝数量，生殖枝重量积极地影响了营养枝重量，且营养枝重量积极地影响了生殖枝数量。

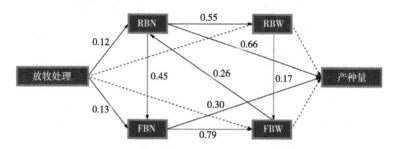

图5-5　放牧处理下短花针茅生殖枝营养枝及产种量的结构方程模型（χ^2=0.788，df=2，P=0.674）

注：RBN.生殖枝数量；VBN.营养枝数量；RBW.营养枝重量；VBW.生殖枝重量。实线表示P<0.05，虚线表示P>0.05

生殖分配作为生活史进化理论的一个重要组成部分，在国外的研究已有近30年历史。大量研究表明，物种间和物种内的生殖分配存在较大差异（Bazzaz el al.，2000），这给生殖分配格局的解释带来了一些困难，总的说来生殖分配格局的解释目前主要有3种假说。一是利用资源假说，即生殖分配的高低取决于生境中的利用性资源；二是生境稳定性学说，即生殖分配和生境稳定程度有关，随生境稳定程度的提高而降低；三是生活史理论假说，即生殖分配和植物的生活史有关，如一年生植物的生殖分配高于多年生植物、植物生殖分配的高低与特定年龄段的死亡有关等。

重度放牧处理显著降低了短花针茅生殖个体的叶片数量、干重、产种数。这与Liu等（2018a）研究结果相一致，即重度放牧胁迫对植物具有消极影响作用，如减少单位面积植物的个体数量（Liu et al.，2018a）与植物的有性繁殖投入（Hickman & Hartnett，2002）。这可能是因为，短花针茅生殖个体面对家畜反复采食等作用时，家畜优先采食植物冠层的营养器官和繁殖器官。在植物个体可获得资源总量恒定及同化资源能力减弱时，植物不得不采取避牧的手段，通过降低植物高度（Louault et al.，2005）、增加植株叶片数量的方式，也就是说短花针茅不得不放弃垂直维度的竞争，而采取增加株丛基径（水平维度）（Díaz et al.，2007），将更多的资源投入产生营养器官与种子生产，来补偿放牧带来的损害及种群的延续与更新。这一观点在结构方程模型中得到佐证，即放牧处理并未显著影响短花针茅生殖个体对干物质的投入，而叶片的数量直接影响干物质的积累。相比叶片干重，叶片数量显著影响产种数。这说明了短花针茅在家畜采食的重度干扰下，会采用增加叶片的方式来维持个体干物质的积累及生殖行为。

结构方程模型还显示，生殖枝性状会积极影响营养枝性状，且营养枝干重会积极影响生殖枝数量。这说明了在环境胁迫下，短花针茅在植物的资源分配中生殖活动扮演了支配者的角色。这可能是因为在植物群落平均盖度小于20%、种间竞争较小的荒漠草原（Wang et al.，2014），家畜是影响短花针茅种群的最主要因素。植物与草食动物长期协同生活过程中，幸存者往往会形成自己独特的生活策略（Louault et al.，2005）。推测，处于繁殖期的短花针茅个体，其资源分配可能处于一种高效的控制下，即生殖枝与营养枝之间的权衡由生殖枝决定，生殖枝的生长情况调控着营养枝的生长情况。试想在长期处于家畜频繁采食胁迫的环境中，生殖枝与营养枝之间的权衡如果偏向营养枝，显然这不是一种明智的、有利于有性繁殖的抉择，这无疑会增加短花针茅的生存成本，不利于种群的更新与存活。此外，在本研究构建的结构方程模型中，变量营养枝干重是放牧处理下短花针茅生殖个体资源分配中至关重要的性状，在生殖枝性状和营养枝性状之间起到了"链接"的作用。

第六章　短花针茅传粉、种子性状与萌发

生殖生态学是研究生物生殖行为与环境相互关系的科学。生殖生态学的核心是生殖，植物生殖方式主要包括通过传粉进行的有性繁殖和通过营养器官拓殖等进行的无性繁殖，其中，通过传粉进行的有性繁殖是植物生殖的重要方式。自然界约72%的植物物种都产生两性花，其中，被子植物约90%为雌雄同体。有性繁殖是生殖生态学研究的核心，因此，研究与有性繁殖事件有关的各种生物学特征及其规律是生殖生态学的一个重要分支学科，对深入揭示短花针茅的生态适应与进化具有重要意义。

第一节　短花针茅传粉过程及对放牧、生境的响应

传粉生态学是通过分析栖息地植物与传粉者之间相互作用关系而研究花粉传递过程的科学，从种群与个体水平上的花粉形态、花部形态、传粉昆虫、繁育系统以及传粉机制，到群落水平上的植物与传粉者、植物与植物之间的作用。有性繁殖根据自交和异交所占比例的不同可以分为闭花授粉、专性自交、兼性自交、兼性异交、专性异交和异花授粉，繁殖方式的多样性可使植物在不同的生境条件采取不同的繁殖对策，从而适应不同的环境。达尔文认为繁殖保障是自交方式存在的最重要因素。当异交无法发生时，自交是植物缺乏昆虫传粉的一种补偿授粉方式，即使近交衰退非常剧烈，自交授粉也会被选择。在自然环境等因素的选择压力下，异交向自交的演化可能对花的形态特征形成强烈的选择压力，尤其是自交亲和植物的授粉方式。植物通过花器官运动来完成自交授粉模式引起研究者极大的兴趣。因此，尽管达尔文的繁殖保障假说已被广泛接受，但有关植物是如何实现自发自花授粉的报道仍然值得关注。

尽管自交繁育植物具有适应环境、克服传粉媒介短缺、维持植物种群以及后代能直接获得亲本性状等优势，但自交容易使种群面临近交衰退的风险，常伴有花粉和

种子折损。在自然界中，绝对自交或异交的物种很少，自交与异交互补，在长期的进化中更具有可塑性。由于环境因子与资源的斑块状分布，同种植物的不同地理种群往往处于水热条件与伴生生物大不相同的微生境中。在局域不同环境条件的选择下，不同地理种群可能在个体形态与结构、遗传背景方面都呈现出显著的不同，形成不同的"生态型"。禾本科针茅属植物是我国草原的主要建群种和优势种，种类丰富、形态高度分化，并沿水平与垂直地理梯度及土壤生境产生了一系列的替代分布。研究表明，针茅属植物的传粉方式可能不是唯一的，具有自交、兼性自交、兼性异交或风媒异交等传粉方式，采用何种传粉方式，或许与环境有关。因此，系统研究针茅属植物的传粉生态学，有助于进一步揭示其生态适应和进化机制。

一、短花针茅花粉形态

针茅属植物隶属于禾本科。禾本科植物花粉的形态特征均为圆球形、远极单孔及颗粒状表面纹饰。但由于植物属、种不同和遗传基因间的差异，使得花粉粒的大小、萌发孔特征、孔口直径、花粉粒表面颗粒状纹饰的粗细及排列分布都存在着一定的差别。短花针茅花粉粒的形态详见表6-1。短花针茅花粉粒圆球形，直径30.3（28.8~33.2）μm。远极单孔，具孔环、孔盖。孔口直径约4.3μm。孔环内缘比较整齐，孔盖较小，形状不规则，孔盖表面为较大的颗粒状凸起，孔环微外突。生长在降水较为匮乏的西部典型草原及荒漠草原的短花针茅花粉粒相对较大，萌发孔亦较大。另外，萌发孔孔环的外突（加厚）现象也有随着生态条件，特别是水分条件的变化而变化的趋势，短花针茅的孔环由外突逐渐呈现为微外突。因此花粉形态特征从一个侧面反映植物对不同生态条件的适应性。

表6-1　短花针茅花粉形态

形态	表面纹饰	大小（μm）	孔径（μm）	花粉粒直径（μm）	萌发孔直径（μm）
圆球形	颗粒粗细不等，排列密集；孔环外突	30.8（28.9~33.2）	4.3（3.9~4.6）	30.8	4.3

注：数据引自宛涛等，1997

二、放牧对短花针茅杂交指数的影响

研究采用Dafni的标准进行小花直径及开花行为的测量及繁育系统的评判（Dafni，1994），具体包括以下3个观测值。

（1）小花直径。直径小于1mm，记为0；介于1~2mm记为1。

（2）显微镜下柱头可授期与花药开裂时间之间的时间间隔。雌蕊先熟或同时成熟记为0；雄蕊先成熟记为1。

（3）柱头与花药的空间位置。如果为同一高度记为0；若为空间分离者记为1。

计算三者之和即为杂交指数（Outcrossing index，OCI），杂交指数的评判标准为OCI等于0时为闭花受精；OCI等于1时为专性自交；OCI等于2时为兼性自交；OCI等于3为自交亲和，有时需要传粉者；OCI大于等于4时为部分自交亲和，异交需要传粉者。

该研究中，不同放牧强度下短花针茅小花直径无显著性差异，且均小于1mm（图6-1），记为0；花药开裂时间和柱头可授性的时间间隔没有检测出，记为0或1；观测到柱头与花药空间分离，记为1（表6-2）。上述三者之和等于1或2，即杂交指数（OCI）为1或2。依据Dafni的标准，短花针茅在这4块样地中均为专性自交或兼性自交。

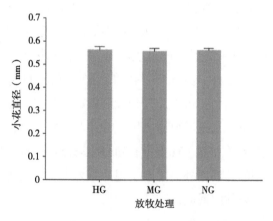

图6-1 不同放牧处理下短花针茅小花直径

注：HG.重度放牧处理；MG.适度放牧处理；NG.不放牧处理。数据引自余小琴，2017

表6-2 杂交指数

观测内容	实测值	杂交指数
小花直径	<1.0mm	0
雌蕊雄蕊成熟时间	未观测到	0或1
雌蕊雄蕊空间位置	分离	1
杂交指数		1或2

注：数据引自余小琴，2017

三、短花针茅花粉胚珠比

花粉/胚珠（P/O）比值是指被子植物花粉数与胚珠数的比值，是表征繁育系统的重要指标，反映了花粉到达每个柱头的数量与植物授粉效率，P/O值越低，则授粉效率越高。依据Cruden的标准，当P/O值为2.7~5.4时为闭花受精；P/O值介于18.1~39.0时，为专性自交；当P/O值为31.9~396.0时，为兼性自交；当P/O介于244.7~2 588.0时，为兼性异交；当P/O值在2 108.0~95 525.0时，为专性异交（Cruden，1977）。

不同放牧处理下短花针茅花粉数及花粉活力的比较结果如图6-2所示。不同放牧强度间差异显著，具体表现为：一是相比不放牧处理，适度放牧和重度放牧显著降低了短花针茅有活力的花粉数。二是花粉总数呈现出了与有活力的花粉数相一致的规律。它们的花粉总数在78~212（个），即其P/O介于78~212，落于31.9~396.0这一范围，依据Cruden的划分标准，短花针茅在各放牧处理中都为兼性自交。三是短花针茅花粉活力在不同放牧处理间无显著差异。

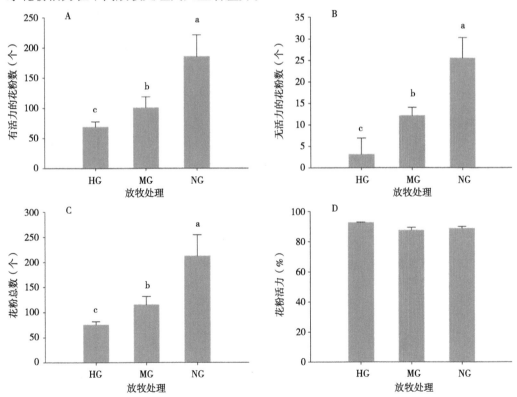

图6-2　不同放牧强度下短花针茅花粉数及花粉活力

注：HG. 重度放牧处理；MG. 适度放牧处理；NG. 不放牧处理。相同小写字母、未标注小写字母表示不同放牧处理间不存在显著性差异。数据引自余小琴，2017

花粉胚珠比随放牧强度的增加而降低，依据Cruden的标准，随着花粉胚珠比的显著下降，繁殖方式越来越趋向于自交；花粉活力则随放牧强度的增加有先降低而后升高的趋势，但这种趋势不明显。相比不放牧处理，适度放牧和重度放牧显著降低了短花针茅的饱满籽粒数和籽粒总数。非饱满籽粒数和有效结实率各放牧处理间无显著性差异（图6-3）。

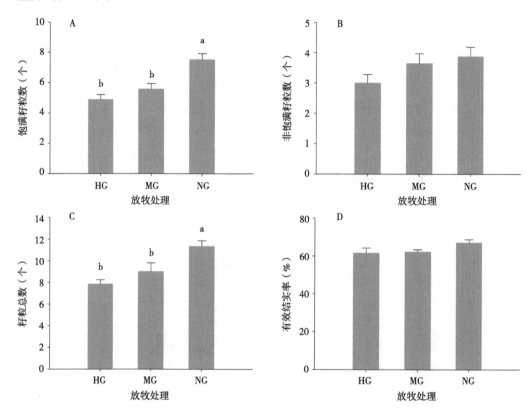

图6-3　不同放牧强度下短花针茅籽粒数及有效结实率

注：HG. 重度放牧处理；MG. 适度放牧处理；NG. 不放牧处理。相同小写字母、未标注小写字母表示不同放牧处理间不存在显著性差异。数据引自余小琴，2017

四、不同地区短花针茅杂交指数

通过对内蒙古各旗县周边的不同取样地点短花针茅小花直径的单因素方差分析，发现7个地区中短花针茅的小花直径均无显著差别（图6-4）。7个地区中的小花直径的大小关系为：乌兰察布市集宁西（d=0.586mm）>呼和浩特市榆林镇古力板村（d=0.587mm）>白云鄂博西明安镇（d=0.574mm）>乌兰察布市四子王旗红格尔苏木山上（d=0.572mm）>乌兰察布市四子王旗山上（d=0.558mm）>乌兰察布市察右后旗火山锥（d=0.546mm）>乌兰察布市四子王旗吉生太乡（d=0.503mm）。依据Dafni的标准，短花针茅在这7个地区的传粉方式均为专性自交或兼性自交。

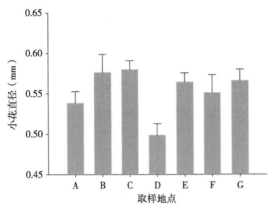

图6-4 不同取样地点短花针茅小花直径

注：A.乌兰察布市察右后旗火山锥；B.呼和浩特市榆林镇古力板村；C.乌兰察布市集宁西；D.乌兰察布市四子王旗吉生太乡；E.乌兰察布市四子王旗红格尔苏木山上；F.乌兰察布市四子王旗山上；G.白云鄂博西明安镇。数据引自余小琴，2017

五、不同地区短花针茅花粉胚珠比

乌兰察布市集宁西中短花针茅有活力的花粉数显著高于乌兰察布市察右后旗火山锥、呼和浩特市榆林镇古力板村和乌兰察布市四子王旗吉生太乡，而和乌兰察布市四子王旗红格尔苏木山上、乌兰察布市四子王旗山上、白云鄂博西明安镇这3个地区无明显差异。短花针茅的小花为单雌蕊，1室具有1个胚株，即其P/O比等于每朵小花花粉总数。乌兰察布市察右后旗火山锥、呼和浩特市榆林镇古力板村、乌兰察布市四子王旗吉生太乡地区短花针茅花粉总数在239～323个，依据Cruden的评判标准，当P/O值为31.9～396.0时为兼性自交，即乌兰察布市察右后旗火山锥、呼和浩特市榆林镇古力板村、乌兰察布市四子王旗吉生太乡地区的有性繁殖方式为兼性自交；而乌兰察布市集宁西、乌兰察布市四子王旗山上、白云鄂博西明安镇、乌兰察布市四子王旗红格尔苏木山上这4个地区的花粉总数在495～693个，落于244.7～2 588这一区间，依据Cruden的标准，它们均为兼性异交，且随着花粉胚珠比的显著升高，繁殖方式越来越趋向于异交（Cruden，1977）。

短花针茅在不同地区间产生不同的有性生殖方式，进一步验证了前文中所做的放牧试验中的短花针茅为兼性自交，而且随放牧强度的不同其种内差异明显。就乌兰察布市察右后旗火山锥、乌兰察布市集宁西、乌兰察布市四子王旗山上、白云鄂博西明安镇4个地区而言，乌兰察布市集宁西短花针茅的花粉总数显著高于其他3个地区；花粉活力却相对降低，但降低不明显。说明生存能力较强、生境适应阈较宽的短花针茅即便在生境异质性较小的环境里其功能性状差异也较大，从而变异较大，能够进一步适应多变的环境，提高其生存能力。作为自由放牧区的地区之一，乌兰察布市集宁西的特征最为明显。该地区的短花针茅一方面通过提高花粉活力来增强其传粉效率，另一方面通过增加花粉总数，提高花粉胚珠比的策略来增强其异交率，以达到有性繁殖的平衡，从而避免过度自交，保证其遗传多样性，进而适应复杂多变的外部异质环境。

第二节　放牧对短花针茅种子萌发的影响

面对草食动物重度干扰时，家畜选择性采食理论用来解释植物生存策略显然有些站不住脚。草食动物被动的、无差别的、反复的采食必定破坏植物的营养器官和繁殖器官，并引起叶片变短变窄、株丛变小等消极影响（Díaz et al.，2007）。生活史理论（Life-history theory）认为植物在营养生长和生殖生长之间的资源分配具有很强的灵活性（Miller et al.，2006），为了能够延续植株个体生存，往往以牺牲有性繁殖为代价来补偿营养器官。试想如果长此以往的进行下去，植物物种必将难以存活。因此，推测能够稳定存活的物种必然会有一套行之有效的生态策略来改变这一窘境，而有性繁殖即是关键性的环节。

Louault等（2005）对长期放牧草原和不放牧草原植物性状进行比较，发现放牧会引起种子外形缩小、质量变轻等连锁效应。而种子的大小直接影响着种子的传播、散布、存活几率（Chambers，1995），与大种子相比，小种子更有利于进行趋远散布，进而提高其生存适合度（Coomes & Grubb，2003）。研究发现，针茅属植物的芒柱能够帮助种子进行更为高效地趋远散布。例如，芒上的柔毛在空气干燥时竖起增加空气浮力（Peart，1981），降低其降落的速度（Greene & Johnson，1993）；此外，芒上的柔毛也可粘在动物的毛皮上，借助动物进行散布。当繁殖体落到地面后，芒的吸湿作用可使种子在土壤表面短距离移动并完成自我掩埋，使繁殖体进入土壤（Elbaum et al.，2007；Jung et al.，2014；Liu et al.，2018a）。上述研究均说明了芒对于种子进行扩散的重要性，那么有两个有趣的猜想，芒能够抑制种子的萌发，试想如果种子的扩散过程还未完成，但由于温度、湿度等极其有利于种子萌发而促成种子

86

的萌发，显然这不是理想的种子萌发策略。重度放牧处理下，芒不能有效地抑制种子萌发，增加了种子萌发和种群更新的机会。

一、短花针茅种子密度与土壤种子库

在荒漠草原这样土壤贫瘠、降水量稀少的地区，植物生活史繁殖对策的抉择是植物种群延续和不断扩张的关键（Wang et al.，2017）。本研究中，放牧处理降低了短花针茅种群的生殖个体密度，这一定程度地验证了放牧会对植物产生消极影响的假说。而适度放牧处理短花针茅生殖枝权重显著高于不放牧和重度放牧处理（$P<0.05$），上述结果看似矛盾，但可能由以下原因造成：一是观测角度。在生态学中，植物种群密度的计算通常是统计一定面积内种群的个体数量得以实现（Tian et al.，2017），种群密度的这种运算逻辑代表了取样面积内种群个体的平均状态。事实上，植物个体几乎不可能以同样的生存状态均匀存活，这即是说，植物种群特征描述应充分考虑种群内部结构组成。二是放牧角度。以前的研究表明，短花针茅并非绵羊的偏食性物种（刘文亭等，2016b）。适度放牧条件下，草地现存植物种类较多，绵羊拥有更多的选项来挑剔其喜食的物种或物种组合（Provenza，1995），也可频繁地在不同物种间进行尝试，这样便给予了短花针茅充足的生存条件来调节其资源分配模式。当食物相对紧张时（重度放牧处理），动物采食选择范围相对被动，相应地以饱腹为目的，侧面体现出动物采食并不仅仅局限于自身喜好或其最大能量摄入量，而是试图满足营养物质的需要量而调节其采食选择（Simpson et al.，2004），表现为使绵羊的采食从更为积极地选择性采食转换为消极被动地随机采食，导致短花针茅不得不采用减少个体数量的策略进行避敌，进而引起短花针茅生产种数量减少的连锁反应。

本研究中，短花针茅种子密度呈现不放牧处理密度最高，适度放牧次之，重度放牧处理最低的规律（图6-5），相比不放牧处理，适度放牧处理和重度放牧处理种子密度依次减少了200.00%、628.57%；而土壤种子库中短花针茅种子密度适度放牧与重度放牧处理无显著性差异，不放牧处理土壤种子库中短花针茅种子密度约为放牧处理的3倍。进一步分析发现，相同处理下，土壤种子库短花针茅种子密度约为种子数的0.25。

Shroff等（2008）研究认为，选择性采食会强烈的损伤植物，因为最吸引家畜的通常也是植物最有价值的部分（果实、种子等），这与本研究结果较为一致，重度放牧、适度放牧、不放牧处理单位面积内能够收集到的种子数依次为287.33 ± 81.98、873 ± 181.75、1 978.89 ± 275.17，而土壤种子库萌发数依次为77.78 ± 14.69、188.89 ± 35.14、566.67 ± 79.93，这项结果证明了放牧对荒漠草原植被确实产生了消极影响（Koerner et al.，2014）。说明了家畜在生境中进行的食性选择，可能是导致草地部分物种局部灭绝的重要原因之一，尤其当该物种得不到有效的幼苗补充或更新，这种灭绝的风险可能就越大。其次，发现不论是重度放牧、适度放牧，还是不放牧处理，土壤种子库种子萌发数基本均是短花针茅种子数的1/4，这证明了种子到幼苗阶段是植物投资收益比亏损较严重的时期（Rajjou et al.，2012），间接地体现出荒漠草原多年生禾草的耐牧特质。

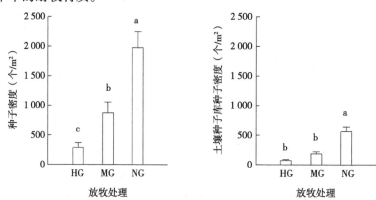

图6-5　重度放牧、适度放牧、不放牧处理短花针茅种子密度、土壤种子库种子密度

注：相同小写字母表示不同放牧处理间差异不显著

二、短花针茅种子性状

各处理下种子的形态观察发现，放牧家畜会显著降低短花针茅种子表型特征（种子长度、种子宽度、种子重量、芒柱重量），呈现不放牧处理显著高于适度放牧和重度放牧处理，而适度放牧处理与重度放牧处理间无显著性差异（图6-6）。这一结果进一步验证了放牧会对植物产生消极影响的假说。Chen等（2017）研究发现重度放牧会影响草原植物种子的形态学特征，这一研究发现与我们的研究结果相一致，即相比不放牧处理，重度放牧显著降低了荒漠草原短花针茅种子长度、种子宽度、种子重量、芒柱重量。这可能是因为放牧处理降低了短花针茅种群的生殖个体数（Liu et al.，2018a），而植物在生长和繁殖之间的资源分配具有很强的灵活性（Miller et al.，2006），当面对草食动物重度干扰时，家畜反复的采食必定破坏植物的营养器官和繁殖器官。在植物个体可获得资源总量恒定及同化资源能力减弱时，植物不得不将更多的资源投入到产生营养器官，以牺牲有性繁殖为代价补偿放牧带来的损害（Fornara & Du Toit，2007），并引起短花针茅种子变短、变窄、重量变轻等连锁反应。地中海草原的一项研究进一步验证了本研究的推测，当载畜率每公顷大于3只羊时，本地植物

物种的营养生长显著增加，生殖生长减少（De Miguel et al.，2010）。这一定程度地说明了表型性状变化是植物种群适应外界环境变化的综合表现（Louault et al.，2005）。

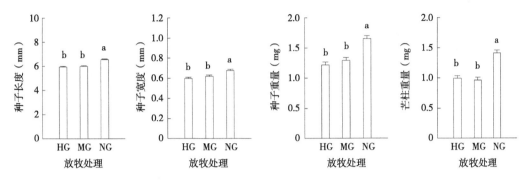

图6-6　重度放牧（HG）、适度放牧（MG）、不放牧（NG）处理短花针茅种子表型特征

注：不同小写字母表示不同放牧处理存在显著性差异

三、短花针茅种子萌发及影响因素

能够萌发的种子重量结果显示（图6-7），不放牧处理种子重量大于1.2mg，平均重量1.8mg，比放牧处理平均值高37.07%；其最低值是重度放牧处理最低值的1.33倍。重度放牧处理可萌发种子重量大于0.9mg。说明放牧条件打破了种子萌发条件的阈值，降低了种子萌发的"门槛"，而这可能是植物面对草食动物长期啃食所采取的一种有效的应对策略。Hughes等（1994）发现大于0.1g的种子一般采用脊椎动物扩散，小于0.000 1g的种子倾向于重力扩散，在二者之间的种子则采用多种扩散模式。本研究的种子重量均介于上述两者之间（图6-7），这说明了与不放牧条件的种子相比，放牧处理条件下的种子能够更有效地扩散和拓殖，因为相同形状和结构的种子在同样的风速下，较小的种子应该传播的更远（Matlack，1987），加上放牧家畜的帮助，而这可能是植物应付草食动物行为的一种有效策略。

大多数研究认为，植物种子快速萌发是干旱区植物普遍采用的生存机制（Wallace et al.，1968），而本研究的结

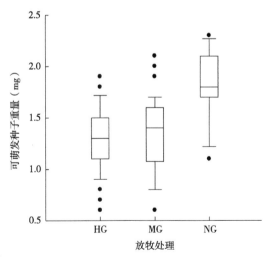

图6-7　重度放牧（HG）、适度放牧（MG）、不放牧（NG）处理可萌发种子重量

果并不完全支撑这一观点。研究显示种子于3～5d出现发芽高峰，之后发芽趋于平缓（图6-8）。这可能是因为荒漠草地干旱少雨，尽管一次有效降雨可促使种子萌发大规模萌发，但试想如果两次降水间隔时间较长，而植物种子完全响应于某一次降水，即有活力的种子大面积同时段萌发，过后面临长期干旱，可能会导致短花针茅幼体全部濒临死亡及面临种群灭绝的风险。说明短花针茅可能采取的是"谨慎的"萌发策略。此外，在野外观测时发现（未获取数据），存在相当一部分数量的短花针茅种子通过芒柱悬挂在短花针茅叶片上，或滞留在短花针茅株丛间，本研究认为这些行为均是短花针茅的萌发策略，即保持其种子长时间连续萌发以达到延缓种子萌发、降低风险的目的。

为了进一步说明短花针茅种子萌发特征，并根据种子表型特征及萌发特征结果，选取了萌发情况较为理想的种子进行去芒与未去芒试验（图6-8），结果显示短花针茅种子第3d开始发芽，于3～5d出现发芽高峰，之后趋于平缓。去芒处理中，适度放牧处理种子发芽率达到83.60%，比未去芒种子多了49.29%，是不放牧处理未去芒种子的9倍。双因素方差分析结果进一步解释（表6-3），短花针茅种子发芽率受放牧处理和去芒处理影响。

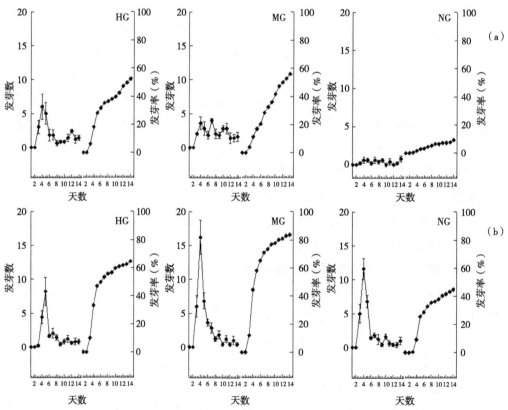

图6-8　重度放牧（HG）、适度放牧（MG）与不放牧（NG）条件下短花针茅种子萌发特征

注：a. 未去芒；b. 去芒

表6-3 放牧与芒柱对短花针茅种子萌发的双因素方差分析

影响因素	df	F	P
放牧处理	2	34.01	<0.000 1
种子芒柱	1	32.62	<0.000 1
放牧处理×种子芒柱	2	2.49	0.103 8

种子进入土壤角度的萌发试验结果显示（图6-9），短花针茅种子以0°进入土壤，其平均萌发天数大于9d，其发芽所用时间最长。短花针茅种子以不同角度进入土壤所用的萌发天数符合一元二次方程拟合关系（$y=ax^2+bx+c$）。双因素方差分析结果进一步验证（表6-4），种子以不同角度进入土壤显著影响短花针茅种子发芽所用时间（$P<0.001$）。

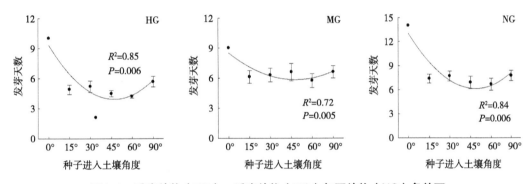

图6-9 重度放牧（HG）、适度放牧（MG）与不放牧（NG）条件下
不同角度进入土壤的短花针茅种子萌发特征

表6-4 放牧与种子进入土壤角度对短花针茅种子萌发的双因素方差分析

影响因素	df	F	P
放牧处理	2	13.66	<0.000 1
种子角度	5	5.68	<0.000 1
放牧处理×种子角度	10	0.39	0.951 0

研究结果显示，去芒处理能够显著提高种子发芽率（图6-8），说明芒的存在延缓了种子的萌发，一定程度证明了短花针茅采取的是"谨慎的"萌发策略。进一步的研究发现，种子进入土壤的角度会显著影响种子萌发，这证明了繁殖体降落的角度及吸湿体自我埋藏行为能够显著地影响种子萌发。通过上述试验，认为繁殖体的芒柱可能在植物繁殖过程中扮演了极为重要的角色。种子成熟以后，繁殖体借助芒的扭转从

小穗上脱落（Raju & Ramaswamy，1983），在风或其他动物媒介的帮助下进行种群的扩散，在这过程中，芒柱的存在有效地抑制了种子的萌发，避免其在不利的条件萌发；当种子落地后，芒通过吸湿作用帮助种子钻入土壤中，之后从关节点脱离种子，避免被谷类动物发现而取食。

种子适时、适宜的萌发不仅可以保障植物成功定居与更新，亦能逃避时空上的不利条件。已有研究认为，植物种子快速萌发是干旱区植物普遍采用的生存机制（Wallace et al.，1968），而本研究中，短花针茅种子于3～6d出现第1次发芽高峰，9～11d出现第2次发芽高峰，之后发芽趋于平缓。这可能是因为荒漠草地干旱少雨，两次降雨间隔时间较长，如果植物种子完全响应于某一次降水，即有活力的种子大面积同时段萌发，过后面临长期干旱，可能会导致短花针茅幼体全部濒临死亡。此外，在野外观测时发现，成熟的短花针茅种子并非全部入土准备萌发，亦有部分种子滞留在短花针茅株丛叶间，短花针茅可能通过这种方式来保持其种子长时间连续萌发以达到延缓种子萌发、降低风险的目的。这一定程度证明了短花针茅种子采取的是"谨慎的"萌发策略。

第三节　芒对短花针茅种子萌发的影响

一、种子萌发试验

2015年6月3日，于每个试验小区选取植株健壮、结实率高的成熟短花针茅繁殖枝，风干后手动脱粒，储存于袋内过冬备用。2016年6月15日，将种子带回实验室，将相同处理的种子均匀混合，各放牧处理随机挑选50粒种子，采用游标卡尺测量种子宽度、种子长度、种子重量、芒重量。

（1）选取种子形态特征较好的种子，将每一粒种子经自来水冲洗、75%乙醇消毒、去离子水冲洗，做去芒处理和不去芒处理。之后分别置于9cm直径培养皿中，每个培养皿50粒种子，每种处理重复5次，共计20个培养皿。每间隔24h统计各个培养皿中短花针茅种子萌发状况。统计后适量补水，以保证后期处理条件一致。连续培养14d后终止培养（Liu et al.，2018a）（图6-10A）。

（2）为了评估短花针茅种子是否处于休眠，结合前期的预试验与相关研究，本研究采用了低温处理的方法。将重度放牧处理和不放牧处理的短花针茅种子放入4℃

的冰箱进行低温处理，经过4周的低温处理将种子全部取出，用蒸馏水冲洗干净后进行萌发试验，萌发试验过程重复（1）（图6-10B）。

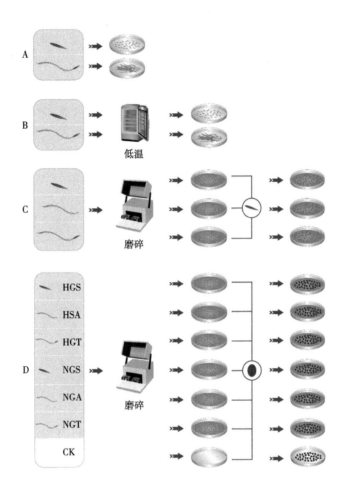

图6-10 种子萌发试验流程

注：图中HGS、HGA、HST依次表示重度放牧处理下短花针茅种子、芒与种子+芒；NGS、NGA、NGT依次表示不放牧处理下短花针茅种子、芒与种子+芒；CK为对照处理

（3）为了解析短花针茅种子发芽率受影响的潜在因素，将重度放牧处理的短花针茅芒、种子、种子+芒分别添加进不放牧处理短花针茅种子做萌发试验的培养基中，将不放牧处理短花针茅芒、种子、种子+芒分别添加进重度放牧处理短花针茅种子做萌发试验的培养基中。试验细节为选取50粒重度放牧处理短花针茅种子（无芒）（HGS），使用球磨仪粉碎，之后将该粉末置于培养基中，上面放一张潮湿的吸墨纸。重度放牧处理短花针茅种子的芒（HGA）、种子+芒（HGT）以及不放牧处理短

花针茅种子（NGS）、芒（NGS）、种子+芒（NGS）添加物的制作重复上述过程。将无添加物的种子萌发试验设为对照处理（CK），每种处理重复5次。在添加了不放牧处理种子添加物的培养基内依次放入50粒重度放牧处理的种子，在添加了重度放牧处理种子添加物的培养基内依次放入50粒不放牧处理的种子，加入适量蒸馏水，萌发试验过程重复（1）（图6-10C）。

（4）为了进一步验证短花针茅种子发芽率受影响的因素，本研究选用白菜种子为供试对象，依次添加上述6种添加物，进行发芽试验。并将无任何添加物的发芽试验设为对照，每种处理重复5次。每个培养基放入50粒白菜种子，种子萌发过程重复上述萌发试验过程（1）（图6-10D）。

二、芒对放牧下短花针茅种子萌发率的影响

短花针茅种子发芽率结果显示（图6-11），不放牧处理无芒种子萌发率比有芒种子萌发率高386.96%（$P<0.001$），而重度放牧处理下无芒种子萌发率与有芒种子萌发率无显著性差异（$P>0.05$）；重度放牧处理下有芒种子萌发率极显著高于不放牧处理有芒种子萌发率，而重度放牧处理下无芒种子萌发率与不放牧处理无芒种子萌发率亦无显著性差异。

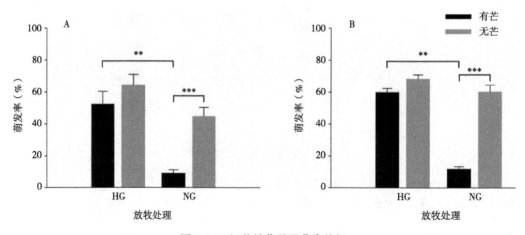

图6-11　短花针茅种子萌发特征

注：A. 无任何处理；B. 经历温度变化。HG、NG依次为重度放牧处理、不放牧处理。**表示$P<0.01$；***表示$P<0.001$

为验证短花针茅种子萌发率是否由种子休眠所致，本研究通过物理破除休眠后发现，物理解除休眠后短花针茅种子萌发率规律和物理解除休眠前短花针茅种子萌发率呈现相同规律，即不放牧处理下有芒种子萌发率显著低于无芒种子萌发率，

而且重度放牧处理下无芒种子萌发率与不放牧处理无芒种子萌发率亦无显著性差异（图6-11B）。

三、芒影响短花针茅种子的萌发率

添加物结果显示（图6-12），在重度放牧处理短花针茅种子培养基中，添加了不放牧处理的芒（NGA）与种子+芒（NGT）的重度放牧处理短花针茅显著低于无任何添加物（CK）种子萌发率（$P<0.05$），而添加了不放牧处理的种子（NGS）的重度放牧处理短花针茅种子萌发率与无任何添加物（CK）种子萌发率（$P<0.05$）无显著性差异（图6-12A）。在不放牧处理短花针茅种子培养基中，添加了重度放牧处理的种子（NGS）的不放牧处理短花针茅显著高于添加了重度放牧处理的芒（NGA）种子萌发率（$P<0.05$），而与添加了重度放牧处理的芒+种子（NGT）及无任何添加的种子萌发率无显著性差异（图6-12B）。

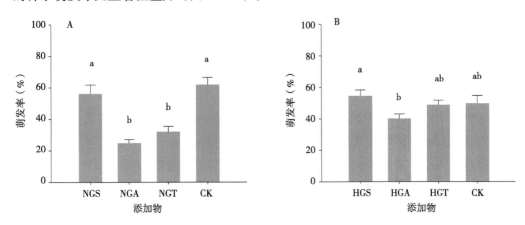

图6-12 短花针茅添加物对短花针茅种子萌发的影响特征

注：A.添加了不放牧处理短花针茅种子（NGS）、芒（NGA）、种子+芒（NGT）后重度放牧处理短花针茅种子的萌发率；B.添加了重度放牧处理短花针茅种子（HGS）、芒（HGA）、种子+芒（HGT）后不放牧处理短花针茅种子的萌发率；CK为对照。不同小写字母表示存在显著性差异，$P<0.05$

为了避免短花针茅种子受自身物质的调控，并且进一步验证芒影响短花针茅种子萌发率，本研究以白菜种子为供试对象，结果显示，添加了芒的白菜种子萌发率均显著低于对照处理，且添加了不放牧处理芒的白菜种子萌发率比重度放牧处理低49.10%（$P<0.05$）（图6-13）。

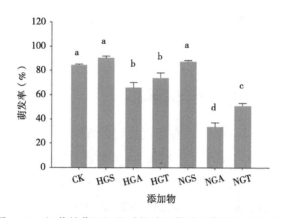

图6-13　短花针茅添加物对供试白菜种子萌发的影响特征

注：图中HGS、HGA、HST依次表示重度放牧处理下短花针茅种子、芒、种子+芒；NGS、NGA、NGT依次表示不放牧处理下短花针茅种子、芒、种子+芒；CK为对照处理。不同小写字母表示存在显著性差异，$P<0.05$

　　尽管重度放牧减小了种子的形态学特征，但有趣的也是令人值得深思的是，重度放牧短花针茅种子（无芒）萌发率与不放牧处理种子（无芒）萌发率无显著性差异，即大种子的萌发率与小种子的萌发率无差异，这与Zimmerman和Weis（1983）、Hendrix和Trapp（1992）、Greipsson和Davy（1995）的研究结果相反。可能在重度放牧处理中，短花针茅在与家畜长期协同生活中亦形成了自己独特的生活策略，短花针茅能够进行有性繁殖与无性繁殖，然而在高强度的家畜干扰下，增加无性繁殖个体数量显然不是一种聪明的抉择，因为通过无性繁殖幼苗的个体通常与母体形成小尺度的聚集分布，这无疑会减小家畜的采食成本，不利于种群的存活。相比大种子（不放牧），在相同的风速下，芒能够帮助较小的种子（重度放牧）传播的更远距离（Matlack，1987），更有利于种群的扩散和拓殖。然而，这里存在一个显而易见的问题，如果种子能够传播更远的距离却有较低的萌发率，显然没有任何生物学意义，这即是说重度放牧处理的种子需要有较高的萌发率。前期的研究结果为这一猜测提供了基础，放牧能够打破短花针茅种子萌发条件的阈值，即重度放牧处理可萌发种子重量比不放牧处理可萌发种子重量少25%（Liu et al.，2018a）。本研究结果也表明，放牧不会影响短花针茅种子的萌发率，这说明了重度放牧种子的高萌发率是种群维持的重要机制。

　　此外，重度放牧短花针茅种子（有芒）萌发率显著高于不放牧处理种子（有芒）萌发率（$P<0.05$），且不放牧处理下，无芒种子的萌发率显著高于有芒种子萌发率。这说明芒会显著影响短花针茅种子萌发率。大量研究认为，植物种子快速萌发是干

旱区植物普遍采用的生存机制（Wallace et al.，1968），而本研究结果并不完全支撑这一观点。这可能是因为荒漠草地干旱少雨，一次有效降雨不仅可促使种子大规模萌发，也会促进植物个体的生长发育，在植物生长相对较好的不放牧处理中，这无疑会增大植物种内与种间的竞争力，使本来不具备竞争优势的短花针茅幼苗个体死亡，不利于种群的更新与生存。此外，芒能够帮助种子进行远距离的扩散，试想如果种子在扩散过程完成前进行了萌发，显然不利于种群的拓殖与繁衍，Garnier和Dajoz（2001）的研究也印证了此观点，在稀树草原（Savannas）未观察到短梗苞茅（*Hyparrhenia diplandra*）种子在扩散过程中存在种子萌发的现象。上述内容均说明了芒能够降低短花针茅种子萌发率，尤其是不放牧处理。因此，可以认为了繁殖体的芒柱可能在植物繁殖过程中扮演了极为重要的角色。种子成熟以后，繁殖体借助芒的扭转从小穗上脱落（Raju & Ramaswamy，1983），在风或其他动物媒介的帮助下进行种群的扩散，在这过程中，芒柱的存在抑制了种子的萌发，避免其在不利的条件萌发。

但在重度放牧处理中，尽管无芒种子萌发率比有芒种子萌发率高出22.90%，芒并未显著影响短花针茅种子萌发率。这一结果似乎与上述内容有所矛盾，但本研究认为这是植物适应草食动物的一系列行为机制。芒的变化存在高度的可遗传性，在重度放牧处理中，由于长期的家畜高强度采食，导致植株个体低矮，间、种内的竞争力减弱，土地裸露面积增加、持水能力减弱，试想如果此时芒有效地抑制了种子萌发，这无疑加剧了种群的衰退。因此，在重度放牧条件下，芒的存在不仅为新生个体的生存提供了更多的生长地点，同时也不会强迫种子必须在芒脱落后进行萌发，极大地缩短了种子萌发所需的时间，为短花针茅种群的生存创造了更多的机会。

第四节　放牧对短花针茅种子扩散与定植的影响

放牧对植物的影响是牧场利用和自然保护的主要问题，因为它对草原的维护、生产力、经济利用和生物多样性至关重要（Asner et al.，2004；Lezama et al.，2014；Milchunas et al.，1988）。放牧可以通过践踏、尿粪沉积（Lezama & Paruelo，2016；Weeda，1967）及选择性和有差别地移除部分植物或物种来影响植物群落中的物种分布（Díaz et al.，2007；Milchunas et al.，1988；Zheng et al.，2011），尤其是长期过度放牧的草地，物种多样性和地上生产力的广泛下降（Bai et al.，2007）。

抗性和耐性是植物可以表达的两种防御表型，分别用来减轻食草动物的伤害和食草动物伤害的负面影响（Leimu & Koricheva，2006；Mesa et al.，2017）。抗性是植物减少草食动物取食偏好性（Strauss et al.，2002），例如，植物茎叶的角质化，或者表皮有钩、刺等结构，或产生影响动物消化代谢的次生代谢物质，从而降低动物采食（Nolte et al.，1994；Thomes et al.，1988；Athanasiadou & Kyriazakis，2004）。耐性指植物通过补偿性生长、提升繁殖成功率、降低株高来适应草食动物（Paige & Whitham，1987），亦会诱导动物选择性采食种群中的部分个体来避免种群的灭绝（Gómez et al.，2008）。在资源有限的情况下，植物减少对抗性的投入，可能会增加对耐受性的投入，反之亦然。目前，这种权衡关系已在一些研究体系中得到证实（Fineblum & Rausher，1995；Leimu & Koricheva，2006）。与未被啃食植物相比，在食草动物存在的情况下，抗性和耐性都可能产生更高适应性的益处（Mesa et al.，2017）。如果植物以牺牲有性繁殖为代价，将资源分配给维持抗性或耐性性状，则生殖个体在生殖过程中是以母体生存为优先级，营养生长占主导地位，反之，则生殖生长占主导地位。这说明了生殖个体防御策略会增加营养枝与生殖枝之间的资源分配权衡，长此以往，势必不利于物种的更新与延续。那么，高密度的相邻植物是否会在防御模式上发生变化，即减少成本并增加植物的防御能力。

植物应对草食动物的防御理论主要有以下两种观点，一种观点认为相邻植物的密度和特性可以直接通过竞争或通过联合抗性或敏感性间接改变焦点植物的抗性和耐受性水平（Agrawal et al.，2006）。另一种观点认为防御特征具有双重目的，减轻草食和竞争压力，邻居的存在可以降低成本并增加防御表达（Strauss & Agrawal，1999，Siemens et al.，2003，Jones et al.，2006）。与相邻植物的空间关联也可能降低损害的可能性并增加焦点植物的表观抗性，如果邻居降低其对食草动物的表观，或者如果食草动物更喜欢吃更可口的邻居（Tahvanainen & Root，1972，Atsatt & O'Dowd，1976，Rausher，1981）。关于放牧生态学的文献很多，但大多数仅从某一个切入点进行研究，例如放牧会改变群落结构（Wan et al.，2011）、降低植物的光合作用（Campbell et al.，2015）、提高土壤养分的空间异质性（Lin et al.，2010）、加强植物与土壤相互作用（Luo et al.，2016）、增加植物的空间异质性等，往往忽略了植物对放牧的响应是一个复杂的多维度的综合性的过程。很少有研究能够从植物生殖、繁殖体性状、种群空间格局出发，整体的、系统地揭示植物适应家畜的生态过程。

一、数据获取与分析

短花针茅种子长度测量。在每个1m×1m的样方中，随机选择5粒种子，采用电子游标卡尺测定种子的长度、芒总体长度、旋转部长度、膝曲部的长度及尾部长度（图6-14）。

图6-14 种子长度测量及土壤种子库取样示意

土壤种子库野外取样。在上述1m×1m样方中，选择所有处于生殖阶段的短花针茅，在其基部收集1个长度、宽度、深度10cm×10cm×2cm的土壤，并在样方的裸地表层收集1份10cm×10cm×2cm的土壤。土壤种子库的测定采用种子萌发法估算土壤种子库中短花针茅种子的数量（图6-14）。

短花针茅种群空间相对坐标的获取。在每个处理内随机设置1个5m×5m的样方，用50cm×50cm的样方框按从左到右，从上到下的顺序依次放置（样方框按正南正北方向放置）100次进行短花针茅种群的调查。以样方框左下角顶点为基点，记录样方中每个短花针茅种群相对位置，以坐标值表示，用坐标值直接表示距离，同时使用电子游标卡尺测量短花针茅基径。

生长阶段的划分。根据短花针茅株丛实际基径（Basal diameter，Bd）大小并结合已有文献，将短花针茅划分为5个年龄阶段，依次为幼苗（Ⅰ，Bd≤4mm）、幼龄（Ⅱ，4mm<Bd≤20mm）、成年（Ⅲ，20mm<Bd≤40mm）、老龄前期（Ⅳ，40mm<Bd≤70mm）、老龄期（Ⅴ，Bd>70mm）。本研究中，为了简化模型，将短花针茅分为2组，青年组（未产生生殖枝，Bd≤20mm）与成年组（产生生殖枝，Bd>20mm）。

数据统计。使用独立样本T检验重度放牧处理与不放牧处理下短花针茅生殖个体生殖枝数量、营养枝数量、生殖枝重量、营养枝重量、种子数、种子长度、芒长度、旋转部长度、膝曲长度、尾部长度，植株基部土壤种子库中短花针茅密度、裸地土壤种子库密度。以上统计分析均在SPSS 20.0完成。

为了解释生殖个体种子数与生殖枝数量、营养枝数量、生殖枝重量、营养枝重量、放牧之间的潜在联系，本研究建立了结构方程模型。此外，本研究对裸地土壤种子库短花针茅密度、植株基部土壤种子库短花针茅密度和种子性状（种子长度、芒长度、旋转部长度、膝曲长度、尾部长度）进行了Pearson相关分析。之后使用偏最小二乘法构建裸地土壤种子库短花针茅密度和放牧、植株基部土壤种子库短花针茅密度、种子长度、芒长度、旋转部长度、膝曲长度、尾部长度，植株基部土壤种子库短花针茅密度和裸地土壤种子库短花针茅密度、放牧、种子长度、芒长度、旋转部长度、膝曲长度、尾部长度的回归方程。根据所得回归方程即可知变量投影的重要性（VIP），见式（6-1）。

$$VIP_j = \sqrt{\dfrac{q\sum\limits_{h=1}^{m} r^2(Y, t_h)w_{hj}^2}{\sum\limits_{h=1}^{m} r^2(Y, t_h)}}$$ （6-1）

式中，q 为自变量的个数；$r(Y, t_h)$ 为两个观测变量的协方差；W_{hj} 是轴 W_h 的第 j 个分量。自变量VIP数值越大，该自变量对土壤种子库短花针茅密度影响越强。若自变量VIP>1，则认为该自变量是影响土壤种子库短花针茅密度的重要指标；若自变量VIP<0.5，则认为该自变量是影响土壤种子库短花针茅密度的非重要指标。

空间分布及空间关联采用点格局分析。点格局分析法是以个体在样地的点坐标，把短花针茅种群的每个个体视为二维空间的一个点，所有的个体构成一个空间分布点图，采用Ripley的K函数法分析，被广泛应用于种群多尺度空间分布格局及关联性的研究，计算公式如式（6-2）。

$$K(t) = \dfrac{A}{n^2}\sum_{i=1}^{n}\sum_{j=1}^{n}\dfrac{I_t(u_{ij})}{W_{ij}} \ (i \neq j)$$ （6-2）

式中，A 为样地面积；u_{ij} 为第 i 株短花针茅离第 j 株短花针茅之间的距离；n 为样地内短花针茅的个体总数，即总点数；t 为>0的数。当 $u_{ij} \leq t$ 时，$I_t(u_{ij})=1$；当 $u_{ij}>t$ 时，$I_t(u_{ij})=0$；W_{ij} 为权重，是以 u_{ij} 为半径，i 为圆心的圆的周长与样地面积 A 的比值，可以消除边界效应。

单变量种群空间格局计算时，用 $L(t)$ 函数估值分析点事件的空间分布格局；计算时，当空间格局表现为随机分布时，$K(t)/\pi$ 的平方根能保持方差的稳定。$L(t)$ 与 t 的线性关系如式（6-3）。

$$L(t) = \sqrt{K(t)/\pi - t} \qquad (6-3)$$

式中：$L(t) > 0$时，短花针茅种群在尺度t上服从聚集分布；$L(t) = 0$时，短花针茅种群在尺度t上服从随机分布；$L(t) < 0$时，短花针茅种群在尺度t上服从均匀分布。

种内空间关联性分析。在同一空间下，短花针茅种内空间关联性分析实际是两个生长阶段的短花针茅种群的点格局分析，也称作多元点格局分析。将Ripley K函数应用于双变量，可以用式（6-4）估计$K_{ab}(t)$。

$$K_{ab}(t) = \frac{A}{n_a n_b} \sum_{i=1}^{n} \sum_{j=1}^{n} \frac{I_t(u_{ij})}{W_{ij}} \qquad (6-4)$$

式中，n_a为短花针茅青年组a的个体数，n_b为短花针茅老年组b的个体数。改进公式如式（6-5）。

$$L_{ab}(t) = \sqrt{K_{ab}(t)/\pi - t} \qquad (6-5)$$

式中，当$L_{ab}(t) < 0$时，表明短花针茅青年组与短花针茅老年组在t尺度上种间关系为空间负关联；当$L_{ab}(t) = 0$时，表明短花针茅青年组与短花针茅老年组在t尺度上空间无关联；当$L_{ab}(t) > 0$时，表明短花针茅青年组与短花针茅老年组在t尺度上表现为空间正关联。

利用Monte-Carlo检验拟合包迹线，检验种群空间关联的显著性。对于短花针茅青年组与短花针茅老年组的空间关联，若$Lab(t)$的值在包迹线之上表明空间正关联，若在包迹线之间表明空间无关联，若在包迹线之下为空间负关联。

二、种子性状、土壤种子库及其关系

独立样本T检验结果显示，种子长度、芒长度、旋转部长度、膝曲长度、尾部长度重度放牧处理均显著小于不放牧处理（$P < 0.05$，图6-15）。从土壤种子库角度，在重度放牧处理中，距离短花针茅生殖个体近的土壤种子库短花针茅密度显著高于距离短花针茅生殖个体远的土壤种子库，而在不放牧处理中，土壤种子库中短花针茅密度刚好呈现相反的规律（图6-16）。此外，距离短花针茅生殖个体近的土壤种子库短花针茅密度重度放牧处理显著高于不放牧处理，而距离短花针茅生殖个体远的土壤种子库短花针茅密度重度放牧处理显著小于不放牧处理。

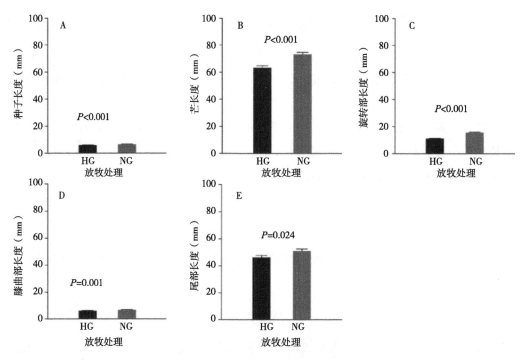

图6-15 短花针茅种子与芒的表型特征

注：HG. 重度放牧；NG. 不放牧。A. 种子长度；B. 芒长度；C. 芒旋转部长度；D. 芒膝曲部长度；E. 芒尾部长度

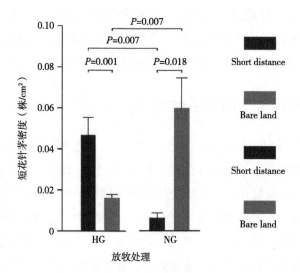

图6-16 土壤种子库中短花针茅的密度

注：HG. 重度放牧；NG. 不放牧。Short distance. 短花针茅个体基径处土壤种子库中短花针茅密度；Bare land. 裸地土壤种子库中短花针茅密度

当面对草食动物重度干扰时，家畜反复的采食必定破坏植物的营养器官和繁殖器官，并引起植物繁殖体的连锁反应，例如，种子变短、变窄、重量变轻等（Louault et al.，2005）。这一观点与本研究结果相一致，相比不放牧处理，在重度放牧下，种子长度的减少伴随着芒长、旋转部、膝曲部及尾部的同步减小。这说明短花针茅种子的形态特征会随个体性状的改变而改变，是被动的适应过程。研究认为，禾本科植物芒直接影响种子扩散距离（Li et al.，2015），旋转部与短花针茅种子自我掩埋过程紧密相关，膝曲部和尾部与种子的扩散息息相关（Liu et al.，2018a）。从形态机构角度分析，研究结果说明了，相比不放牧处理，重度放牧处理下短花针茅种子更不利于进行较远距离的风媒扩散。这一假设在土壤种子库的研究结果中得到了印证，在重度放牧处理中，短花针茅生殖个体周边土壤种子库密度显著高于远距离的土壤种子库密度。这说明了重度放牧处理下的短花针茅种子进行近距离扩散。这可能是因为，重度放牧处理中，家畜反复高频度的觅食行为导致群落结构简单，植被覆盖度较低（Wang et al.，2014），而短花针茅在群落中占据了绝对的主导地位，且成年的短花针茅属于多年生密丛型禾草，可以有效地拦截风中携带的短花针茅种子，使其沉积于株丛周围。此外，研究地土壤属于栗钙土，在家畜高频的践踏下土壤表层的结皮极易被破坏，且研究地常年大风，这就导致小颗粒的土壤极易发生近距离迁移，大颗粒的土壤遗留。试想短花针茅的种子落在大颗粒的土壤上显然不容易发生自我掩埋，进而导致土壤种子库密度下降。

Pearson相关分析结果显示（图6-17），距离短花针茅生殖个体近的土壤种子库短花针茅密度与种子长度、芒长度、旋转部长度、膝曲长度、尾部长度、距离短花针茅生殖个体远的土壤种子库短花针茅密度显著负相关，而距离短花针茅生殖个体远的土壤种子库短花针茅密度与种子长度、旋转部长度、膝曲长度显著正相关。VIP值显示，种子长度、旋转部长度、放牧处理是影响距离短花针茅生殖个体近的土壤种子库短花针茅密度的重要指标，放牧处理、旋转部长度、种子长度、膝曲部长度是影响距离短花针茅生殖个体远的土壤种子库短花针茅密度的重要指标。相关分析结果进一步验证了此观点，即短花针茅生殖个体周围的土壤种子库短花针茅密度与种子形态指标及距离短花针茅生殖个体远的土壤种子库短花针茅密度显著负相关，而距离短花针茅生殖个体远的土壤种子库短花针茅密度与种子形态指标显著正相关，这说明种子的形态特征与种子的扩散及定植紧密相连。

更进一步地，发现影响土壤种子库短花针茅种群密度的重要指标中，膝曲部（CSB）是影响距离短花针茅生殖个体远的土壤种子库短花针茅密度的指标比影响短花针茅生殖个体周围的土壤种子库短花针茅密度的指标中多出的一项指标。这可能是因为吸湿性芒由主动段和被动段两部分组成（Johnson & Baruch，2014）。这两个部分由芒中的一个轻微弯曲分开，称为"膝"（CSB）。当芒被湿润时，主动段沿其轴展开，直到被动接触土壤表面，充当杠杆，允许繁殖体移动。而这一特征对于进行远距离扩散的短花针茅种子定植起到了积极的作用，这可以有效地减小种子因为落到大颗粒的土壤不好定植进而发生死亡的风险，此外，重度放牧处理诱导短花针茅种子提高萌发率（Liu et al.，2019），为种群的延续与更新提供了更多的机会。

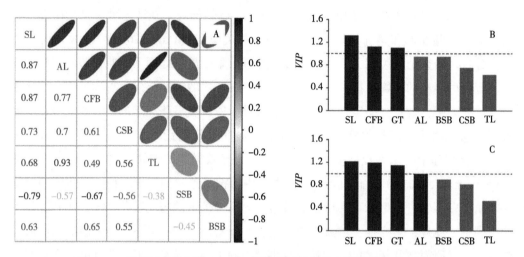

图6-17　种子形态特征的Pearson相关分析及影响土壤种子库因素的排序

注：A. 种子形态特征及土壤种子库的相关分析；B. 影响短花针茅个体基径处土壤种子库中短花针茅密度的因素排序；C. 影响裸地土壤种子库中短花针茅密度的因素排序。虚线表示VIP=1。SL. 种子长度；AL. 芒长度；CFB. 旋转部长度；CSB. 膝曲部长度；TL. 芒尾部长度；SSB. 短花针茅个体基径处土壤种子库中短花针茅密度；BSB. 裸地土壤种子库中短花针茅密度

三、幼苗与成年短花针茅的空间分布与关联

短花针茅种群的点格局在重度放牧处理和不放牧处理存在着差异（图6-18A、图6-18B），在500cm×500cm内，重度放牧处理共观测到短花针茅462株，不放牧处理观测到短花针茅775株。点格局分析结果显示（图6-18），重度放牧处理短花针茅种群呈现聚集分布，年轻个体与成年个体在0～35cm内呈现空间无关联，在>35cm时，年轻个体与成年个体空间正关联。对于不放牧处理，在0～35cm，短花针茅种群随机分布，在>35cm时，种群聚集分布；在>135cm内，短花针茅年轻个体与成年个体空间正关联。

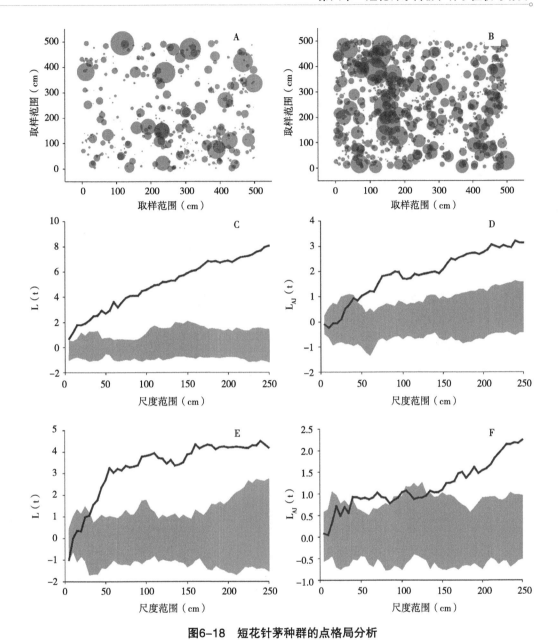

图6-18 短花针茅种群的点格局分析

注：A、B依次表示重度放牧和不放牧处理下短花针茅空间相对位置及大小；C、D依次表示重度放牧和不放牧处理下短花针茅种群的空间分布模式；E、F依次表示重度放牧和不放牧处理下青年组短花针茅和常年组短花针茅的空间关联性。阴影部分表示Monte Carlo检验的置信区间（置信水平为99%）

研究结果发现，相比不放牧处理，重度放牧处理下短花针茅种群在更小的尺度上呈现聚集分布，且在更小的尺度上，成年个体与幼苗呈现空间正关联。这与Lv等

（2019）研究结果类似，即放牧强度会增强荒漠草原优势种空间聚集性。这可能是因为在生境恶劣且异质性较高的荒漠草地，较年长的植株为了减少自身的死亡风险，通过拦截作用聚集大量种子，进而存在较多幼苗分布。短花针茅属于密丛型植物，密丛型植物在获取当地资源方面具有优势，因此在具有较高空间聚集性的同质环境中可能具有竞争优势（Saiz et al.，2016）。此外，理论上年长短花针茅被家畜采食致死的概率等于该株丛和其他所有幼苗个体死亡概率的乘积，由于短花针茅植株个体被采食致死的概率为0~1，那么年长植株产生幼苗越多，短花针茅越有可能采取这种平摊风险的策略，来降低个体被采食的风险。空间聚集模式可能是由于有限的种子或克隆散布、环境异质性和积极的草食植物反馈（Xue et al.，2018），它们可以增强植物在不同微生境中的定植能力、耐受资源异质性、竞争能力和从草食捕食中恢复的能力（Schmid et al.，1988），最终形成利益一致的"安全的肥岛"。这说明了在重度放牧处理中，短花针茅种群呈现聚集分布是一种有利于种群生存的生态策略（彩图3）。

第七章 短花针茅生长土壤微生境
（短花针茅源土丘）

植物源土丘（灌丛沙堆）是干旱、半干旱区普遍存在的一种风积生物地貌类型，在荒漠系统的土壤生态过程、水文过程、生物过程、生物地球化学循环过程中发挥着重要作用，是植被塑造地形地貌的典型例证。荒漠草原是草原生态系统向荒漠生态系统过渡的中间地带，是草原生态系统中自然条件最差的草原类型。长期的超载过牧使得本已贫瘠的植被覆盖度和初级生产力持续衰减，植被的存在增加了地表粗糙度，有利于风蚀物质的堆积。因此，探究放牧对植物源土丘的影响过程可能是解析草食动物对草原生态系统的作用机制的重要途径。

第一节 放牧对短花针茅源土丘发育的影响

在探讨放牧家畜时，不同学者从放牧制度、放牧频率、放牧周期等，到基于不同降水（丰水年份、平水年份、欠水年份）、家畜食性选择与动物行为等情况，系统分析了植物、土壤养分等对放牧的适应机制（Bai et al., 2012; Wan et al., 2011）。尽管这些研究极大地丰富了放牧生态学理论，但在旱地生态系统，关于植物源微型地貌与放牧潜在联系的文献始终屈指可数。事实上，地形条件的不同会显著地影响放牧家畜采食行为，进而影响放牧地植物的生长状况。研究表明，植物源土丘上生长的植物通过阻碍局地流场从而防止地面风蚀或诱导风沙沉降，并以其内部残根和枯枝相互连接的形式来固定黏结风沙沉积物。这亦为我们提供了一个假设，植物源土丘其本身土壤粒径分布和沉积物粒径分布很大程度上可决定植物源土丘在特定时间段的表型特征。

植物源土丘表型特征是其特定发育阶段响应外界环境的综合体现，其形成和演化过程受植被盖度、风力强度和沙源供应量3个因子驱动。荒漠草原优势植物大多为多年生丛生禾草，基部密集枯叶鞘，是很好的具特殊类型的固沙土或集沙障碍物。草食动物通过下行作用（采食、践踏等行为）动态调控局部植物的生存与灭绝，致使植被结构和类型趋异，这是否会影响地表的风尘沉积，进而影响植物源土丘表型特征呢？此外，植株构型是否会影响植物源土丘表型特征呢？

一、数据获取与分析

（一）数据获取

2016年8月进行野外取样，在每个试验小区，随机设置10个0.5m×0.5m的样方，在每个样方内，记录出现的植物源土丘数量及该植物源土丘上生长的植物，测量其长度（L）、宽度（W）、高度（H）（土堆最高处与水平地面的垂直距离）（图7-1），对应在每个微型草丛堆采集土样，同时在该样方内无植物生长、无植物源土丘的裸地采集1份土样。

图7-1　植物源土丘测量方法

在每个放牧小区内，随机选择3个能代表对应放牧强度的典型地段，布置5m×5m的小样区，用于安装风沙沉积采样器。采样器由3个高度的取样器构成（图7-2），依次为0~1cm、1~2cm、2~8cm，采样器宽2cm，含风沙沉积物的空气进入采样器口被捕获。每个小区9个风沙沉积采样盒，9个试验小区，共81盒。沙尘采样器于2015年8月底安装完毕。本研究于2016年8月底取样。集沙尘时间为1年。

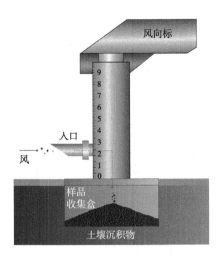

图7-2　集沙器示意

所有土壤样品和风沙沉积采样盒样品带回实验室风干过2mm筛子，去除>2mm的石块和根系。所有样品粒径分析均采用激光粒度仪（Mastersizer 2000）进行测定。为了简化统计，故将激光粒度仪测定的粒径值[D（μm）]分为$0<D\leqslant50$、$50<D\leqslant100$、$100<D\leqslant250$、$250<D\leqslant500$、$500<D\leqslant2\,000$ 5个区间。

（二）变量分类

根据已有文献并结合野外试验获取的指标信息，将其划分为3类：一是植物源土丘表型性状，植物源草丛堆长度、宽度、高度、单个面积、总面积；二是植物源土丘土壤粒径，植物源草丛堆和裸露地土壤粒径分布；三是风沙沉积物，包括0～1cm、1～2cm、2～8cm高度的沉积物粒径分布。

（三）数据分析

本研究中将每个植物源土丘近似看成椭圆形，故因此其面积采用下述公式，见式（7-1）。

$$Area=\frac{1}{4}\pi\times L\times W \qquad （7-1）$$

式中，$Area$为单个植物源土丘面积；L为其长度；W为宽度。通过计算单个植物源土丘面积，即可获得每个样方中短花针茅源土丘总面积。

（四）典型相关分析

考虑两组具有联合分布的变量x_1，x_2，x_3，$\cdots$，x_p及y_1，y_2，y_3，$\cdots$，y_q，将其分别组成一个线性组合，见式（7-12）。

$$U = L_1x_1 + L_2x_2 + \cdots + L_px_p,$$
$$V = M_1y_1 + M_2y_2 + \cdots + M_qy_q, \qquad （7-2）$$

式中，L_i与M_j为任意实数（$i=1$，2，$\cdots$，p；$j=1$，2，$\cdots$，q）。U与V称为典型变量，它们之间的相关系数为ρ称为典型相关系数，ρ计算公式见式（7-3）。

$$\rho = \frac{\text{cov}(U,V)}{\sqrt{\text{var}(U)} \times \sqrt{\text{var}(V)}} \qquad （7-3）$$

式中，分子项为U与V的协方差，分母项是U与V的标准差的乘积。在求出典型变量后，可进一步计算原始变量与典型变量间的相关系数矩阵，即典型结构。本研究根据测定的短花针茅源土丘形态参数、植物源土丘与裸露地土壤粒径、0～1cm、1～2cm、2～8cm高度的沉积物粒径分布指标，分别构造典型变量，分析各指标与其典型变量的相关性及典型变量之间的相关性，然后再根据8个典型变量进一步进行典型相关分析，揭示8个典型变量与3类典型变量之间的相关性及3类典型变量的典型相关程度。

二、植物源土丘、集沙沉积物粒径

风蚀是一个综合的自然地理过程，它的发生是土壤自身内在条件和外在风力条件共同作用的结果，土壤作为时空变化的连续体，其自身的抗风蚀能力对土丘剥离和推移作用是影响风蚀发生、发展的一个关键因子。土壤粒径分布是最基本的土壤物理性质之一，强烈地影响土壤物理特性，其中土壤粒度组成在很大程度上决定了土壤抗风蚀性的强弱。本研究中，各放牧处理土壤粒径整体规律近似，呈现先震荡上升再平稳下降的趋势。这是因为各径级土壤颗粒百分含量的差异是由结构性因素（土壤母质类型、地形、水、热、风等）和随机性因素（人为因素与土壤微变异等）共同作用的结果（图7-3）。放牧并不显著影响植物源土丘大于50μm土壤粒径分布（图7-4），在小于50μm粒径分布中，裸地土壤粒径分布呈现重度放牧显著大于不放牧处理。不同高度集沙尘试验结果显示（图7-5），仅在2～8cm高度的积沙放牧处理存在显著性差异。其中，大于500μm和250～500μm粒径分布中，重度放牧处理大于不放牧处理；50～100μm粒径分布不放牧处理大于重度放牧处理，100～250μm粒径分布适度放牧处理大于重度放牧处理和不放牧处理。

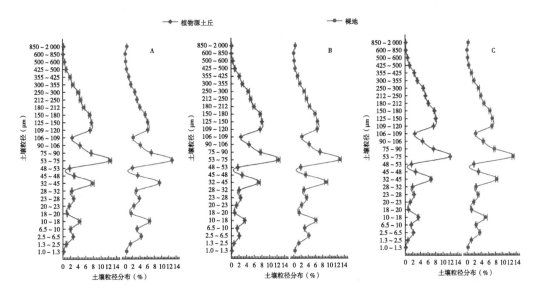

图7-3 不同放牧处理下植物源土丘与裸地土壤粒径分布

注：A. 重度放牧处理；B. 适度放牧处理；C. 不放牧处理。图中土壤粒径（D）分布规律为 $1.0 < D \leq 1.3$，$1.3 < D \leq 2.5$，依此类推

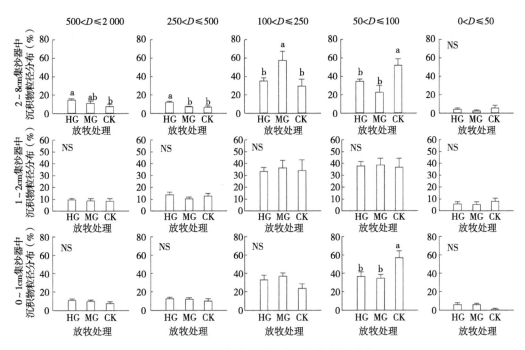

图7-4 不同高度集沙器中沉积物粒径分布

注：HG. 重度放牧处理；MG. 适度放牧处理；NG. 不放牧处理。相同小写字母表示放牧处理间差异不显著；NS表示放牧处理间无显著性差异

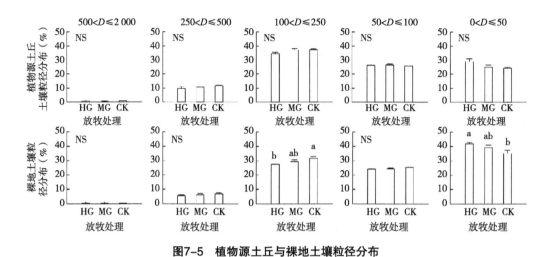

图7-5　植物源土丘与裸地土壤粒径分布

　　注：HG.重度放牧处理；MG.适度放牧处理；NG.不放牧处理。相同小写字母表示放牧处理间差异不显著；NS表示放牧处理间无显著性差异

三、植物源土丘表型性状

　　植物源土丘特征是其特定发育阶段响应外界环境的综合表现，整体分析发现，不放牧处理短花针茅源土丘权重值显著高于重度放牧处理，重度放牧处理高于适度放牧处理。进一步分析（表7-1），在每个50cm×50cm样方中，不放牧处理条件下植物源土丘总面积显著高于重度放牧处理和适度放牧处理，而重度放牧与适度放牧处理植物源土丘总面积无显著性差异，植物源土丘总面积比亦呈现同样规律。适度放牧植物源草丛堆高度、宽度显著高于不放牧处理（$P<0.05$），其长度、宽度、面积显著高于重度放牧处理（表7-2）（$P<0.05$）。这说明放牧会显著影响荒漠草原微型植物源土丘（Liu et al.，2018b）。重度放牧处理降低了单位面积内植物源土丘数量及土丘面积（表7-2）。这是因为研究地建群种短花针茅是多年生丛生密丛型禾草，表现为基部营养枝、枯叶鞘多且密集，是很好的具特殊类型的固沙土或集沙障碍物（Liu et al.，2018b）。在干旱地区，植物能够通过阻碍局地流场，并以其叶片、内部残根和枯枝相互连接的形式来固定黏结风沙沉积物，从而防止地面风蚀或诱导风沙沉降（Du et al.，2013；Pastrán et al.，2016）。家畜高强度、长期的采食行为导致短花针茅高度下降、叶片数量减少，进而减少了植物源土丘数量、面积，这验证了植物是形成植物源土丘的基础条件。然而，有趣的是重度放牧未改变微型植物源土丘的高度，这是因为相比不放牧处理与适度放牧处理，尽管重度放牧处理降低了短花针茅高度、叶片数量，但植物源土丘上的短花针茅通过增加叶片数与植物构型（野外观测发现，未获取

数据）最大程度地获取光资源，结构更为紧密的草丛可拦截风中颗粒物，使其沉降于短花针茅基部，保证了植物源土丘的高度，说明了家畜、短花针茅、微型土丘间存在一定的潜在过程与调节机制。

表7-1　重度放牧、适度放牧、不放牧处理短花针茅源土丘面积

放牧处理	样本量	植物源土丘总面积（cm²）			植物源土丘面积比例（%）		
		平均值±标准误差	范围	变异系数	平均值±标准误差	范围	变异系数
重度放牧	30	351.44±25.11b	157.68~684.10	39.13	14.06±1.00b	6.30~27.36	39.13
适度放牧	30	428.83±36.00b	89.10~830.45	45.98	17.15±1.44b	3.56~33.22	45.98
不放牧	30	607.53±39.93a	294.80~1 163.77	36.00	24.30±1.60a	11.79~46.55	36.00

注：相同小写字母表示不同放牧处理间差异不显著

表7-2　重度放牧、适度放牧、不放牧处理单个短花针茅源土丘性状

放牧处理	样本量	高度（mm）			长度（mm）			宽度（mm）			面积（mm）		
		平均值±标准误差	范围	变异系数	平均值±标准误差	范围	变异系数	平均值±标准误差	范围	变异系数	平均值±标准误差	范围	变异系数
重度放牧	30	21.62±0.99a	4.56~44.87	46.79	118.03±5.09b	20.78~285.2	44.00	92.20±4.35c	18.54~215.52	48.11	101.38±8.78b	7.61~482.51	88.37
适度放牧	30	21.90±1.11a	6.01~46.41	46.26	140.94±5.98a	27.57~257.1	38.68	124.29±5.33a	49.09~231.58	39.12	155.00±12.33a	19.94~445.00	72.49
不放牧	30	16.70±0.66b	4.32~49.95	46.76	131.62±4.34ab	40.42~274.05	38.71	111.58±3.85b	36.39~270.39	40.56	132.07±8.65a	11.55~581.69	76.93

注：相同小写字母表示不同放牧处理间差异不显著

四、植物源土丘表型性状、土壤粒径、风沙沉积物粒径联系

植物源土丘是干旱和半干旱生态系统中普遍存在的现象，众多的野外观测和风洞模拟试验都表明，植物是形成植物源土丘的基础条件。而放牧家畜长期的采食等行为干扰诱使草原植物群落优势种或优势功能群组成与结构发生演变（Bai et al.,

113

2004），这就形成了一个植物源土丘、植物、草食动物间的反馈调节回路。本研究发现，放牧对短花针茅源土丘宽度有显著性影响（$P<0.05$），结合家畜行为及植物本身植物学属性，推测植物源土丘以下述形成过程进行：短花针茅是密丛型禾草（内蒙古植物志编辑委员会，1989），表现为基本营养枝较多、密集。面对家畜采食作用，短花针茅通过增加基径部宽度来增加叶片数，进而最大程度地获取光资源，紧密型结构的草丛可拦截风中颗粒物，使其沉降于短花针茅基部，使得土丘宽度逐渐加大，而细颗粒的沉积物易于与植物根系互动。这是因为细根的生理活性很强，具有较高的生长速率和死亡分解率，死根提供有机质，活根分泌有机酸，二者作为土粒团聚体的胶结剂，配合须根的穿插和缠结，促进土粒团聚形成，尤其是使土壤中直径>3mm的大粒级水稳性团聚体增加，从而增强土壤抗分散、抗悬浮的能力，使其逐渐稳定固定，进而逐渐抬高土丘高度。

放牧改变了植物源土丘表型性状、植物源土丘土壤粒径、风沙沉积物粒径三者之间的潜在关系（图7-6）。较不放牧处理而言，重度放牧处理植物源土丘土壤粒径与风沙沉积物土粒径呈显著负相关，植物源土丘表型性状与风沙沉积物呈负相关。短花针茅（密丛型植物）源土丘表型性状与荒漠草原植物源土丘表型性状显著正相关，相关系数均在0.70以上。在植物源土丘土壤粒径方面，重度放牧处理和适度放牧处理下，短花针茅、疏丛型植物源土丘土壤粒径与植物源土丘土壤粒径呈正相关；且裸地土壤粒径与植物源土丘土壤粒径呈显著负相关，这一结果刚好与不放牧处理相反，说明放牧大型草食动物会削弱这一现状，且放牧强度的增加，风沙沉积物粒径与植物源土丘土壤表型性状、植物源土丘土壤粒径变为负相关（图7-6）。这是因为荒漠草原植被最显著的特点是低植被覆盖度，且大多以格局呈现（胡广录等，2011），多年生丛生禾草通过改造近地表气流使风沙流中的沙粒，在植株间和背风侧沉积形成一种植被覆盖土丘的现象，即植物源土丘。换句话说，植物是其重要组成部分，丛生植物与风成沉积物共同构建了植物源土丘这类特殊的风成地貌。而放牧的采食作用会直接影响植物的生存质量（Stephens & Krebs，1986；Chen et al.，2013）。此外，放牧会破坏土壤物理结构，通透性变差，降低了土壤渗透速率，影响了植株生长（Yavuz & Karadag，2015）。绵羊的反复践踏亦会使多年生丛生禾草株丛破碎化（卫智军等，2016），进而影响植物源土丘形态与演化过程。这一结果说明了放牧条件植物源土丘可能会呈衰退趋势。研究还发现，放牧改变了裸地土壤粒径与植物源土丘土壤粒径的相关性，表现为放牧处理下裸地土壤粒径与植物源土丘土壤粒径呈显著负相关（$P<0.05$），不放牧处理裸地土壤粒径与植物源土丘土壤粒径呈正相关。说明放牧条件下，裸地与植物源土丘间的共生关系变为了一定程度的竞争关系。这可能是因为，面对家畜踩踏，土壤结皮被破坏且没有植物"保护"的裸地，风力作用下，地表细小

的、可蚀颗粒的百分含量会直接发生变化，发生搬移或迁徙，其中的一部分被周围植物固定而沉降下来。由于细颗粒含有更多的营养物质，裸地细颗粒的损失可能揭示了荒漠草原放牧草场养分枯竭、植被结构单一的一个重要机制。

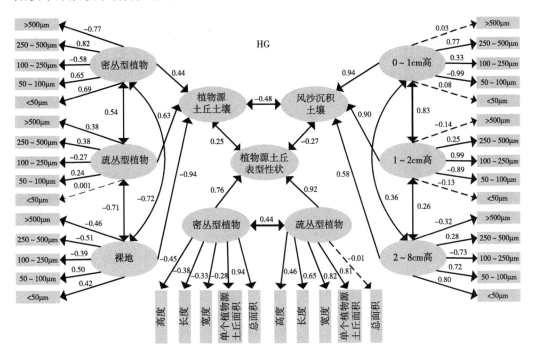

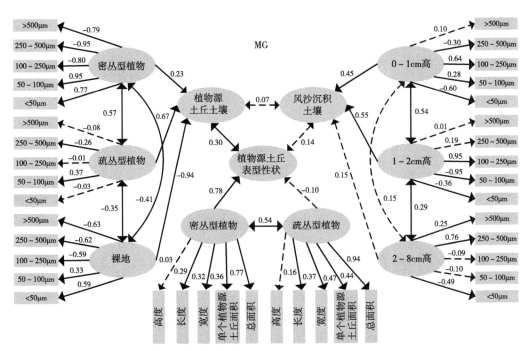

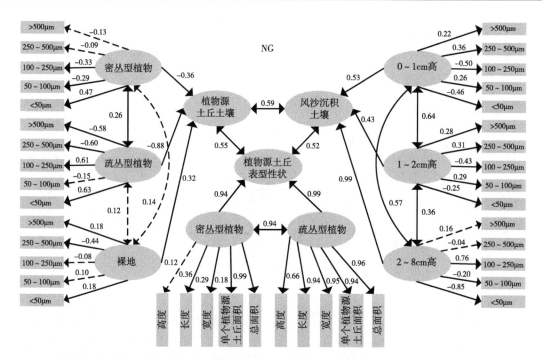

图7-6　植物源土丘表型性状、植物源土丘土壤粒径、风沙沉积物粒径的典型相关分析

注：HG. 重度放牧处理；MG. 适度放牧处理；NG. 不放牧处理。椭圆表示典型变量，矩形表示观测变量。粗实线表示$P<0.01$；细实线表示$P<0.05$；虚线表示$P>0.05$

第二节　放牧对短花针茅源土丘土壤团聚体的影响

近几十年来，人为干扰以亘古未有的速度和广度影响着草原生态系统的格局与过程（Collins et al.，1998），长期的超载放牧，引发了草原水土流失、植被生产力衰减、生物多样性丧失等生态问题。合理的放牧不仅能够促进草地土壤—生物间物质循环、非生物与生物资源的转化，更能维持生态系统功能及可持续性（Jared et al.，2015）。土壤结构退化是土壤退化最重要的过程（Grum et al.，2017），团聚体作为土壤养分稳定性的载体，其数量和粒径分布状况在一定程度上影响了土壤孔隙性、持水性和通透性（Wu et al.，2012）。稳定的土壤团聚体有利于种子发芽、根系发育和作物生长，有利于保护有机碳库免受矿化分解，降低土壤侵蚀风险，对土壤有机碳保护有着重要的影响。同时土壤团聚体的粒径分布不仅反映土壤结构状况，而且影响着土壤的通气、抗蚀、渗水性等。因此，土壤团聚体组成及有机碳分布对土壤结构和土壤肥力的形成具有重要作用。因而，真正认识土壤团聚体的形成和稳定机制以及人类活动的影响，对于利用团聚体的组成与作用来调控管理土壤有机碳库和控制土壤侵蚀具有十分重要的意义。

放牧行为直接降低了植被盖度并破坏了土壤表皮（Wiggs et al.，1994），表现为土壤团聚体构成比例失调及团聚体稳定性下降。经过长期风力的吹蚀、分选和打磨，风沙流携带的颗粒物在植物的阻挡下逐渐沉积（Dougill & Thomas，2002）。研究认为，植物通过阻碍局地流场从而防止地面风蚀或诱导风沙沉降，并以其内部残根和枯枝相互连接的形式来固定黏结风沙沉积物。而荒漠草原优势植物大多为多年生丛生禾草（卫智军等，2016），基部密集枯叶鞘，是很好的具特殊类型的固沙或集沙障碍物。家畜的采食行为是一个非常复杂的过程，在采食过程中，绵羊需要在不同年龄、不同个体的植物反复选择，选择的结果直接影响其生存质量（卫智军等，2016）。那么，短花针茅株丛基部沉积土壤团聚体分布规律与裸地土壤团聚体分布规律是否相同？

一、数据获取与分析

（一）取样方法与室内分析

在每个试验小区，随机设置5个1m×1m的样方，每个1m×1m样方内，于短花针茅株丛基部取土样50g，植物间裸地表面取土样50g。采用了干筛法和湿筛法（依艳丽，2009）进行土壤团聚体的分离，依次为<53μm、53～106μm、106～250μm、250～500μm、>500μm 5个粒级并分别称重。

（二）数据处理

土壤团聚体结构破坏率（PAD）通过以下公式计算，见式（7-4）

$$PAD = \frac{D_d - D_W}{D_d} \tag{7-4}$$

式中，W_d为干筛>250μm团聚体的比例；W_w为湿筛>250μm团聚体的比例。

二、短花针茅沉积土壤与裸地土壤团聚体

双因素方差分析结果表明（表7-3），短花针茅荒漠草原团聚体分布主要受团聚体粒径及其与放牧强度的交互作用影响（$P<0.05$）。同一放牧处理下基本呈现

100～250μm团聚体含量最大、<50μm与50～100μm团聚体含量次之、>500μm团聚体含量最小的规律；而荒漠草原植物之间的裸地土壤团聚体分布发现（图7-7），3种放牧处理中，<50μm团聚体含量最高。土壤团聚体结构破坏率重度放牧处理大于适度放牧处理，且放牧处理下裸地土壤团聚体结构破坏率均高于植物源土丘土壤团聚体结构破坏率（表7-4）。

表7-3　放牧强度与团聚体大小对土壤团聚体分布的双因素方差分析

土壤类型	变异来源	df	MS	F	P
植物源土丘土壤团聚体	团聚体粒径	4	1 801.13	715.81	$P<0.001$
	放牧强度	2	0.00	0.00	0.999
	团聚体粒径×放牧强度	8	7.84	3.12	0.011
裸地土壤团聚体	团聚体粒径	4	2 362.67	833.49	$P<0.001$
	放牧强度	2	0.00	<0.001	0.999
	团聚体粒径×放牧强度	8	12.56	4.43	0.001

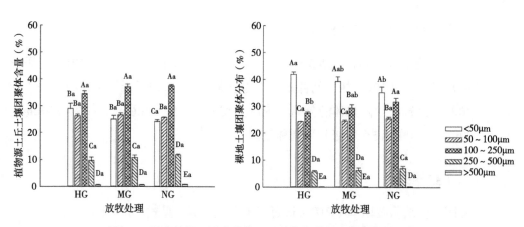

图7-7　重度放牧、适度放牧、不放牧条件下土壤团聚体分布

注：相同小写字母表示不同放牧强度种群特征不存在显著性差异，相同大写字母表示不同年龄种群特征不存在显著性差异

表7-4　重度放牧、适度放牧与不放牧条件下土壤团聚体破坏率

放牧处理	植物源土丘土壤团聚体结构破坏率（%）	裸地土壤团聚体结构破坏率（%）
重度放牧	78.83±1.75a	86.19±0.64a

（续表）

放牧处理	植物源土丘土壤团聚体结构破坏率（%）	裸地土壤团聚体结构破坏率（%）
适度放牧	71.70 ± 1.24b	83.36 ± 1.39b
不放牧	83.52 ± 1.22a	83.50 ± 0.90ab

注：同列相同小写字母表示不存在显著性差异

三、各土壤团聚体之间及其与各生长阶段短花针茅种群的关系

植物源土丘土壤团聚体与裸地土壤团聚体相关关系显示（图7-8），<53μm裸地土壤团聚体与<53μm植物源土丘土壤团聚体显著正相关，与>106μm以上植物源土丘土壤团聚体呈负相关，其中与100～250μm、250～500μm植物源土丘土壤团聚体显著负相关；106～250μm裸地土壤团聚体与<50μm植物源土丘土壤团聚体显著正相关，与100～250μm、250～500μm植物源土丘土壤团聚体显著负相关。进一步分析发现，<50μm植物沉积土壤团聚体与各年龄短花针茅密度、生物量负相关，而100～250μm、250～500μm、>500μm植物沉积土壤团聚体与各年龄短花针茅密度、生物量呈正相关。

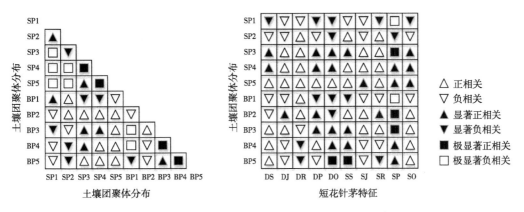

图7-8 各土壤团聚体分布与不同生长阶段短花针茅特征的相关关系

注：SP1.<53μm植物源土丘土壤团聚体含量；SP2.53～106μm植物源土丘土壤团聚体含量；SP3.106～250μm植物源土丘土壤团聚体含量；SP4.250～500μm植物源土丘土壤团聚体含量；SP5.>500μm植物源土丘土壤团聚体含量；BP1.<53μm裸地土壤团聚体含量；BP2.53～106μm裸地土壤团聚体含量；BP3.<106～250μm裸地土壤团聚体含量；BP4.250～500μm裸地土壤团聚体含量；BP5.>500μm裸地土壤团聚体含量；DS.幼苗期短花针茅密度；DJ.幼龄期短花针茅密度；DR.成年期短花针茅密度；DP.老年期前短花针茅密度；DO.老年期短花针茅密度；SS.幼苗期短花针茅生物量；SJ.幼龄期短花针茅生物量；SR.成年期短花针茅生物量；SP.老年前期短花针茅生物量；SO.老年期短花针茅生物量

植物沉积土壤包括远源沉积和近源沉积两个部分，关键来自邻近地区的风成物质（Du et al.，2013；Pastrán & Carretero，2016；Zhang et al.，2011b）。土壤团聚体结构破坏率结果发现（表7-4），放牧处理下裸地土壤团聚体结构破坏率均高于植物沉积土壤团聚体结构破坏率。这说明放牧条件下，植物沉积土壤很可能是其周边土壤迁徙而来，因为土壤损失量实际上是大气沉降和风蚀搬移的净结果；而重度放牧处理土壤团聚体结构破坏率显著大于适度放牧处理，加上重度放牧较低的植被密度，说明较适度放牧处理而言，重度放牧处理更易发生风蚀搬移的现象，说明了完整的植被有助于近地表土壤结构稳定维持。进一步研究发现，<50μm裸地土壤团聚体含量与<50μm植物沉积土壤团聚体含量正相关（$P<0.05$），说明<50μm土壤团聚体属高度可蚀颗粒（Zamani & Mahmoodabadi，2013）。在风力作用下，<50μm植物沉积土壤团聚体与<50μm裸地土壤团聚体可能存在相互转移的现象。由于土壤团聚体分布实质为不同粒径团聚体所占的百分含量，故而存在此消彼长的现象，即<50μm土壤团聚体含量上升势必导致其他粒径含量的下降，呈现<50μm裸地土壤团聚体含量与>100μm以上各植物沉积土壤团聚体含量呈负相关（图7-8）。而<50μm植物沉积土壤团聚体含量与各年龄短花针茅特征负相关，各>100μm植物沉积土壤团聚体含量与各年龄短花针茅密度、生物量呈正相关。这说明在短花针茅与其基部土壤的反馈调节过程中，短花针茅不仅能够有效地改善其基部土壤结构，促进大团聚体颗粒形成，还可以通过固定周边可蚀土壤颗粒来保护其基部土壤。这进一步证明了荒漠草原短花针茅具有防止水土流失的生态功能。

如上所述，<50μm植物沉积土壤团聚体与<50μm裸地土壤团聚体存在相互转移的现象，而短花针茅可以有效地固定小颗粒土壤团聚体，其密度和生物量与100～250μm、250～500μm、>500μm植物沉积土壤团聚体呈正相关。本研究中，放牧家畜长期采食等行为有效降低了各年龄短花针茅种群密度、生物量，而大量的野外观测和室内模拟试验证明，植物是风沙沉积的重要基础条件，势必削弱草地抵抗风蚀和沉降风沙的能力，进而导致草地退化过程的发生。

第三节　短花针茅源土丘与短花针茅的关系

在年降水量小于250mm的干旱、半干旱地区，植物分布往往与相对较高的土壤养分趋同。相比无植物生长的裸地，植物源土丘（植物拦截风沙颗粒沉积导致）的形成和发展对干旱区生态系统具有非常重要的正反馈作用（Xiong & Han，2005），具体表现为改善植被组成、结构、土壤营养模式等，且这种反馈效应也是植物利用资源和适应资源贫乏环境的主要机制（Fuhlendorf & Engle，2001）。研究表明，植物源土丘由于长期与植物的交互作用，具有较高的持水能力，较低的蒸发速率，并通过有机物质的分解积累营养，能够显著改善其土壤基质并为植物物种的建立和生长创造了良好的条件。在放牧利用的荒漠草原植物源土丘是否也具有这种生态功能？

植物与动物长期交互过程中，忍耐是植物适应草食动物的主要途径策略。研究认为，植物不仅通过补偿性生长、提升繁殖成功率、降低株高来适应草食动物（Paige & Whitham，1987），亦会诱导动物选择性采食种群中的部分个体来避免种群的灭绝（Gómez et al.，2008）。事实上，植物会采取何种自卫途径不仅取决于植物自身（适口性、个体年龄大小、植株结构等），还取决于受干扰程度和土壤微环境（土壤养分、土壤结构等）（Bardgett et al.，2002；Verón et al.，2011）。

植物与植物源土丘的关系是生态学中植物与土壤交互作用最经典的案例之一。现有记录关于植物源土丘的文献大多集中在荒漠、海岸生态系统，仅有少量的信息发生于荒漠草原（Luo et al.，2016），而放牧作用下荒漠草原植物与植物源土丘的文献几乎没有。在放牧草地，绵羊反复的采食、践踏亦会显著影响草原植物性状（如株高、丛幅等）及土壤性状（Liu et al.，2018b），因此，由于植物源土丘是植物拦截风沙颗粒沉积导致，推测植物株丛的大小必然影响植物源土丘的形成与发展，那么，不同大小的植物源土丘是否也具备改善土壤基质的作用呢？家畜会影响荒漠草地植物源土丘的表型特征，且重度放牧高强度的采食和践踏会进一步改变这些特征。

一、各放牧处理植物源土丘大小

重度放牧处理成年期短花针茅出现了明显的植物源土丘（20mm<短花针茅基径≤40mm），其短花针茅基径最小值比不放牧处理植物基径最小值减少了19.63%（$P<0.05$，图7-9）。一些研究认为，植物源土丘对缓解土地退化发挥了巨大作用，具体表现为减少土壤侵蚀、稳定表层土壤、为植物提供安全生境等生态功能（Shachak & Lovett，1998；Brown & Porembski，2000）。因此，对于植被破坏情况较重的重度放牧处理来说，更早的形成植物源土丘可以有效地缓解放牧的消极作用，从而稳定植物种群结构。

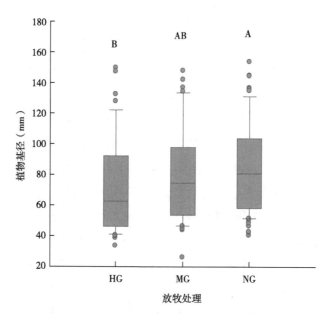

图7-9　重度放牧（HG）、适度放牧（MG）、不放牧处理（NG）出现植物源土丘的植物基径箱式图

注：对不同放牧处理下的植物基径采用单因素方差分析（one-way ANOVA），并进行邓肯多重比较，其中图内不同字母表示存在显著性差异（$P<0.05$）

二、植物源土丘上生长的短花针茅性状

方差分析显示，放牧处理与植物源土丘会极显著影响短花针茅高度、产种数、叶片数（表7-5）。对于植物源土丘上生长的短花针茅，重度放牧处理叶高、种子产量、叶片数均显著小于适度放牧处理与不放牧处理（图7-10）。适度放牧处理和不放牧处理叶片高度、种子产量、叶片数量均为形成短花针茅源土丘的短花针茅显著高于未形成土丘的短花针茅（图7-11A）；然而，在重度放牧处理中，形成短花针茅源土丘的短花针茅种子产量与未形成短花针茅源土丘的短花针茅种子数量无显著性差异（图7-11B）。

表7-5　双因素方差分析

短花针茅性状	变异来源	df	F	P
	放牧	2	17.38	$P<0.01$
高度	土丘	1	18.64	$P<0.01$
	放牧×土丘	2	1.36	$P<0.01$

（续表）

短花针茅性状	变异来源	df	F	P
种子数	放牧	2	9.96	P<0.01
	土丘	1	8.93	P<0.01
	放牧×土丘	2	2.57	0.08
叶片数	放牧	2	27.70	P<0.01
	土丘	1	38.39	P<0.01
	放牧×土丘	2	11.06	P<0.01

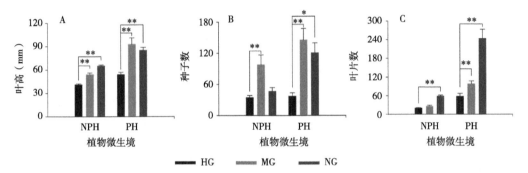

图7-10　未形成植物源土丘（NPH）的短花针茅个体性状与植物源土丘（PH）上短花针茅个体性状

注：HG、MG、NG依次表示重度放牧处理、适度放牧处理、不放牧处理。*表示P<0.05；**表示P<0.01

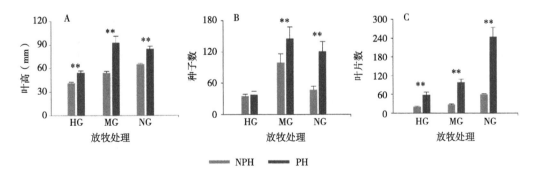

图7-11　未形成植物源土丘（NPH）的短花针茅个体性状与植物源土丘（PH）上短花针茅个体性状

注：HG、MG、NG依次表示重度放牧处理、适度放牧处理、不放牧处理。**表示P<0.01

三、植物源土丘、短花针茅、裸地间的关系

重度放牧处理下，植物源土丘的短花针茅种子数与植物源土丘生长的短花针茅叶片数、植物源土丘高度、植物源土丘面积、裸地50～100μm土壤粒径含量、裸地的种子数显著正相关，与植物源土丘生长的短花针茅高度、植物源土丘小于50μm土壤粒径含量、裸地500～2 000μm的土壤粒径含量、裸地土壤全钾显著负相关；植物源土丘土壤种子库短花针茅萌发数与植物源土丘高度、植物源土丘面积、植物源土丘100～250μm、250～500μm土壤土粒含量、植物源土丘的种子数、裸地土壤种子库短花针茅萌发数显著正相关，与未形成土丘的短花针茅营养枝高度、植物源土丘上生长的短花针茅高度、植物源土丘50～100μm土壤粒径含量、植物源土丘土壤磷含量显著负相关（图7-12）。

适度放牧处理下，植物源土丘的短花针茅种子数与植物源土丘生长的短花针茅叶片数、植物源土丘高度、植物源土丘面积、裸地小于50μm土壤粒径含量显著正相关，与未形成植物源土丘短花针茅叶片数、植物源土丘土壤种子库短花针茅萌发种子数、裸地100～250μm的土壤粒径含量、裸地500～2 000μm的土壤粒径含量、裸地土壤种子数、裸地土壤全磷、裸地土壤全钾显著负相关；植物源土丘土壤种子库短花针茅萌发数与植物源土丘高度、植物源土丘面积、植物源土丘100～250μm、250～500μm土壤土粒含量、裸地小于50μm土壤粒径含量显著正相关，与植物源土丘小于50μm、50～100μm土壤粒径含量、植物源土丘的种子数、裸地土壤全磷、裸地土壤全钾显著负相关（图7-12）。

在不放牧处理下，植物源土丘的短花针茅种子数与未形成植物源土丘的短花针茅叶片数、植物源土丘上生长的短花针茅叶片数、植物源土丘高度、植物源土丘面积、植物源土丘土壤种子库短花针茅萌发数、裸地100～250μm的土壤粒径含量、裸地500～2 000μm土壤粒径含量、裸地土壤全钾显著正相关，与植物源土丘上生长的短花针茅高度、裸地小于50μm土壤粒径含量、裸地土壤种子数显著负相关；植物源土丘土壤种子库短花针茅萌发的种子数与未形成植物源土丘的短花针茅高度、植物源土丘上生长的短花针茅高度、植物源土丘面积、植物源土丘50～100μm、100～250μm土壤粒径含量、裸地土壤全磷显著正相关，与植物源土丘小于50μm、250～500μm、500～2 000μm土壤粒径含量、裸地土壤种子库短花针茅萌发数显著负相关（图7-12）。

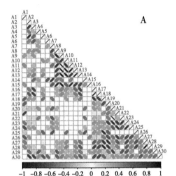 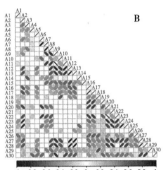 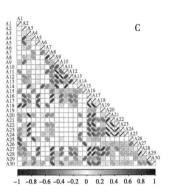

图7-12　植物源土丘、短花针茅、裸地指标的Pearson相关分析

注：A、B、C依次为重度放牧、适度放牧、不放牧；A1、A2、A3是未形成土丘的短花针茅高度、种子数、叶数；A4、A5、A6是植物源土丘上生长的短花针茅高度、种子数、叶数；A7、A8是植物源土丘高度、面积；A9、A10、A11、A12、A13是植物源土丘小于50μm、50~100μm、100~250μm、250~500μm、500~2 000μm的土壤粒径；A14、A15是植物源土丘的种子数、土壤种子库萌发的种子数；A16、A17、A18、A19是植物源土丘土壤SOM、全氮、全磷、全钾；A20、A21、A22、A23、A24是裸地小于50μm、50~100μm、100~250μm、250~500μm、500~2 000μm的土壤粒径；A25、A26是裸地种子数、土壤种子库萌发的种子数；A27、A28、A29、A30是裸地土壤SOM、全氮、全磷、全钾

第四节　放牧对短花针茅源土丘生态功能的影响

研究发现，在干旱且不利于植物生长的环境中，往往会出现一种地貌景观，即植物源土丘，干旱地区耐埋藏植物上风沙沉积的植物源沙丘，且这类景观在全世界大多数气候干旱、植物种类稀少地区高度流行（Du et al.，2010）。Field等（2012）认为植物源土丘是防治土地荒漠化（Dougill & Thomas，2002）和土地利用恢复（El-Bana et al.，2002）的有效缓冲剂。这是因为，植物源土丘可以减少土壤风蚀，拦截沙沉，诱导风沙沉积，起到保持水土的作用（Schlesinger et al.，1990；El-Bana et al.，2002；Field et al.，2012）。

在植物源土丘景观中，植物源土丘形态特征及规模与植物分布方式、疏透度、植株形态特征密切相关，而植物幼苗和成年个体的出现、生长、缩小和存活都受到微地形植物源土丘的影响。因为在干旱和半干旱生态系统中，植物群落的空间分布通常被认为是由植被斑块和裸地组成的镶嵌体（Aguiar & Sala，1999）。土壤养分可在植被斑块下累积，形成所谓的"肥岛"（Schlesinger et al.，1996；Reynolds et al.，1999）。这意味着如果该景观面临胁迫，例如气候变化和放牧压力，植物源土丘景观将是一种动态的生态过程（Goslee et al.，2003；Baas & Nield，2007）。

Liu等（2018b）发现在内蒙古高原荒漠草原亦存在植物源土丘的景观，且其形成与多年生植物短花针茅密切相关。尽管其高度不超10cm，但单位面积内植物源土丘面积在14%～25%，且显著受放牧影响（Liu et al.，2018b）。大型动物改变了土壤结构和表层渗入率、表面固定和土壤理化过程，从而影响了植被的分布（Yavuz & Karadag，2015）。事实上，如果植物源土丘的宿主植物得不到补充，植物源土丘亦将最终消失，它们的相关物种将受到共同威胁（Colwell et al.，2012）。这预示着具有形成植物源土丘潜力的植物形态结构、繁殖特征及其与土丘间的交互作用具有巨大的研究价值。

尽管关于植物源土丘已有大量文献记载，大多数聚焦于植物源土丘动力学、表型、空间分布、"肥力岛"、植物多样性等，且研究的样地类型多数为荒漠或沿河区域，涉及荒漠草原的研究寥寥无几，且没有系统性、整体性地研究生物胁迫下植物与及其沉积性土丘间的交互作用与生态过程。鉴于此，本研究从植物源土丘数量、表型入手，对比植物源土丘及非植物源土丘物理、化学性质，分析植物源土丘对植物种子萌发的影响，旨在探讨相比不放牧和适度放牧处理，重度放牧下植物源土丘数量、表型、物理化学性质的变化，以及这种变化对植物的影响和植物的生态适应策略。

一、植物源土丘聚集的种子及种子库

种子数量是植被更新与恢复的基础，只有具有丰富种子数量的退化生态系统，才能维持种群的更新与恢复。Nathan和Muller-Landau（2000）研究结果认为，种子密度通常随着与母体植物的距离而降低。研究发现每个植物源土丘上均附着了较多的短花针茅种子（大于100个），这说明植物源土丘可以有效的聚集种子，为植物种群更新提供了巨大的种质资源基础。这可能是因为在风力资源丰富的荒漠草原，种子主要以风为媒介进行扩散。类似莲座状的基生叶植物（短花针茅）和高出地面水平线的植物源土丘可以有效的拦截种子，使种子沉积于植物源土丘上。但在重度放牧条件下，在植物矮化的前提下，植物源土丘的长度便成为拦截种子的重要指标。这进一步说明重度放牧植物源土丘是植物繁殖与更新的重要途径之一。

对于植物源土丘与裸地聚集的短花针茅种子密度，植物源土丘上的种子密度极显著高于裸地上的种子密度（表7-6），重度放牧处理植物源土丘聚集的种子密度最高，适度放牧次之，不放牧最低，而裸地则呈现相反的规律（图7-13A）。对于土壤种子库，重度放牧处理下植物源土丘土壤种子库密度显著高于裸地土壤种子库密度，这一规律与适度放牧处理与不放牧处理相反（表7-6），且重度放牧处理植物源土丘土壤种子库密度比适度放牧、不放牧处理高210%、186%（图7-13B）。结构方程模型显示，相比不放牧和适度放牧处理，重度放牧处理下，短花针茅叶片数量会积极影响植物源土丘聚集的种子密度，叶高积极影响植物源土丘的高度，植物源土丘高度积极影响植物源土丘聚集的种子密度，植物源土丘聚集的种子密度积极影响植物源土丘的土壤种子库（图7-14）。

此外，重度放牧处理植物源土丘聚集的种子密度最高，且显著高于不放牧处理。这可能是因为，相比不放牧和适度放牧处理，重度放牧处理群落盖度、生物量更低，草地的"遮挡物"相对较少，短花针茅与植物源土丘能够起到拦截种子并使其大多沉积到土丘上。结构方程模型更进一步印证了这一现象，相比适度放牧与不放牧处理，重度放牧处理短花针茅叶高积极影响植物源土丘高度，且短花针茅叶片数量、植物源土丘高度更积极影响植物源土丘聚集种子。研究发现，短花针茅种子落地后，芒通过吸湿作用，以一定角度着地帮助种子钻入土壤完成自我埋藏过程，之后从关节点脱离种子，避免被谷类动物发现而取食（Liu et al.，2018a）。这一发现提供了一个假说，短花针茅在与高密度的大型草食动物长期互动过程中，通过拦截风中携带的土粒并使其固定于植物基部的方式有效地利用了生境资源，即拦截的土粒经过长期作用最终形成植物源土丘，而该土丘与植物又能够拦截植物的种子，为种群的更新与生存提供了充足的种源储备库。

Qian等（2016）的研究结果认为，在干旱区，植物诱导形成的土丘是土壤种子库的汇集区，这与本研究结果相类似。本研究发现植物源土丘不仅能够聚集短花针茅种子，还显著提高了重度放牧处理土壤种子库中短花针茅的萌发数量。这是因为放牧胁迫下尤其是重度放牧处理，绵羊采食使草地出现较为可观的空余生态位，增加种库植物可植入的利用位点（Olff & Ritchie，1998），减小了物种间的竞争力，间接地提高了短花针茅可萌发条件。此外，土壤化学性质结果显示，重度放牧处理土壤有机质、土壤全氮、土壤全磷植物源土丘均显著高于裸地。该结果验证了荒漠草原多年生丛生禾草诱导的微型土丘具有明显的"肥岛"效应，说明了在外界干扰严重且干旱的生境下，植物源土丘对植物种子的保存与扩散、种群的更新与生存具有重要的作用。

表7-6 不同放牧处理荒漠草原种子特征

处理	植物源土丘种子密度VS裸地种子密度		植物源土丘土壤种子库密度VS裸地土壤种子库密度	
	T	P	T	P
重度放牧	8.415	<0.001	4.942	0.024
适度放牧	8.524	<0.001	-0.468	0.646
不放牧	9.958	0.001	-2.959	0.018

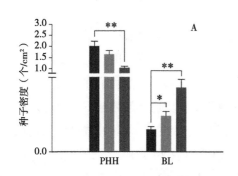 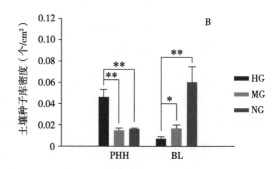

图7-13 植物源土丘（PHH）与裸地（BL）种子密度与土壤种子库密度

注：HG、MG、NG依次表示重度放牧处理、适度放牧处理、不放牧处理。*表示$P<0.05$；**表示$P<0.01$

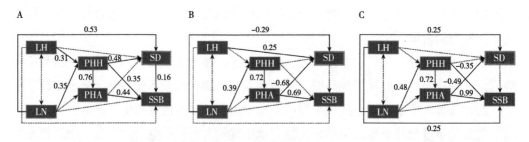

图7-14 植物源土丘性状及其上生长的植物性状与聚集的种子密度、土壤种子库的最终结构方程模型

注：A、B、C依次为重度放牧（$\chi^2=2.401$，$df=1$，$P=0.12$）、适度放牧（$\chi^2=0.357$，$df=1$，$P=0.55$）和不放牧处理（$\chi^2=0.275$，$df=1$，$P=0.60$）。LH.叶高；LN.叶片数；PHH.植物源土丘高度；PHA.植物源土丘面积；SD.种子密度；SBB.土壤种子库。虚线代表$P>0.05$，实线代表$P<0.05$

二、植物源土丘土壤粒径及化学性质

研究显示，干旱地区的资源总体有限，呈现资源贫乏土壤基质包围资源丰富斑块

的规律（Xu et al.，2012；Rong et al.，2016）。本研究的数据仅重度放牧处理下土壤养分支持这一观点。表现为重度放牧处理的土壤养分空间分布不均匀性较高，且多集中于多年生莲座状植物下和植物源土丘，这说明了相比不放牧处理和适度放牧的荒漠草原，重度放牧处理土壤基质出现了一定程度的退化，这是因为连续高强度的放牧破坏了土壤表层结构（Concostrina-Zubiri et al.，2013；Liu et al.，2009），加上长期的风力作用，使得土壤中黏粉粒更容易发生风蚀搬移。而丛生型植物能够有效地影响近地表气流，使风沙流中携带的可沉积颗粒在其株丛间沉积（Du et al.，2013；Pastrán & Carretero，2016）。Chimento等（2016）认为土壤黏粉粒养分含量较高，而有机碳是重要的胶结物质，能够增强土粒的团聚性，促进团粒结构的形成（Pulleman & Marinissen，2004）。黏粉粒沉降于短花针茅基部势必会提高其土壤养分，促进短花针茅个体生长发育，改善其生理代谢活动。此外，短花针茅基部宿存枯叶等掉落物，分解后的养分可提高土壤养分，进而形成一个物质循环的良性进程。

对于土壤粒径，裸地土壤中粒径<50μm的含量显著小于植物源土丘（图7-15），且重度放牧处理植物源土丘与裸地土壤中<50μm的含量显著高于适度放牧处理或不放牧处理（表7-7）。对于土壤化学性质，放牧处理中，植物源土壤有机碳、全氮、全磷均显著高于裸地土壤（$P<0.05$）（图7-16）。而植物源土丘土壤有机质、土壤全氮重度放牧处理显著高于不放牧处理，而裸地则刚好相反（表7-8）。

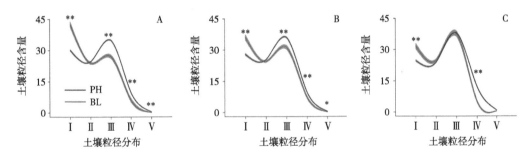

图7-15　重度放牧（A）、适度放牧（B）、不放牧（C）处理植物源土丘及裸地土壤粒径分布

注：PH为植物源土丘，BL为裸地。Ⅰ、Ⅱ、Ⅲ、Ⅳ、Ⅴ依次代表土壤粒径分布为<50μm、50～100μm、100～250μm、250～500μm、500～2 000μm。*表示$P<0.05$；**表示$P<0.01$

表7-7　植物源土丘与裸地土壤粒径的独立样本T检验

土壤养分	重度放牧VS适度放牧				重度放牧VS不放牧处理			
	土丘		裸地		土丘		裸地	
	T	P	T	P	T	P	T	P
<50μm	2.745	0.008	3.478	0.003	7.596	0.000	5.822	0.000

（续表）

| 土壤养分 | 重度放牧VS适度放牧 | | | | 重度放牧VS不放牧处理 | | | |
| | 土丘 | | 裸地 | | 土丘 | | 裸地 | |
	T	P	T	P	T	P	T	P
50～100μm	−2.544	0.013	−1.149	0.268	2.304	0.023	−1.207	0.249
100～250μm	−2.332	0.022	−3.411	0.004	−7.167	0.000	−6.686	0.000
250～500μm	−0.567	0.572	−1.618	0.125	−5.496	0.000	0.882	0.391
500～2 000μm	−0.833	0.407	−0.809	0.431	−4.360	0.000	−2.174	0.047

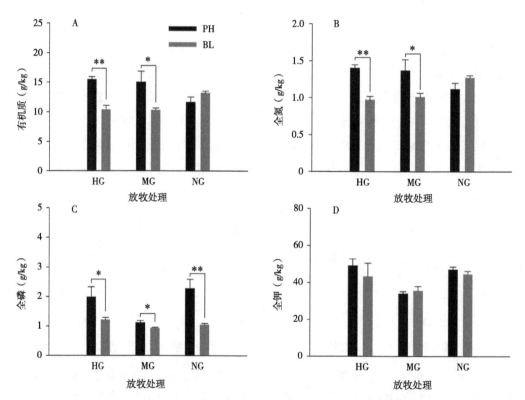

图7-16　重度放牧（HG）、适度放牧（MG）、不放牧（NG）处理植物源土丘（PH）及裸地（BL）土壤化学性质

注：*表示P<0.05；**表示P<0.01

　　从土壤物理性质角度分析发现，重度放牧处理植物源土丘与裸地土壤中<50μm的含量显著高于适度放牧处理或不放牧处理，且裸地土壤中粒径<50μm的含量显著小于植物源土丘。这一结果说明了植物源土丘的土壤很可能由其周边裸地的土壤迁徙而

来。因为土壤损失量实际上是大气沉降和风蚀搬移的净结果，重度放牧家畜高强度反复践踏，土壤表层结构破坏率显著大于适度放牧处理与不放牧处理（刘文亭等，2017），故重度放牧处理<50μm土粒更易发生风蚀搬移与近源沉积。因此，本研究认为在植物诱导的微型土丘的形成主要由以下因素驱动。

表7-8　放牧处理间土壤养分的独立样本T检验

| 土壤养分 | 重度放牧VS适度放牧 | | | | 重度放牧VS不放牧处理 | | | |
| | 土丘 | | 裸地 | | 土丘 | | 裸地 | |
	T	P	T	P	T	P	T	P
土壤有机质	0.216	<0.001	0.125	0.01	3.845	0.11	−3.557	0.002
土壤全氮	0.216	<0.001	−0.563	0.55	3.100	0.03	−5.190	0.25
土壤全磷	2.488	0.004	3.144	0.02	−0.616	0.96	1.696	0.07
土壤全钾	3.908	0.01	0.996	<0.001	0.510	0.02	−0.170	<0.001

（1）细颗粒土粒更易于沉积于多年生丛生禾草基部，植物在蒸腾作用等过程会流失水分，其中的一部分水分可能会弥散于短花针茅基部土壤黏粉粒间，充当黏接剂将黏粉粒结合在一起，逐渐形成大颗粒团聚体。

（2）细颗粒土粒有机碳等养分含量较高，Pulleman等（2004）认为有机碳是一种重要的胶结物质，能够增强土粒的团聚性，促进团粒结构的形成，细颗粒土粒沉降于短花针茅基部势必会提高其土壤养分，改善土壤基质，促进短花针茅个体生长发育，加速其生理代谢活动，进而重复过程（1），形成一个良性循环。

（3）短花针茅基部宿存枯叶等凋落物，分解后的养分可以改善土壤结构，进而重复过程（1）（2）。

（4）细颗粒的沉积物易于与植物根系互动，细根的生理活性很强，具有较高的生长速率和死亡分解率，死根提供有机质，活根分泌有机酸，二者作为土粒团聚体的胶结剂，配合须根的穿插和缠结，促进土粒团聚形成，从而增强土壤抗分散、抗悬浮的能力，使其逐渐稳定固定，进而逐渐抬高土丘高度。

（5）分蘖节伸长，通过野外观察，形成植物源土丘的短花针茅通过分蘖节的伸长生长使位于地下较深的芽伸出地面，使更多的地下芽生长到地面，不仅可以进一步稳定微型土丘，亦更有利于植物个体生长（彩图4）。

第八章 短花针茅根际及土壤动物

近年来，随着对草地根系活动和根际过程研究的不断深入，根系在调控土壤功能和养分代谢过程中的重要作用逐渐被人们所认知和关注（Cheng et al., 2014）。植物除了通过细根周转向土壤输入碳（C）和养分外，还可通过根系主动或被动地向周围土壤释放一系列化合物，即狭义的根系分泌物，主要包括一些低分子（有机酸、糖类、酚类和各种氨基酸等）和高分子（蛋白质、黏液等）有机化合物。研究表明，通常根系分泌物量占植物光合同化产物的1%～5%，并受草地类型、物种、环境条件以及土壤养分有效性等诸多因素影响（Fransson & Johansson, 2010; Shi et al., 2011）。此外，土壤动物是除土壤微生物外种类最为丰富、数量最多的生物类群。几乎所有的地下生态学过程都与土壤动物有关，其在调控生态系统地上部分的结构、功能和过程中有着至关重要的作用。因此，了解短花针茅荒漠草原建群植物的根际及土壤动物是解析短花针茅种群生态适应性中一个非常重要但又缺乏了解的关键环节。

第一节 根系分泌物、微生物群落

根系分泌物大多为一些易于土壤微生物直接吸收利用的含碳有机物，可为土壤微生物系统提供重要且丰富的碳（C）源和氮（N）源，从而有效地改变土壤微生物的数量和活性，进而深刻地影响根际土壤有机质分解和养分代谢等过程（Yin et al., 2013），最终使根系分泌物在调控土壤C养分转化过程中发挥与其含量不成比例的重要作用和功能。就目前情况而言，虽然对根系分泌物及其诱导的生态学效应的研究已取得一定研究进展，但其在根际生态过程中的作用及调控机理仍需深入了解（Phillips et al., 2011; Cheng et al., 2014）。目前关于根系分泌物的研究大多仅关注了根系C源输入，而忽略了根系分泌物中N成分变化及其伴随的C：N化学计量特征对土壤C养分循环过程的激发效应，这种忽略将极大地限制对草地根系—土壤—微生物互作机制的深入认知（Yin et al.，2014）。植物根系分泌物的主要成分是一系列的含碳化合物，其C：N比值通常要高于根际微生物的C：N（Cleveland & Liptzin，2007）。另外，由于根系和微生物活动对根际有效N素的需求较为强烈，使得根际区通常呈现出C过剩而N受限制的状态（Kuzyakov，2002）。因此，根系分泌物N含量或C：N化学计量特征成为了驱动根际微生物群落组成和活性的重要调控因子。相应地，根际微生物利用根系分泌物生长和合成胞外酶的能力受根系分泌物N输入通量的严重制约，从而反过来调控土壤生物地球化学过程及其对草地结构和功能的生态反馈效应（Drake et al.，2013）。此外，根系分泌物对土壤C养分所诱导的激发效应与供试土壤养分状况（主要指土壤N的有效性）密切相关，因为后者的数量和质量是决定微生物对其生长和胞外酶产生之间能量分配的关键要素（Sullivan & Hart，2013；Chen et al.，2014）。然而，目前该方面研究的直接试验证据几乎还未见报道，因此开展根系分泌物C：N化学计量特征对土壤C养分转化过程的影响成为一个十分重要但又极度缺乏的研究课题，尤其在叠加不同土壤养分有效性的条件下。

草地生态系统植物物种丰富且生态系统错综复杂。植物群落在对环境条件的长期适应和自然演替过程中，个体间在竞争地上和地下空间的同时，也在不断地通过根系分泌物的化感作用影响着周围其他植物的生长和发育。在内蒙古短花针茅荒漠草原生态系统中，植物群落个体在竞争中通过相互作用、相互适应、相互选择形成了与环境资源相适应的地带性植被。草地建群种为短花针茅，优势种为无芒隐子草和冷蒿，植物群落由20多种植物种组成，植被草层低矮、稀疏。土壤类型为淡栗钙土，具有缺磷、少氮富含钾的特点。在长期过牧与连续干旱的双重环境胁迫下，草地已出现不同程度的退化，但其建群种短花针茅并未出现衰退现象，建群种和优势种地位也没有改变。准确鉴定内蒙古荒漠草原建群种和优势种根系分泌物的成分及其共性和特性分析，能够为深入研究根系分泌物组分的生态功能并找出根系分泌物中改善根际微环境的有效成分提供新依据。

一、根系分泌物组成

根系作为植物与外界环境进行物质与能量交换的重要器官，在植物生长发育过程中发挥着至关重要的作用。因此，植物根系分泌物的组成和变化能够直接反映植物的新陈代谢和生长发育状况。随着对植物根系分泌物研究的逐渐深入，人们慢慢意识到，尽管植物不能像动物一样靠迁徙寻找适合自己生存的环境，但却可通过调节根系分泌物的物质组成和含量来提高植物对不良环境的适应能力。另外，植物根系也会分泌一些化感物质。这些化感物质可以抑制周围植物的生长，甚至可以引起自毒作用。这也是植物用来争夺土壤养分、竞争生态位、适应外界环境的重要机制之一。据此，推测荒漠草原植物群落能够长期适应荒漠草原的生态环境，极有可能与它们的根系可以分泌某些特定物质改善其根际微环境有关。

研究表明，荒漠草原建群种短花针茅的根系分泌物中共有22种组分（图8-1），其中含量大于5%的物质有6种依次为1-丙烯-1，2，3三羧酸（33.10%）、乙酰柠檬酸三丁酯（14.74%）、芥酸酰胺（10.22%）、顺-9-八碳烯酸-（2-苯基-1，3二氧戊环-4-基）-甲基酯（10.03%）、邻苯二甲酸二异辛酯（9.80%）和1，2-二甲苯（6.32%）。上述6种物质含量在根系分泌物总量中的占比高达86.75%（图8-1），据此，认为以上6种物质是荒漠草原建群种短花针茅根系分泌物的主要组成成分。此外，短花针茅根系分泌物中含量相对较少的烃类有7种、酯类有4种，酮类、酚类各2种。

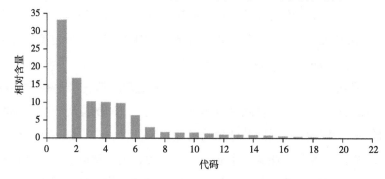

图8-1 短花针茅根系分泌物组成及含量

注：1. 乙酰柠檬酸三丁酯；2.1-丙烯-1，2，3-三羧酸-三丁基酯；3. 芥酸酰胺；4. 顺-9-十八碳烯酸-（2-苯基-1，3-二氧戊环-4-基）-甲基酯；5. 邻苯二甲酸二异辛酯；6.1，2-二甲苯；7. 22S-21-乙酰氧基6A，11A二羟基-16α-17α-丙基甲氧基孕-1，4-二烯-3，20-二酮；8.3-乙基-5-（2-乙基丁基）-十八烷；9. 柠檬酸三丁酯；10.2，4-二叔丁基苯酚；11. 邻苯二甲酸-异丁基-4-辛酯；12. 乙基苯；13.2，2-亚甲基双-6-（1，1-二甲基乙基）-4-甲基苯酚；14. 硬脂酸-3-（十八烷氧基）-丙基酯；15. 反-9-十八碳烯酸甲酯；16. 油酸-十八烷醇酯；17.14-甲基-十五烷酸-甲酯；18. 二十一烷；19. 四十四烷；20.2，6，11，15-四甲基十六烷；21.2，3，5-三甲基癸烷；22.4，6-二甲基十二烷。数据引自高雪峰等，2016

内蒙古荒漠草原建群种短花针茅的根系分泌物包括有10种酯类（74.77%）、8种烃类（9.65%）、酮类1种（2.98%）、苯酚类2种（2.38%）以及酰胺类1种（10.22%），脂类物质含量最高。本试验测定的荒漠草原优势种植物的根系分泌物的确含有7种相同的组分，而且7种共有物质的总量在短花针茅根系分泌物中占比达79.34%。从相对含量来看，乙酰柠檬酸三丁酯和1-丙烯-1，2，3-三羧酸-三丁基酯2种酯类物质在植物根系分泌物中的含量均较高，极可能是荒漠草原优势种植物为适应其生存环境而分泌的主要化学调节剂，而1，2-二甲苯和芥酸酰胺的相对含量在建群种短花针茅中显著高于其他的优势种，可能是与内蒙古短花针茅荒漠草原群落中植物生态位分化有关的化学物质。在后续研究中应该对上述七种有机物，特别是乙酰柠檬酸三丁酯和1-丙烯1，2，3-三羧酸-三丁基酯、1，2-二甲苯和芥酸酰胺对土壤性质的影响进行重点研究。植物根系分泌物及其组分的生态学功能研究，可有效揭示荒漠草原植物群落适应其生存环境的化学竞争机制，也可筛选出根系分泌物中可以改善根际微环境的有效组分，为内蒙古退化荒漠草原的修复提供新的科学依据。

二、土壤细菌群落结构

由于短花针茅荒漠草原生境本就脆弱，加之不合理的放牧利用，致使其草地土壤退化状况十分严重。土壤微生物作为土壤生态系统的重要组成部分，不仅扮演着生态系统分解者的角色，也是物质循环与能量流动的承担者。它们主要参与土壤有机质的分解、腐殖质的合成以及土壤养分的转化与循环，从而促使土壤肥力增加。土壤微生物的多样性代表着微生物群落的稳定性，也可反映出土壤的生态机制与土壤胁迫对微生物群落的影响。因此，土壤微生物群落组成及其多样性对干扰条件下土壤生态功能稳定性的维持和恢复具有重要的意义，通常被研究人员用作指示土壤健康的灵敏性指标。目前，有关内蒙古短花针茅荒漠草原土壤微生物群落组成及其多样性的还未见有报道。高通量测序技术具有通量高、试验过程简化、准确率高、速度快等诸多技术优点。鉴于此，本研究首次提出采用高通量测序技术对短花针茅荒漠草原土壤微生物群落及其多样性进行较为详细地研究，并列出了短花针茅荒漠草原土壤中细菌和真菌所属的门、纲、目、科、属不同分类水平上的优势类群及其相对丰度。研究结果显示，短花针茅荒漠草原土壤细菌在门和纲水平上的分类信息较为明确，而在目、科和属水平上尚无明确分类名称信息的类群所占比例较大。真菌在门和纲水平尚有近16%的OTUs未能进行分类，这可能与测序序列长度、测序区间及比对的数据库等有关。

短花针茅荒漠草原土壤细菌隶属于29门57纲111目191科485属。在门水平至少隶属于29个不同的细菌门，其相对丰度≥1%的共10个门（图8-2）。其中变形菌门（Proteobacteria，32.68%）和放线菌门（Actinobacteria，26.83%）是土壤细菌中的优势菌种。其次为厚壁菌门（Firmicutes，8.45%）、酸杆菌门（Acidobacteria，7.46%）、拟杆菌门（Bacteroidetes，6.75%）、疣微菌门（Verrucomicrobia，5.31%）、浮霉菌门（Planctomycetes，5.11%）、芽单胞菌门（Gemmatimonadetes，2.59%）、绿弯菌门（Chloroflexi，2.07%）和硝化螺旋菌门（Nitrospirae，1.05%），其余19个门所占比例均低于1%，共占1.69%。

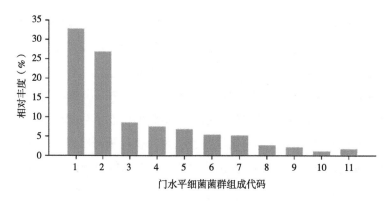

图8-2 门水平细菌群落组成

注：1.变形菌门；2.放线菌门；3.厚壁菌门；4.酸杆菌门；5.拟杆菌门；6.疣微菌门；7.浮霉菌门；8.芽单胞菌门；9.绿弯菌门；10.硝化螺旋菌门；11.其他。数据引自高雪峰等，2017

在纲水平隶属于57个不同的纲（图8-3），其中相对丰度≥2%的纲有15个。其中变形菌门的γ-变形菌纲（Gammaproteobacteria，13.54%）和放线菌门的嗜热油菌纲（Thermoleophilia，12.78%）所占比例最高。其次为α-变形菌纲（Alphaproteobacteria，8.55%）、酸杆菌纲（Acidobacteria，7.22%）、β-变形菌纲（Etaproteobacteria，7.14%）、放线菌纲（Actinobacteria，6.59%）等。

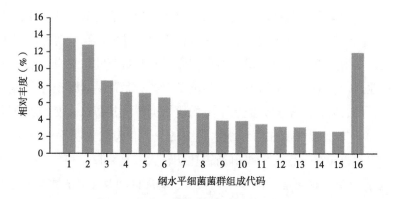

图8-3 纲水平细菌菌群组成及相对丰度

注：1.γ-变形菌纲（Gammaproteobacteria）；2.嗜热油菌纲（Thermoleophilia）；3.α-变形菌纲（Alphaproteobacteria）；4.醋酸菌纲（Acidobacteria）；5.β-变形菌纲（Betaproteobacteria）；6.放线菌纲（Actinbacteria）；7.梭菌纲（Closteridia）；8.鞘脂杆菌纲（Sphingobacteriia）；9.酸微菌纲（Acidimicrobiia）；10.浮霉菌纲（Planctomycetacia）；11.δ-变形菌纲（Deltaproteobacteria）；12.芽孢杆菌纲（Bacilli）；13.斯巴达杆菌纲（Spartobacteria）；14.芽单胞菌纲（Gemmatimonadetes）；15.红色杆菌纲（Rubrobacteria）；16.其他。数据引自高雪峰等，2017

在隶属的111个目中，相对丰度≥2%的共有14个，其中土壤红杆菌目（Solirubrobacterales）丰度最高，占比为7.85%，其次为肠杆菌目（Enterobacteriales）

占比为6.26%，Gaiellales占6.23%，在191科中，相对丰度≥2%的共有12个，丰度排在前3位的是肠杆菌科（Enterobacteriaceae，6.26%）、放线菌科（Gaiellaceae，6.23%）、土壤红杆菌科（Solirubrobacteraceae，5.17%）。在目和科水平中均有19.89%的OTUs未能分类。

为详细了解短花针茅荒漠草原土壤细菌群落的物种组成，在属水平进一步对细菌群落结构进行分析。结果表明，在属水平下全部细菌序列至少有485个属，其中丰度≥1%的属有24个，酸杆菌门中酸杆菌纲的Blastocatella所占比例最高为6.28%，其次为放线菌门中嗜热油菌纲的Solirubrobacter（4.84%），放线菌门某纲的Gaiella（4.50%），厚壁菌门中假单胞菌科的Pseudomonas（2.91%）以及Patulibacter（2.87%）。值得一提的是，从门和纲水平来看，变形菌门和变形菌纲所占比例均为最高，但在属水平，酸杆菌门中酸杆菌纲的Blastocatella和放线菌门中嗜热油菌纲的Solirubrobacter所占比例最高，而丰度最高的变形菌门中的细菌分布在较多的属中。

三、土壤真菌群落结构

短花针茅荒漠草原土壤中真菌隶属于416纲45目78科105属。在门水平至少隶属于4个不同的真菌门（图8-4），分别为子囊菌门（Ascomycota，35.76%）、担子菌门（Basidiomycota，25.90%）、接合菌门（Zygomycota，5.55%）和壶菌门（Chytridiomycota，0.45%），还有16.89%的未能分类以及15.41%的未知真菌。

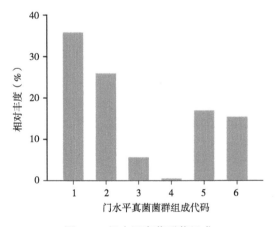

图8-4　门水平真菌群落组成

注：1. 子囊菌门（Ascomycota）；2. 担子菌门（Basidiomycota）；3. 接合菌门（Zyhomycota）；4. 壶菌门（Chytridiomycota）；5. 未分类（unclassified）；6. 未知真菌（unclassified Fungi）。数据引自高雪峰等，2017

在纲水平至少隶属于16个纲（图8-5），相对丰度≥2%的纲有5个，分别为伞菌纲（Agaricomycetes，22.61%）、粪壳菌纲（Sordariomycetes，15.60%）、座囊菌纲（Dothideomycetes，10.44%）、Zygomycota_class_Incertae_sedis（分类未定，5.58%）、散囊菌纲（Eurotiomycetes，5.58%），还有15.41%的OTUs未能分类。

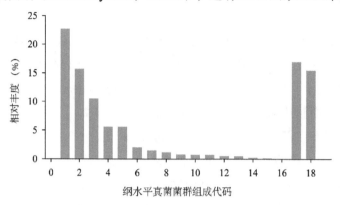

图8-5　纲水平真菌群落组成

注：1. 伞菌纲（Agaricomycetes）；2. 粪壳菌纲（Sordariomycetes）；3. 座囊菌纲（Dothideo-mycetes）；4. Zygomycota class Incertae sedis（分类未定）；5. 散囊菌纲（Eurotiomycetes）；6. 锤舌菌纲（Leotiomycetes）；7. 节担菌纲（Wallemiomycetes）；8. 银耳纲（Tremellomycetes）；9. 未知纲（unclassified Basidiomycota）；10. 未知纲（unclassified Ascomycota）；11. Ascomycota class Incertae sedis；12. 盘菌纲（Pezizomycetes）；13. 未知纲（unclassified Chytridiomycota）；14. 酵母纲（Saccharomycetes）；15. 圆盘菌纲（Orbiliomycetes）；16. 微球黑粉菌纲（Microbotryomycetes）；17. unclassified Fungi；18. 未分类。数据引自高雪峰等，2017

在目水平隶属于45个目，相对丰度≥2%的有7个，肉座菌目（Hypocreales）丰度最高为12.43%，其次是鸡油菌目（Cantharellales，7.77%），再次为格孢腔菌目（Pleosporales，5.88%）。在隶属的78个科中，相对丰度≥2%的有7个，其中角担菌科（Ceratobasidiaceae）的丰度最高为7.77%，其次为伞菌纲某科（unclassified_Agaricomycetes，5.56%）和赤壳科（Nectriaceae，5.55%）。在属水平，全部真菌序列至少有105个属，相对丰度≥2%的且能够准确分类的属有4个。分别为镰孢菌属（Fusarium，5.32%）、被孢霉属（Mortierella，5.01%）、枝顶孢属（Acremonium，3.74%）、曲霉属（Aspergillus，2.77%）。

本研究表明，在短花针茅荒漠草原的土壤微生物群落中，细菌的多样性与丰富度均远高于真菌。刘敏等对红树林土壤微生物多样性的研究结果也发现，红树林土壤微生物中细菌多样性最高，古菌多样性居中，真菌多样性最小。其中，优势细菌类群为Proteobacteria门，这一结果与许多国内外关于土壤细菌多样性的研究相一致。Proteobacteria门目前已被认为是世界上最普遍的菌门，且已有的报道中多数认为Proteobacteria门与碳的利用有关。也有些研究发现酸杆菌门是土壤细菌群落中丰度最高，或仅次于变形菌门的优势类群，酸杆菌门多存在于营养贫瘠的土壤环境中，其丰度与碳的可用性呈明显的负相关关系。本研究中，酸杆菌门的丰度居第四位，并不占优势，而在属水平，酸杆菌门中的Blastocatella在所有属中丰度最高，这也揭示了荒漠草原土壤养分匮乏的特点，也进一步证实了Sun等的观点，即特定的细菌，如酸杆菌门和变形菌门可以作为土壤养分状况的指示菌。本试验中放线菌门是仅次于变形菌门的另一优势类群，而且放线菌在门、纲和属水平均占据着绝对的优势地位，这可能与荒漠草原环境干旱、高温等气候条件适合于放线菌的生存与繁殖有关。放线菌最突出的特性之一是能产生大量的、种类繁多的抗生素，可见短花针茅荒漠草原土壤中储备有广泛的抗生素产生菌资源。

短花针茅荒漠草原土壤中真菌Ascomycota基因型多样性高于Basidiomycota，也进一步证实了寇文伯等提出的优势种群的基因型更高的观点。朱琳等对辽宁文冠果人工林根际土壤真菌的研究中检测到了6个门，除了本研究中的4个门外，还测得含量极低的球囊菌门（Glomeromycota）和芽枝霉门（Blastocladiomycota），其真菌群落的主要结构组成与本研究结果相似。子囊菌门的真菌多为腐生菌，对降解土壤有机质起着重要作用，因此有研究认为子囊菌和担子菌是土壤中主要的真菌分解者，也有研究认为担子菌分解木质纤维素的能力更强。另外，本研究结果还显示了短花针茅荒漠草原土壤中镰孢菌属（Fusarium）以5.32%的丰度居105个属之首，其次为被孢霉属（Mortierella）。张俊忠等对东祁连山高寒草地4种不同草地类型的土壤真菌群落组成的研究发现，不同植被类型草地土壤真菌的数量、种类和结构组成都具有一定的差异性，珠芽蓼草地和嵩草草地的优势菌群均为青霉属，禾草草地的优势菌群为镰孢菌属，沼泽草地的优势菌群为柔菌属和青霉属。其中，被孢霉属、柔菌属、小球腔菌属、毛霉属、木霉属和镰孢属为4类草地的常见种。由此可见，本研究结果与其相似。另外，测序区间的选择对测序结果会产生一定的影响，如16S rDNA基因的不同高变区，其测序分类信息的精确性也不相同。同时，测序深度的选择等也会对检测出的微生物类群产生影响。本研究样品的文库覆盖率细菌为70.5%、真菌为95.3%，若增加库容，加大测序深度，将有望检测到更多的细菌和真菌类群。

第二节　土壤动物

土壤动物在陆地生态系统中扮演着重要的角色，是除土壤微生物外种类最为丰富、数量最多的生物类群。几乎所有的地下生态学过程都与土壤动物存在一定关联，其在调控生态系统地上部分的结构、功能和过程中均有着至关重要的作用（Fu et al.，2009）。随着研究的逐渐深入，研究人员注意到，土壤动物在表征全球变化（Pritchard，2011；Li et al.，2012a）和人类活动（Susyan et al.，2011）等外来因子对生态系统的扰动方面更加敏感，并能通过营养级联效应对生态系统的地上部分进行有效反馈，从而在整个生态系统的构建和维持过程中扮演着重要的角色（傅声雷，2007）。因此，土壤动物多样性及其生态功能的研究迅速成为近年来备受关注的热点之一（Wardle et al.，2004；Fu et al.，2009）。然而，土壤动物的相关研究仍然面临相当大的挑战。首先，土壤的异质性非常强，作为生物种类最丰富、数量最多的亚系统，绝大多数土壤动物个体很小，而且土壤动物分类学家和分类手段也十分匮乏。据估计，目前仅有1%～5%的土壤动物已被描述。其次，土壤生物的习性复杂多变，这对研究土壤生物多样性及其生态功能来说也是巨大的挑战。土壤动物之间并非简单的取食与被取食关系，它们之间存在着复杂的正、负反馈过程；同时，土壤食物网的复杂性致使土壤生物之间还存在大量的间接作用，这些因素都加大了量化研究的难度。

近20年来，土壤动物多样性研究在我国进入了一个较为快速的发展阶段。其中，中国科学院作为我国最早全面开展土壤动物多样性及其相关研究的单位，为我国的土壤动物研究拉开了序幕。20世纪90年代，中国科学院上海植物生理生态研究所尹文英院士组织编撰的《中国土壤动物检索图鉴》，奠定了我国深入开展土壤动物研究的基础。进入21世纪后，以中国科学院华南植物园、沈阳应用生态研究所、东北地理与农业生态研究所、西双版纳热带植物园等为代表的研究所在我国不同区域开展了大量相关工作，获取了丰富的基础数据资料，取得了一系列突出的成果（Shao et al.，2008；Yang et al.，2012；Chang et al.，2013）。但这些研究工作大多集中在华南和东北等区域，中西部广大腹地土壤动物的研究基础较为薄弱；部分生态功能重要区域和地上生物多样性热点区域（如横断山区、青藏高原等）的土壤动物研究工作则起步较晚（李玲娟等，2015）。各区域间不平衡的研究现状导致土壤动物监测研究难以全面开展，且数据局限性较强，因而亟待建立一个能够覆盖全国重点区域的标准统一、数据共享的土壤动物监测网，为社会提供完整的、可信的监测数据。此外，从已有的研究来看，由于土壤动物具有个体小、生命周期短且绝大多数种类对环境十分敏感等特征，致使温度、水分、土壤营养状况等因素均能很大程度上影响其种群结构的变化。土壤动物分布特征（种类和数量）对地上植被的影响尤为显著，因此，土壤动物群落结构和功能能够有效反馈地上植被类型的变化。我国幅员辽阔，气候类型多样，形成了多样的植被地理分布格局，孕育了种类丰富的土壤动物，对于开展大尺度土壤动物监测工作而言具有得天独厚的条件。但迄今为止，我国开展的生物多样性监测工作主要集中在地上部分，而针对土壤动物多样性开展的监测工作则十分缺乏。因此，有必要在我国典型区域选择具有代表性的生态系统开展土壤动物的监测工作。

一、中小型土壤动物群落组成

由于气候、植被、土壤等各种生态条件的限制，土壤动物物种丰富程度要低于亚热带和热带地区，在亚热带、热带地区的土壤动物，无论种类、个体数、群落结构都明显比温带地区丰富，而且差别也很大，说明土壤动物分布具有地带性分布规律。由于土壤动物包括的范围非常广，具体的分布模式相当复杂，需要长期大量的工作。短花针茅荒漠草原生态系统与温带森林生态系统相比，土壤动物种类、数量组成、多样性等都有很大差异。数量和类群数均比森林生态系统都要少，多样性低于森林生态系统，类群组成上二者的差异更显著。说明了植被、土壤等条件对土壤动物的影响是非常显著的。同时短花针茅荒漠草原大型土壤动物与内蒙古典型草原动物群落组成也有区别。

通过在短花针茅荒漠草原不同放牧强度处理下捕获的中小型土壤动物（不包括原生动物和湿生中小型土壤动物）分为1门4纲11目54科。2014年土壤动物的优势类群为奥甲螨科，其相对丰度为12.39%，优势种为大蚊科幼虫，相对丰度为11.11%。常见类群为四奥甲螨科、洼甲螨科、真足螨科、植绥螨科、步甲科幼虫、异珠足甲螨科、叶螨科、厉螨科、滑珠甲螨科、盖头甲螨科、吸螨科、木螱科、鼻螱科、肉食螨科、巨螯螨科、节跳科、懒甲螨科、赤螨科、隐翅甲科、表刻螨科、腾岛螨科、跳甲螨科、小黑螨科、莓螨科、派盾螨科、矮蒲螨科、上罗甲螨科、厚厉螨科、跳虫科、疣跳科、隐颚螨科、微离螨科、管蓟马科、蚁科、礼服甲螨科，共37科，其个体数占总个体数的82.29%。优势类群和常见类群个体数占总个体数的92.57%。由此可见，研究样地中小型土壤动物的优势类群和常见类群对其群落结构特征起着决定性作用。其余17科为稀有类群，其个体数仅占总个体数的0.02%（图8-6）。

从各放牧强度处理分析，不放牧处理捕获土壤动物87只，分属30个科，主要为上罗甲螨科（相对丰度为6.90%）、奥甲螨科（相对丰度为9.0%）、隐颚螨科（相对丰度为8.05%）和蚁科（相对多度为5.75%），跳甲螨科、四奥甲螨科、洼甲螨科、小黑螨科、巨螯螨科和植绥螨科为该样地的特有类群。适度放牧样地捕获18只，分属15个科，主要类群为奥甲螨科（相对丰度为11.5%）、礼服甲螨科（相对丰度为19.23%）、滑珠甲螨科、上罗甲螨科、盖头甲螨科、懒甲螨科、赤螨科、隐颚螨科、吸螨科、腾岛螨科、木螱科、隐翅甲科、微离螨科、矮蒲螨科，疣跳科为该样地的特有类群。重度放牧处理中小型土壤动物分属13科，依次为奥甲螨科（相对丰度为16.67%）、大蚊科幼虫（相对丰度为11.11%）、蚁科（相对丰度为11.11%）、懒甲螨科（相对丰度为5.56%）、礼服甲螨科（相对丰度为5.56%）、隐颚螨科、矮蒲螨科、表刻螨科、厚厉螨科、跳虫科、疣跳科、鼻蟴科、管蓟马科。

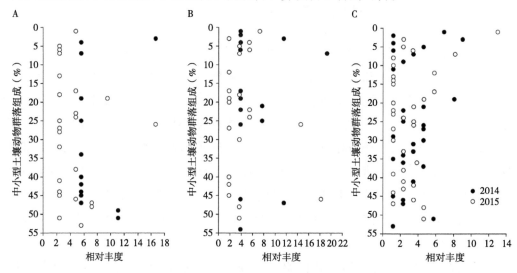

图8-6　中小型土壤动物群落组成

注：A.重度放牧处理；B.适度放牧处理；C.不放牧处理。1.上罗甲螨科（Epilohmanniidae）；2.盖头甲螨科（Tectocepheidae）；3.奥甲螨科（Oppiidae）；4.懒甲螨科（Nothridae）；5.跳甲螨科（Zetorchestidae）；6.滑珠甲螨科（Damaeolidae）；7.礼服甲螨科（Trhypochthoniidae）；8.四奥甲螨科（Quadroppiidae）；9.异珠足甲螨科（Heterobelbidae）；10.矮汉甲螨科（Nanhermanniidae）；11.洼甲螨科（Camisiidae）；12.盲甲螨科（Malaconothridae）；13.无领甲螨科（Ameridae）；14.赫甲螨科（Hermanniidae）；15.龙足甲螨科（Eremaeidae）；16.短缝甲螨科（Eniochthoniidae）；17.赤螨科（Erythraeidae）；18.绒螨科（Trombidiiade）；19.隐颚螨科（Cyptognathidae）；20.长须螨科（Stigmaeidae）；21.微离螨科（Microdispidae）；22.吸螨科（Bdellidae）；23.跗线螨科（Tarsonemidae）；24.叶螨科（Tetranychidae）；25.矮蒲螨科（Pygmephoridae）；26.腾岛螨科（Pygmephoridae）；27.小黑螨科（Caligonellidae）；28.大赤螨科（Anystidae）；29.真足螨科（Eupodidae）；30.莓螨科（Rhagidiidae）；31.肉食螨科（Cheyletidae）；32.镰螯螨科（Tydeidae）；33.巨螯螨科（Macrochelidae）；34.表刻螨科（Epicriidae）；35.植绥螨科（Phytoseiidae）；36.厉螨科（Laclapidae）；37.派盾螨科（Parholaspididae）；38.美绥螨科（Ameroseiidae）；39.寄螨科（Parasitidae）；40.厚厉螨科（Pachylaelapidae）；41.节跳科（Isotomidae）；42.跳虫科（Poduridae）；43.棘跳科（Onychiuridae）；44.疣跳科（Neanridae）；45.鼻蟴科（Phinotermitidae）；46.木蟴科（Kalotermitidae）；47.管蓟马科（Phlaeothripidae）；48.栉蝽科（Ceratocombidae）；49.大蚊科幼虫（Tipulidae larvae）；50.食木虻科幼虫（Mydaidae larvae）；51.蚁科（Formicidae）；52.奥地蜈蚣科（Oryidae）；53.步甲科幼虫（Carabidae larvae）；54.隐翅甲科（Staphylinidae）。数据引自德海山，2016

2015年研究区中小型土壤动物优势类群为腾岛螨科（相对丰度为11.57%）。常见类群为四奥甲螨科、矮汉甲螨科、赫甲螨科、龙足甲螨科、寄螨科、长须螨科、无领甲螨科、疣跳科、小黑螨科、厚厉螨科、奥甲螨科、鼻螯科、巨螯螨科、棘跳科、节跳科、大赤螨科、镰螯螨科、莓螨科、跳虫科、跳甲螨科、矮蒲螨科、跗线螨科、绒螨科、吸螨科、微离螨科、美绥螨科、蚁科、滑珠甲螨科、盲甲螨科、厉螨科、赤螨科、管蓟马科、叶螨科、礼服甲螨科、栉蜱科、隐颚螨科、懒甲螨科、步甲科幼虫、上罗甲螨科、木螱科。

不放牧处理捕获中小型土壤动物86只，分属33个科，优势类群为上罗甲螨科（相对丰度为13.0%），主要类群为礼服甲螨科（相对丰度为8.14%）、盲甲螨科（相对丰度为5.81%）和赤螨科（相对丰度为5.81%），四奥甲螨科、矮汉甲螨科、赫甲螨科、龙足甲螨科、巨螯螨科、寄螨科和棘跳科为该样地的特有类群。适度放牧处理捕获55只，分属22个科，优势类群为腾岛螨科（相对丰度14.55%）、木螱科（相对丰度18.18%），主要类群为上罗甲螨科（相对丰度7.27%）、懒甲螨科（相对丰度为5.45%）、滑珠甲螨科（相对丰度5.45%）、吸螨科（相对丰度5.45%）、叶螨科（相对丰度5.45%），厚厉螨科为该样地的特有类群。重度放牧处理捕获42只，分属23个科，优势科为腾岛螨科（相对丰度16.67%），主要类群为栉蜱科（相对丰度为7.14%）、隐颚螨科（相对丰度9.52%）、管蓟马科（相对丰度7.14%），镰螯螨科为该样地的特有类群。随着放牧强度的短花针茅荒漠草原中小型土壤动物的密度减少（表8-1），说明放牧家畜的增加对特定土壤动物的生存不利。

表8-1　中小型土壤动物群落组成

放牧处理	年份	指标	密度（只/m²）
重度放牧	2014	密度	1 834.38
	2015	密度	4 280.25
适度放牧	2014	密度	2 649.66
	2015	密度	5 605.10
不放牧	2014	密度	8 866.19
	2015	密度	8 764.33

注：数据引自德海山，2016

二、大型土壤动物群落组成

2014年、2015年短花针茅荒漠草原不同放牧处理共捕获大型土壤动物3 117只，分为1门3纲9目33科，主要为节肢动物门的昆虫纲和蛛形纲（图8-7）。2014年、2015年，优势类群均为蚁科，其个体数分别占总个体数的84.69%、62.55%，构成了短花针茅荒漠草原大型土壤动物群落的主体。

2014年常见类群为覃柄蚊科幼虫、象甲科幼虫、步甲科幼虫和步甲科，共3科，其个体数占总个体数的9.07%。优势类群和常见类群个体数占总个体数的93.76%。由此可见，大型土壤动物的优势类群和常见类群对其群落结构特征起着决定性作用。其余17科为稀有类群，其个体数仅占总个体数的6.24%。

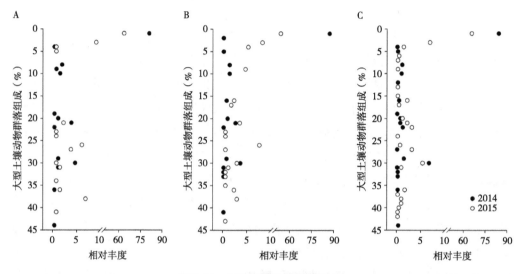

图8-7　大型土壤动物群落组成

注：A.重度放牧处理；B.适度放牧处理；C.不放牧处理。1.蚁科（Formicidae）；2.马蜂科（Polistidae）；3.覃蚊科幼虫（Mycetophilidae larvae）；4.大蚊幼虫（Tipulidae larvae）；5.花蝇科幼虫（Anthomyiidae larvae）；6.蝇科幼虫（Muscidae larvae）；7.长足虻科幼虫（Dolichopodidae larvae）；8.覃柄蚊科幼虫（Bolitophilidae larvae）；9.扁足蝇科幼虫（Platypezidae larvae）；10.蝇科（Muscidae）；11.蝙蝠蛾科幼虫（Hepialidae larvae）；12.粉蝶科幼虫（Pieridae larvae）；13.尺蛾科幼虫（Geometridae larvae）；14.尺蛾科（Geometridae）；15.蝙蝠蛾科（Hepialidae）；16.平腹蛛科（Gnaphosidae）；17.跳蛛科（Salticidae）；18.蟹蛛科（Thomisidae）；19.狼蛛科（Lycosidae）；20.逍遥蛛科（Philodromidae）；21.象甲科幼虫（Curculionidae larvae）；22.叩甲科幼虫（Elateridae larvae）；23.花萤科幼虫（Cantharidae larvae）；24.叶甲科幼虫（Chrysomelidae larvae）；25.隐翅甲科幼虫（Staphylinidae larvae）；26.露尾甲科幼虫（Nitidulidae larvae）；27.拟步甲幼虫（Tenebrionidae larvae）；28.金龟甲科幼虫（Scarabaeidae larvae）；29.步甲科幼虫（Carabidae larvae）；30.步甲科（Carabidae）；31.拟步甲科（Tenebrionidae）；32.叩甲科（Elateridae）；33.缨甲科（Ptiliidae）；34.天牛科（Cerambycidae）；35.金龟甲科（Scarabaeidae）；36.象甲科（Curculionidae）；37.芫菁科（Meloidae）；38.缨甲科幼虫（Ptiliidae larvae）；39.盾蝽科（Scutelleridae）；40.红蝽科（Pyrrhocoridae）；41.网翅蝗科（Arcypteridae）；42.斑腿蝗科（Catantopidae）；43.奥地蜈蚣科（Oryidae）；44.沫蝉科（Cercopidae）。数据引自德海山，2016

不放牧处理共捕获大型土壤动物789只，分属15个科，优势类群为蚁科（相对丰度为84.16%），主要类群为步甲科（相对丰度为6.67%）、蝇科（相对丰度为1.01%）、覃柄蚊科幼虫（相对丰度为1.14%）、叩甲科幼虫（相对丰度为1.27%）、步甲科幼虫（相对丰度为1.52%），粉蝶科幼虫为该样地的特有类群。适度放牧处理共捕获493只，分属12个科，优势类群为蚁科（相对丰度为87.02%）；主要类群为逍遥蛛科（相对丰度为1.01%）、覃柄蚊科幼虫（相对丰度为1.42%）、蝇科（相对丰度为1.42%）、象甲科幼虫（相对丰度为2.64%）、步甲科（相对丰度为3.65%）。重度放牧处理共捕获257只，分属13科，主要类群为蚁科（相对丰度为80.93%）。适度放牧和重度放牧样地无特有类群。

2015年常见类群共10科，依次为扁足蝇科幼虫、平腹蛛科、露尾甲科幼虫、象甲科幼虫、叩甲科幼虫、拟步甲科幼虫、覃柄蚊科幼虫、大蚊科幼虫、步甲科、拟步甲科、象甲科和缨甲科幼虫。其余18科为稀有类群，其个体数仅占总个体数的5.57%。不放牧处理共捕获410只，分属23个科，优势类群为蚁科（相对丰度为65.61%），主要类群有覃蚊科幼虫（相对丰度为6.83%）和步甲科（相对丰度为5.37%），而尺蛾科幼虫、长足虻科幼虫、盾蝽科、红蝽科、蝙蝠蛾科、芫菁科和斑腿蝗科为该样地的特有科。重度放牧处理共捕获132只，分属13个科，优势类群为蚁科（相对丰度为63.64%），主要类群为覃蚊科幼虫（相对丰度为9.09%）、露尾甲科幼虫（相对丰度为6.06%）和缨甲科幼虫（相对丰度为6.82%）。此外，与中小型土壤动物密度的规律一样，随着放牧强度的增加，荒漠草原大型土壤动物密度逐渐减少（表8-2），说明放载畜率的增加不利部分大型土壤动物的生存。

表8-2　大型土壤动物群落组成

放牧处理	年份	指标	密度（只/m²）
重度放牧	2014	密度	1 285
	2015	密度	660
适度放牧	2014	密度	2 465
	2015	密度	855
不放牧	2014	密度	3 945
	2015	密度	2 050

注：数据引自德海山，2016

三、地面土壤动物群落组成

2014年、2015年共捕获地面节肢动物20 152只（不包括弹尾目等地面活动的中小型土壤动物），分为2纲9目47科，主要为节肢动物门的昆虫纲（图8-8），其中优势类群均为步甲科和蚁科，其相对丰度依次为68.48%、78.54%，构成了短花针茅荒漠草原地面节肢动物群落的主体。

　　2014年常见的共8科，依次是拟步甲科、象甲科、跳蛛科、狼蛛科、平腹蛛科、逍遥蛛科、蝇科和沫蝉科，其相对丰度为22.75%。优势类群和常见类群相对丰度为91.23%。其余26科为稀有类群，相对丰度仅为8.77%。2015年常见类群为拟步甲科、象甲科、跳蛛科、狼蛛科、平腹蛛科、逍遥蛛科、胡蜂科、蝇科和沫蝉科9科，相对丰度为17.05%。随着放牧强度的增加，荒漠草原地面土壤动物密度逐渐减少（表8-3），说明放载畜率的增加不利部分地面土壤动物的生存。

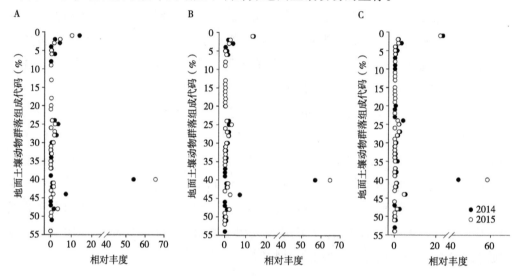

图8-8　地面土壤动物群落组成

　　注：A. 重度放牧处理；B.适度放牧处理；C.不放牧处理。1.步甲科（Carabidae）；2. 拟步甲科（Tenebrionidae）；3.象甲科（Curculionidae）；4. 叶甲科（Chrysomelidae）；5. 叩甲科（Elateridae）；6.虎甲科（Cicindelidae）；7.金龟甲科（Scarabaeidae）；8.葬甲科（Silphidae）；9.锹甲科（Lucanidae）；10.露尾甲科（Nitidulidae）；11.隐翅甲科（Staphylinidae）；12.瓢虫科（Coccinellidae）；13.吉丁科（Buprestidae）；14.苔甲科（Scydmaenidae）；15.小蠹科（Scolytidae）；16.阎甲科（Histeridae）；17.芫菁科（Meloidae）；18.天牛科（Cerambycidae）；19.花金龟甲科（Cetoniidae）；20.隐翅甲科幼虫（Staphylinidae larvae）；21.步甲科幼虫（Carabidae larvae）；22.拟步甲科幼虫（Tenebrionidae larvae）；23.露尾甲科幼虫（Nitidulidae larvae）；24.跳蛛科（Salticidae）；25.狼蛛科（Lycosidae）；26.蟹蛛科（Thomisidae）；27.平腹蛛科（Gnaphosidae）；28.逍遥蛛科（Philodromidae）；29.管巢蛛科（Clubionnidae）；30.网翅蝗科（Arcypteridae）；31.斑腿蝗科（Catantopidae）；32.斑翅蝗科（Oedipodidae）；33.角蝗科（Gomphoceridae）；34.螽斯科（Tettigoniidae）；35.长蝽科（Lygaeidae）；36.盾蝽科（Scutelleridae）；37.猎蝽科（Reduviidae）；38.红蝽科（Pyrrhocoridae）；39.网蝽科（Tingidae）；40.蚁科（Formicidae）；41.胡蜂科（Vespidae）；42.马蜂科（Polistidae）；43.小蜂科（Chalalcididae）；44.蝇科（Muscidae）；45.寄蝇科（Tachinidae）；46.食虫虻科（Asilidae）；47.蝇科幼虫（Muscidae larvae）；48.沫蝉科（Cercopidae）；49.蚜科（Aphididae）；50.粉蝶科（Pieridae）；51.尺蛾科（Geometridae）；52.尺蛾科幼虫（Geometridae larvae）；53.蝶科幼虫（Pieridae）；54.奇盲蛛科（Phalangiidae）。数据引自德海山，2016

表8-3　地面土壤动物群落组成

放牧处理	年份	指标	密度（只/m²）
重度放牧	2014	密度	1 147
	2015	密度	2 381
适度放牧	2014	密度	1 440
	2015	密度	2 815
不放牧	2014	密度	2 147
	2015	密度	4 573

注：数据引自德海山，2016

四、土壤动物垂直分布

土壤动物的垂直分布是指土壤动物在土壤中分布的垂直分层现象。土壤动物的垂直分布主要与食物有关，因为不同深度的土壤中，植物根系的分布和养分含量不同，从而使土壤动物取食的食物种类和数量不同；另外，不同层次的土壤温度、湿度、pH值等有关微气候要素均影响土壤动物的垂直分布。虽然一类土壤动物可同时利用几个不同土壤层次生存，但相对而言，总有一个最适合生存的层次。

放牧强度对短花针茅荒漠草原中小型土壤动物垂直分布的影响如图8-9所示。总体上，中小型土壤动物的密度均随着土层深度的增加而降低，不同放牧样地垂直分布情况存在一定差异。2014年与2015年对照样地0～10cm密度都最大，均高于轻度、中度和重度放牧样地，并存在显著差异（$P<0.05$）；在10～20cm层，2014年和2015年不同放牧处理间密度均无显著差异（$P>0.05$）。两年试验中除了对照样地0～10cm和10～20cm层的密度存在显著差异外，各放牧样地均无显著差异。

放牧强度对短花针茅荒漠草原大型土壤动物垂直分布的影响如图8-9所示。总体上，大型土壤动物的密度均随土层深度的增加而降低，不同放牧样地垂直分布情况存在一定差异。对0～10cm层密度而言，2015年，对照样地与放牧样处理间均存在显著差异（$P<0.05$），轻度放牧和重度放牧处理间亦存在显著差异。在10～20cm层，2014年与2015年放牧样处理间密度均无显著差异。经t检验后，2014年与2015年，不放牧处理密度在0～10cm和10～20cm层均存在显著差异（$P<0.05$）。

刘新民等的研究发现鞘翅目为内蒙古地区草原土壤动物中主要的优势类群，对草原植被恢复阶段有明显的指示作用。本研究中（2014年、2015年两年的调查中）鞘翅目的步甲科和膜翅目的蚁科均为地面节肢动物的优势类群，在动物的个体数量中占绝对优势，表明步甲科和蚁科是短花针茅荒漠草原的重要组分之一，在维持荒漠草原生态系统的生态服务功能、生物多样性和食物网络结构等方面发挥着关键作用。这与宁夏白芨滩荒漠化草地、宁夏干旱沙漠生态系统、黑河流域荒漠生态系统和内蒙古半干旱科尔沁典型沙地发现的拟步甲科为我国荒漠半荒漠地区地面节肢动物群落的主要类群的结果不一致。这可能是因植被组成、土壤类型不同而造成的生态系统结构存在差异性有关，同时也与研究样地基质环境存在密切关系。地面节肢动物甲虫类（步甲科）为优势类群，也反映了荒漠草原干旱少雨的生境特征。

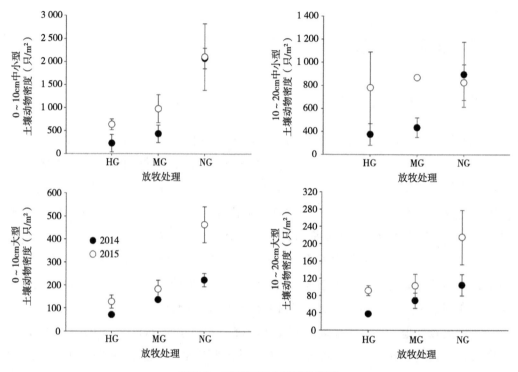

图8-9　不同深度土壤动物密度

注：HG.重度放牧处理；MG.适度放牧处理；NG.不放牧处理。数据引自德海山，2016

　　以往研究表明，放牧对草地的影响主要以家畜践踏损伤牧草、减少凋落物的现存量，增加土壤的紧实度和容重，降低土壤孔隙度、水稳性团聚体、透水性和透气性，放牧还使植物群落结构简单，植物低矮稀疏。尤其当牧压强度超出系统承载力时，草地生物群落发生逆向演替，其土壤动物也发生相应的协同响应。随着自然环境的变迁和人类活动对土地影响的加剧，土壤环境的恶化限制了土壤动物的生存、繁衍、分布，使生活在土壤中的动物群落结构趋于简单，多样性下降，异质性增大。放牧对土壤动物短期内影响不明显，具有明显的滞后效应。但在持续放牧扰动下，土壤动物的个体数量随放牧强度的增加而呈降低趋势。

第九章 短花针茅种群种内、种间关系及格局

在植物生态学中，生态学家为了解植被的结构、动态及功能，一般认为可通过描述种群在空间的分布特征实现，而这些特征通常和形成格局的过程，如生长、死亡、竞争等联系在一起，通过格局可以推理其形成过程。基于这样的观点，种群格局一直以来都是生态学研究的热点。然而，由于不同的过程可能引起相同的格局，又种群格局与尺度之间存在密切联系，特定尺度下的空间格局可能存在特定导因，这样，定量分析格局及其形成过程成为生态学家的主要目标，尤其确定哪一过程在何尺度上引发格局发生变化。实际上，虽然影响格局形成的过程或因素很多，但概括起来有3类：一是种群生物学特点形成的格局；二是生境异质性引起的种群格局；三是物种个体间的相互作用引发的格局。本章将重点探讨荒漠草原短花针茅与其他优势种相互关系及空间格局。

第一节 放牧对短花针茅及其他优势种生态位的影响

随着生态位理论的不断完善和发展，生态位研究已成为近代生态学理论的一个主要内容，其在理解群落结构功能、群落内物种种间关系、生物多样性、群落动态演替和种群进化等方面具有重要的作用（张金屯，2011）。为此，放牧利用为主的草地生态系统，研究者对植物种群生态位研究更加关注放牧家畜影响下的植物种群生态位宽度和生态位重叠程度响应特点，且集中在放牧压和放牧制度两方面，以便探寻不同放牧压或不同放牧制度对草地植物种群的影响程度及其响应规律。

然而，植物种群生态位变化与其所处空间的资源状态密不可分，且同种间竞争紧密联系在一起（Silvertown，1983）。因此，当前生态位概念是指该种在群落中利用

资源的能力，这种能力不但体现在该种个体在群落中的分布范围和生物量的占有上，而且也体现在资源有限时植物种群对环境的耐受性上（张金屯，2011）。所以，放牧草地植物种群生态位研究缺少与资源状态相结合的探讨，同时由于种间竞争关系存在不对称性（Weiner，1990；Connolly & Wayne，1996），国内外缺乏基于生态位理论分析为基础的种间竞争关系阐释，以生态位理论分析放牧草地植物种群生态位变化能够丰富这方面的研究内容。

放牧利用为主的短花针茅荒漠草原地处亚洲中部草原区向荒漠区的过渡地带，由于其旱生生境及地域过渡性，显示出生态学上的独特性和脆弱性（卫智军等，2013）；建群种为短花针茅，优势种为无芒隐子草和碱韭，3个种群地上现存量可达群落现存量的60%~80%，其数量消长、时空变化及结构的位移均会引起群落的巨大波动，构成了短花针茅+无芒隐子草+碱韭群落类型。通过研究3个种群生态位宽度和生态位重叠程度空间变化规律，结合种间关联度分析，可以阐释短花针茅荒漠草群落空间结构变化及波动情况，同时明确3个种群的生态位变化及其与种间关联的关系。

一、取样方法及数据分析

放牧试验分别设对照（CK）和自由放牧（CG）2个试验处理，围栏封育区（CK）100m×100m，自由放牧区草场面积为438hm²，全年实行自由放牧，全年载畜率为1.25只/hm²。

（一）样带法取样

在CK处理内和CG区选择一块90m×90m代表性样地，分别以CK区或CG区样地西侧为初始样带，以西侧和南侧交汇处设为初始样点，每条样带共设10个1m×1m样方，每两个样方间隔9m，2012年8月按种调查不同植物种群的株丛数。每两条样带同样间隔9m，共设10条样带。

（二）样地法取样

将两区初始样带定为初始样地面积，以后依次增加一条样带，与初始样带及增加的样带合并成为新的样地面积。因此，第一条样带面积为90m²，紧邻第一条样带的第二条样带与第一条样带同时作为新的样地空间范围，其面积为900m²，依此类推。样带法空间范围取样详见表9-1。

表9-1　样带法和样地法取样结果

编号	样带法		样地法	
	样带长（m）	样方数（个）	样地面积（m²）	样方数（个）
1	90	10	90	10
2	90	10	900	20
3	90	10	1 800	30
4	90	10	2 700	40
5	90	10	3 600	50
6	90	10	4 500	60
7	90	10	5 400	70
8	90	10	6 300	80
9	90	10	7 200	90
10	90	10	8 100	100

（三）数据分析

Levins生态位宽度指数（付卫国等，2008），见式（9-1）。

$$B_i = \frac{1}{r \times \sum_{j=1}^{s} (P_{ij})^2} \tag{9-1}$$

这里B_i为种i的生态位宽度；$P_{ij}=n_{ij}/N_{i+}$，它代表种i在第j个资源状态下的个体数占该种所有个体数的比例，r为样方数。

Levins生态位总宽度（牛克昌等，2009），见式（9-2）。

$$BL_t = \left[\sum (B_i)^2 \right]^{1/2} \tag{9-2}$$

Levins生态位重叠指数（张金屯，2011），见式（9-3）。

$$O_{ik} = \frac{\sum_{j=1}^{r} (P_{ij} P_{kj})}{\sum_{j=1}^{r} (P_{ij})^2} \tag{9-3}$$

这里O_{ik}代表种i的资源利用曲线与种k的资源利用曲线的重叠指数。从式（9-3）的分母可以看出，该指数实际上与种i的生态位宽度有关，由式（9-3）可知，O_{ik}和O_{ki}

的值是不同的，含义也有异。O_{ik}表示植物种群i占有其他植物种群j资源状态的比例情况，反之成立。

（四）关联度分析

将不同样线、样地范围的主要植物种群生态位宽度指数进行关联度分析，具体步骤如下。

（1）按照表9-1中序号计算得到的主要植物种群生态位宽度指数严格排列，构造成为原始数据集。数据集样式如下：

$$\begin{bmatrix} S_{01} & C_{01} & A_{01} \\ S_{02} & C_{02} & A_{02} \\ \vdots & \vdots & \vdots \\ S_{10} & C_{10} & A_{10} \end{bmatrix}$$

（2）采用均值化将原始数据进行变换，并进行初始化，得到绝对值差比较序列，样式如下：

$$\begin{bmatrix} |S_{01}-S_{01}| & |C_{01}-S_{01}| & |A_{01}-S_{01}| \\ |S_{02}-S_{02}| & |C_{02}-S_{02}| & |A_{02}-S_{01}| \\ \vdots & \vdots & \vdots \\ |S_{10}-S_{10}| & |C_{10}-S_{10}| & |A_{10}-S_{01}| \end{bmatrix}$$

（3）计算关联系数，见式（9-4）。

$$L_{0i}(k) = \frac{\Delta_{\min} + \rho\Delta_{\max}}{\Delta_{0i}(k) + \rho\Delta_{\max}} \tag{9-4}$$

式中，$\Delta_{0i}(k)$表示k种群两两比较序列的绝对差；ρ称为分辨系数，本研究中取值0.3，$\Delta_{\max}$和$\Delta_{\min}$分别表示比较序列绝对差中的最大值与最小值。

（4）求关联度，见式（9-5）。

$$r_{0i} = \frac{1}{N}\sum_{k=1}^{N} L_{0i}(k) \tag{9-5}$$

式中，r_{0i}为序列i与序列0的关联度；N为比较序列的长度（即数据个数10）。

（5）"优劣"关系比较，若$r_{0S}=r_{0C}$，则称X序列$\{X_S\}$对于序列$\{X_0\}$等价于（或等于）$\{X_C\}$。若有$r_{0S}\geq r_{0C}$，称序列$\{X_S\}$对于序列$\{X_0\}$优于或等于$\{X_C\}$。若有$r_{0S}\leq r_{0C}$，则称序列$\{X_S\}$对于序列$\{X_0\}$劣于或等于$\{X_C\}$。

（6）返回（2）逐列进行，直到最后一列分析完毕，得到关联矩阵。

二、植物种群在不同样带的生态位宽度变化

将CK、CG处理内不同样带上建群种和优势种计算所得生态位宽度绘制成图，结果见图9-1。由图9-1可以看到，CK处理内碱韭的生态位宽度在不同样带上的差异最小，而短花针茅和无芒隐子草的生态位宽度在不同样带上的差异大于碱韭，这表明碱韭生态位宽度在CK处理内受不同样带资源差异影响较小，碱韭对空间资源差异的耐受性较强，其生态位宽度可以维持在相对稳定的水平上。在CG处理内，短花针茅植物种群受资源差异和放牧家畜同时影响，其生态位宽度在各个样带上相对稳定，无芒隐子草生态位宽度在样带间的波动情况大于短花针茅，但小于碱韭。

综合来看，短花针茅、无芒隐子草和碱韭生态位宽度均受植物种群所处资源状态的空间差异影响；但当存在放牧家畜干扰的时候，短花针茅、无芒隐子草和碱韭生态位宽度波动幅度发生变化，因此，建群种和优势种受生物和非生物因素同时影响，生态位宽度可能相同，也可能不同。

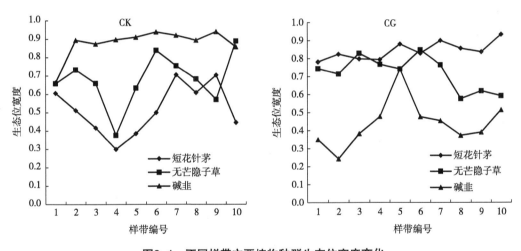

图9-1　不同样带主要植物种群生态位宽度变化

尽管不同样带态位宽度指数波动较大，且受放牧影响发生较大变化，但关联度分析结果显示，其存在明显的关联性（表9-2）。在CK条件下，短花针茅与无芒隐子草的相互关联程度相等，均为0.458 7；短花针茅与碱韭的关联度大于碱韭与短花针茅的关联度，分别为0.452 9和0.429 6；无芒隐子草与碱韭的关联度大于碱韭与无芒隐子草的关联度，分别为0.569 7和0.548 5。在CG条件下，短花针茅与无芒隐子草的关联度小于无芒隐子草与短花针茅的关联度，分别为0.653 2和0.657 0，说明受自由放牧影响，短花针茅与无芒隐子草之间生态位宽度变化由对称的转为非对称的，其种间关系表现也由对称性转为非对称性；短花针茅与碱韭的关联度不但表现出不对称性，而且这种不对称性发生了逆转，这表明短花针茅和碱韭的生态宽度变化表现明显相反且变

动幅度较大；无芒隐子草与碱韭的关联度和碱韭与无芒隐子草关联度由不对称转为对称，且关联程度增加。因此，3个植物种群3对6个关联度受放牧影响均已发生变化。同时可以看到，CG条件下种间生态位关联度均大于CK条件，表明自由放牧导致种间关联度增加。

表9-2 不同样带主要植物种群生态位宽度关联情况

放牧处理	植物种群	植物种群		
		短花针茅	无芒隐子草	碱韭
CK	短花针茅	1.000 0	0.458 7	0.452 9
	无芒隐子草	0.458 7	1.000 0	0.569 7
	碱韭	0.429 6	0.548 5	1.000 0
CG	短花针茅	1.000 0	0.653 2	0.586 2
	无芒隐子草	0.657 0	1.000 0	0.590 1
	碱韭	0.590 4	0.590 1	1.000 0

短花针茅、无芒隐子草和碱韭在CK条件下的生态位总宽度为短花针茅<无芒隐子草<碱韭（图9-2）；在CG条件下，短花针茅、无芒隐子草和碱韭生态位总宽度为短花针茅>无芒隐子草>碱韭。这反映出建群种和优势种在不同试验处理区具有不同的资源占有能力，受放牧家畜的影响，建群种短花针茅生态位宽度增加，而碱韭的生态位宽度明显下降，表明放牧可使短花针茅植物种群泛化种特征表现明显，而碱韭则由于生态位宽度变窄趋于特化种；无芒隐子草生态位总宽度变化不大，说明无芒隐子草对放牧家畜这一生物因素影响的耐受性比较强。

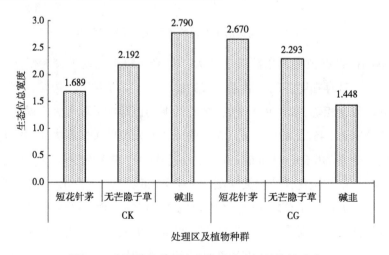

图9-2 主要植物种群生态位总宽度对放牧的响应

三、植物种群在不同样地范围的生态位宽度变化

由图9-3可知,在CK处理区内,建群种和优势种生态位宽度随样地范围的增大变化趋势不同,短花针茅略呈横向的"S"形变化趋势,无芒隐子草呈弱的下降的变化趋势,碱韭呈对数曲线的变化趋势;但在样地范围大于6 300m²范围后,建群种和优势种生态位宽度趋于稳定,此时的样方数为80个,表明如果要获得CK处理内建群种和优势种比较真实的生态位宽度,其资源状态样点数应该大于等于80个。在CG处理内,将3个植物种群生态位宽度随样地范围增大的变化程度看,在样地范围大于6 300m²范围后,植物种群的生态位宽度也呈基本稳定状态。因此,短花针茅荒漠草原无论放牧与否,其生态位宽度取样的样点数应该为80个或以上。

对比CK和CG处理可以看到,受放牧家畜的影响(样地范围大于等于6 300m²),建群种和优势种生态位宽度的变化规律不一致。在CK处理区内,3个植物种群生态位宽度表现为短花针茅<无芒隐子草<碱韭,而CG处理区内短花针茅>无芒隐子草>碱韭,这一结果与图9-2中的结果一致。这说明,当采用多样带计算生态位总宽度与采用大样地多样点计算结果所表现的趋势是一致的。对比CK处理,CG处理由于存在放牧家畜干扰,建群种和优势种的生态位宽度发生变化,这一变化与植物种群对生物、非生物环境影响的耐受性有关,短花针茅和碱韭植物种群对外界环境的耐受性较小,适应外界环境变化主要依靠大幅度调节生态位宽度来实现(变化幅度分别为0.429~0.813和0.235~0.828),而无芒隐子草对外界环境的耐受性较大,其主要依靠维持稳定的生态位宽度来抵御外界环境的影响。

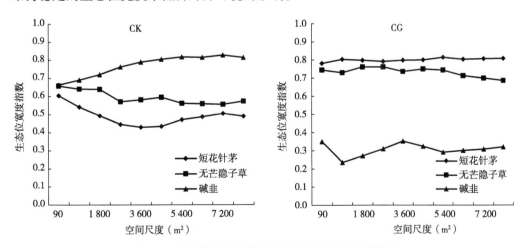

图9-3 不同样地范围主要植物种群生态位宽度变化

尽管不同样地范围内主要植物种群生态位宽度指数变化趋势存在差异,但他们之间存在明显的关联性(表9-3)。在CK条件下,短花针茅与无芒隐子草的关联度大于

无芒隐子草与短花针茅的关联度，分别为0.646 6和0.556 1；短花针茅和碱韭之间的相互关联度相等，均为0.515 7；无芒隐子草与碱韭的关联度小于碱韭与无芒隐子草的关联度，分别为0.442 8和0.532 6。在CG条件下，短花针茅与无芒隐子草的关联度大于无芒隐子草与短花针茅的关联度，分别为0.713 5和0.707 9，表明自由放牧没有改变种对间相互依赖的不对称性，但关联程度明显增大，其种间关系表现更为密切；短花针茅和碱韭之间的相互关联度相等，均为0.547 5，这显示出自由放牧促进了短花针茅和碱韭的亲和性，导致其关联程度增大；无芒隐子草与碱韭的关联度小于碱韭与无芒隐子草的关联度，分别为0.495 4和0.501 9，说明自由放牧使得无芒隐子草与碱韭关联程度增大，而碱韭与无芒隐子草的关联程度减小，所以自由放牧对其相对依赖性的影响存在差别。

表9-3　不同样地范围主要植物种群生态位宽度关联情况

放牧处理	植物种群	植物种群		
		短花针茅	无芒隐子草	碱韭
CK	短花针茅	1.000 0	0.646 6	0.515 7
	无芒隐子草	0.556 1	1.000 0	0.442 8
	碱韭	0.515 7	0.536 2	1.000 0
CG	短花针茅	1.000 0	0.713 5	0.547 5
	无芒隐子草	0.707 9	1.000 0	0.495 4
	碱韭	0.547 5	0.501 9	1.000 0

四、植物种群在不同样带的生态位重叠程度

不同样带上短花针茅植物种群与无芒隐子草和碱韭的生态位重叠情况见图9-4，在CK条件下，短花针茅与无芒隐子草和碱韭的生态位重叠程度随样带的变化趋势与短花针茅植物种群的生态位宽度表现基本一致，而CG处理内短花针茅与无芒隐子草和碱韭的生态位重叠程度随样带的变化不同于短花针茅植物种群生态位宽度变化。这说明在CK条件下，建群种短花针茅植物种群与优势种无芒隐子草和碱韭的生态位重叠情况主要受短花针茅植物种群的资源利用情况决定；当存在放牧家畜干扰，建群种与两优势种的生态位重叠除受短花针茅植物种群的资源利用情况决定外，家畜的选择性采食和践踏等牧食行为也会对其生态位重叠情况产生明显影响。

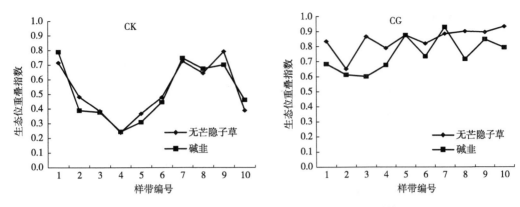

图9-4　短花针茅与无芒隐子草和碱韭的生态位重叠情况

　　结合短花针茅与无芒隐子草和碱韭的关联度（表9-2）可知，其种间相对关联程度影响着其生态位重叠程度，即CK条件下短花针茅与无芒隐子草和碱韭的关联程度接近，其生态位重叠程度也比较接近；CG条件下短花针茅与无芒隐子草的关联度大于其与碱韭的关联度，他们之间的生态位重叠程度表现亦是如此。因此，短花针茅植物种群生态位宽度变化趋势影响着其与优势种生态位重叠变化趋势，关联程度的大小影响着生态位重叠程度。

　　不同样带上无芒隐子草与短花针茅和碱韭的生态位重叠情况见图9-5，在CK处理内，无芒隐子草与短花针茅和碱韭的生态位重叠情况与无芒隐子草生态位宽度变化趋势基本一致，且无芒隐子草与其他两植物种群生态位重叠程度基本相同。在CG处理内，无芒隐子草与短花针茅和碱韭的生态位重叠情况不完全由无芒隐子草生态位宽度决定，放牧家畜的影响使得无芒隐子草与其他两植物种群的生态位重叠情况变得错综复杂。根据关联度分析（表9-2）结果可知，无芒隐子草与其他两植物种群的关联程度影响着其生态位重叠程度。因此无芒隐子草与其他植物种群的生态位重叠变化同样受本身的生态位宽度和他们之间的关联程度影响。

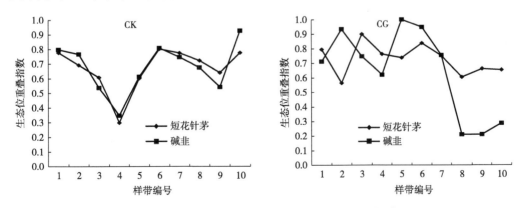

图9-5　无芒隐子草与短花针茅和碱韭的生态位重叠情况

不同样带上碱韭与短花针茅和无芒隐子草之间生态位重叠情况无论是在CK处理区内还是在CG处理区内，其生态位重叠程度情况均比较复杂（图9-6）；且CK处理区内碱韭与短花针茅和无芒隐子草的重叠程度总体上高于CG处理。根据关联度分析结果可知，CK区的碱韭与短花针茅和无芒隐子草的关联度大于CG区，这表明其种间关联程度与生态位重叠程度存在正相关。

综合图9-4至图9-6和表9-2来看，在3个植物种群种对之间的重叠程度存在差异，这种差异首先是由于植物种群占有资源能力不同导致了生态位宽度不同，进而影响其生态位重叠程度发生变化，同时植物种群间的相互关联性差异也对其生态位重叠程度产生影响。

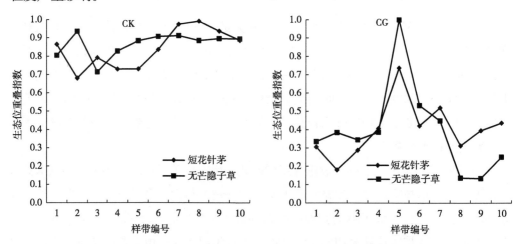

图9-6　碱韭与短花针茅和无芒隐子草的生态位重叠情况

五、植物种群在不同样地范围的生态位重叠程度

在CK处理区内，短花针茅植物种群与无芒隐子草和碱韭的生态位重叠程度随着样地范围的增加呈现先降低后增加并趋于稳定的变化趋势（图9-7）；在CG处理区内，短花针茅与无芒隐子草和碱韭的生态位重叠程度基本维持在某一相对稳定的水平。受放牧家畜的干扰，CG处理内短花针茅与无芒隐子草和碱韭的生态位重叠程度相对CK处理增大，这表明短花针茅可以通过增加与无芒隐子草和碱韭的生态位重叠程度来抵抗家畜牧食行为的干扰，短花针茅与无芒隐子草和碱韭的种间竞争关系减弱，种间的亲和性增强，表9-3中种间关联度分析证实了这一研究结果。

在CK处理区和CG处理区内，短花针茅与无芒隐子草的生态位重叠程度总体上均大于短花针茅与碱韭的生态位重叠程度，说明在短花针茅荒漠草原区，无论放牧与否，短花针茅与碱韭之间的种间竞争强度大于短花针茅与无芒隐子草的种间竞争强度，这与种间关联度分析结果（表9-3）相一致。

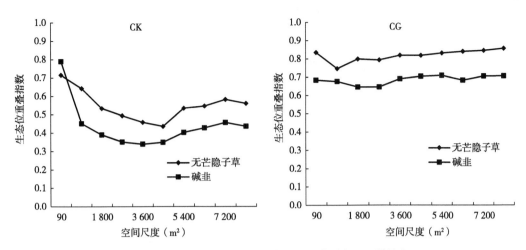

图9-7　短花针茅与无芒隐子草和碱韭的生态位重叠情况

在CK处理区内（图9-8），无芒隐子草与短花针茅和碱韭的生态位重叠程度随样地面积的增大呈现先减小后稳定的变化趋势，在CG处理区内，无芒隐子草与短花针茅之间的生态位重叠程度基本稳定在0.7~0.8，略呈下降的变化趋势，而无芒隐子草与碱韭的生态位重叠程度波动情况比较复杂，这一复杂程度与无芒隐子草生态位宽度变化密不可分。

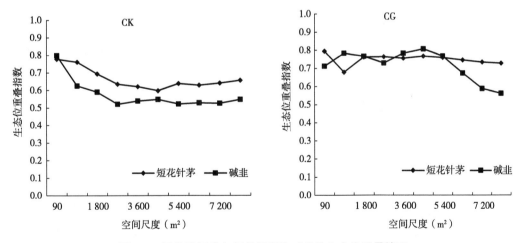

图9-8　无芒隐子草与短花针茅和碱韭的生态位重叠情况

综合表9-3分析结果来看，受放牧家畜影响后，无芒隐子草与短花针茅和碱韭的关联程度增加，生态位重叠程度总体也呈增加的变化趋势，说明无芒隐子草与短花针茅植物种群一样，通过减少与其他植物种群竞争关系并增加与其他植物种群的生态位重叠程度来抵御放牧家畜的干扰。

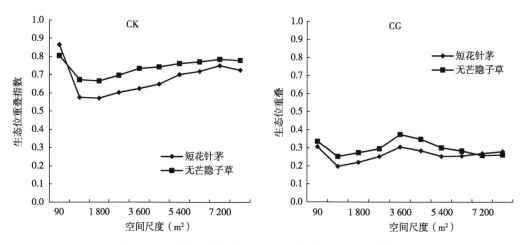

图9-9　碱韭与短花针茅和无芒隐子草的生态位重叠情况

在CK处理区内，碱韭与短花针茅和无芒隐子草之间的生态位重叠程度随着样地面积的增加呈现先减小后增加并逐渐趋于稳定的变化趋势，且碱韭与短花针茅植物种群之间的生态位重叠程度小于碱韭与无芒隐子草的生态位重叠程度（图9-9），说明CK区内碱韭与短花针茅植物种群之间的竞争强度弱于碱韭与无芒隐子草之间的竞争强度；CG区亦是如此。受放牧家畜的影响，碱韭植物种群与其他两植物种群的重叠程度下降，表明放牧导致碱韭与其他两植物种群的种间竞争作用增强，根据生态位宽度可知，竞争结果导致碱韭生态位宽度大幅度下降。

综合图9-7至图9-9和表9-3可以看到，植物种群生态位重叠程度随着样地面积的增大变化规律各不相同，但当样地面积大于等于6 300m²以后，3个植物种群间生态位重叠程度趋于稳定。生态位重叠程度不但与植物种群生态位宽度有关，与种对间种间关联度也存在直接关系。

六、植物种群生态位与种间的潜在联系

植物种群生态位宽度揭示了其对资源的利用能力，表征了其生态适应性和分布幅度，本研究对短花针茅荒漠草原建群种和优势种的生态位宽度进行了分析，结果证实了3个植物种群具有较强的生态适应性，因而其资源利用能力强、生存机会多，分布范围广。植物种群生态宽度在反应种群生态适应性时，除了体现在资源利用能力和分布范围上，还体现在生态位调控能力上，如短花针茅和碱韭植物种群主要依靠大幅度调节生态位宽度来适应放牧干扰，而无芒隐子草主要是维持生态位宽度相对稳定来适应放牧干扰。在资源状态相同的情况，不同植物种群受生物和非生物因素同时影响，生态位宽度可能相同，也可能不同（张金屯，2011），本研究结果（同一样带不同植

物种群生态位宽度）支持这一观点。

　　植物种群生态位变化与其所处空间的资源状态密不可分，且同种间竞争紧密联系在一起（Silvertown，1983；Abrams，1987）。种群间生态位重叠程度较大，种群间的竞争作用比较强烈，反之种群间竞争作用比较小，原因是当空间资源状态有限时，生态位重叠程度大的植物种群因资源限制而发生竞争作用，竞争作用的结果是导致生态位分离，种间生态位重叠程度变小（张金屯，2011）。本研究结果显示，不同植物种群由于本身的植物学特征和生物学特性差异，受家畜放牧影响，种群生态位重叠程度增加，并不是增加种间的竞争作用，而是种群间通过增加生态位重叠程度来保证物种存活和相对稳定的生物量来抵御放牧的影响。因此，单一的从生态位重叠程度大小来判断种间竞争强度需要谨慎考虑，国外越来越多的研究证明，种群间的关系不但存在竞争关系（Silvertown，1983；Abrams，1987），也存在亲和关系，且在一定程度上可以相互转化（Martorell & Freckleton，2014），因此本研究认为放牧导致无芒隐子草和短花针茅与其他植物种群间生态位重叠程度变大，是由于亲和关系增强共同抵御外界环境干扰的一种响应；碱韭与其他两植物种群生态位重叠程度下降是由于放牧干扰导致其亲和作用下降，抵御外界环境干扰的能力下降。

　　种间竞争关系存在不对称性，这已经得到国外研究者的证实（Weiner，1990；Connolly & Wayne，1996；Freckleton & Watkinson，2001）。通过本研究的种群生态位重叠情况可以认为，生态位重叠程度在种对间存在差异，植物种群竞争能力也相应地存在差别；由于生态位重叠程度可解释为种间竞争作用或反映亲和作用大小，因此，生态位重叠反映的种群间亲和关系也存在不对称性，且这种不对称性的表现是由于种群本身占有资源的能力决定的，种对间植物种群占有资源能力存在差异会导致其竞争能力或亲和能力产生不对称性，这一研究结果与希吉日塔娜等（2013）的研究结果相一致，其关系可用图9-10表示。

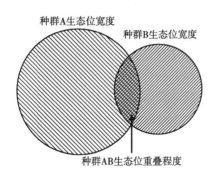

图9-10　植物种群Levins生态位重叠图示

　　注：图中圆形区域面积大小代表植物种群占有资源能力的大小，种群A与种群B的生态位重叠指数等于重叠区域与种群A或种群B生态位宽度的比值

由于生态位与其所处空间的资源状态密不可分，因此，讨论植物群落种群间生态位变化情况，应该考虑空间资源异质性影响，空间取样范围和取样的样点数都应该考虑。所以在研究生态位宽度的时候，应该首先分析种群生态位宽度和重叠程度随取样范围或样点数的变化规律，并在其相对稳定状态分析其变化特点和规律，以便使分析结果能够代表草地植物种群生态位真实情况，而不是局部资源空间的种群生态位表现。同时，由于3个植物种群数量消涨、时空变化及结构的位移均会引起群落的巨大波动（卫智军等，2013），使得短花针茅荒漠草原在不同季节、不同年度受不同干扰因素、干扰强度影响均会表现出不同的群落水平结构。总体上，2012年8月CK处理区植物种群数量碱韭>无芒隐子草>短花针茅，CG处理区反之；受草地土壤养分资源异质性和其他植物群落数量消涨变化影响，3个植物种群水平结构的数量变化存在差异，形成短花针茅荒漠草原特有的群落类型和景观特征。

第二节　放牧处理下短花针茅种群空间分布的多重分形

植物种群空间分布特点对于揭示种群特征和种内、种间关系具有重要意义，是进一步探讨群落特征的基础。植物种群空间分布形式不仅与其本身的生物学特性和植物学特征有关，亦与其种内、种间关系比较密切，同时还受植物种群所处生态系统的环境因素影响，因此，植物种群空间分布是综合因素作用的结果，具有复杂的生态学过程和多样的分形特征。

分形理论作为研究复杂结构和定量表征研究对象的工具，已被广泛应用于土壤、林木及草地植物种群等方面。目前，采用分形理论研究仍然主要停留在单一分形研究中，常用的分形维数为计盒维数、信息维数和关联维数。但研究对象在某一范围的空间分布常常是复杂的，采用单一分形难以完全揭示其空间分布特点和变化规律，因此多重分形甚至联合多重分形被引入到空间分布研究体系中。多重分形引入概率分布函数及其各阶矩探讨空间变量的分布特征，不仅根据函数及其各阶矩计算空间变量计盒维数、信息维数及关联维数等分形维数，同时根据奇异谱揭示空间变量的复杂性和不均匀性规律。

荒漠草原具有脆弱性和过渡性，但其建群种和优势种空间分布研究主要集中在地统计学半方差函数和单一分形方面，如刘红梅、希吉日塔娜和吕世杰等对不同放牧制度下建群种和优势种空间分布进行了研究，吕世杰等从空间分布关系和生态位角度分析了3个植物种群协同空间变化特点。然而，这些研究缺乏基于空间分布角度阐释生态位和种内关系及其在放牧利用条件下的变化规律，引入多重分形理论不仅可以揭示种群空间分布多种分形特征，也可以揭示种群空间分布在放牧条件下的生态学变化过程。

一、取样方法与数据分析

2015年9月初，在每一处理的3个重复区选择一代表性区域，面积100m×100m（即取样尺度），然后每10m选取一1m×1m样方（即每一代表区121个样方，按此大样本取样一次），按照大（基部丛径>10cm）、中（基部丛径5~10cm）、小丛（基部丛径≤5cm）记录建群种短花针茅密度，在Excel中按1中丛=3小丛，1大丛=2中丛折算为小丛数建立短花针茅种群株丛密度（丛/m²）数据集（每个代表区363个数据，总数据量为1 089个）。

（1）采用箱式图探讨各植物种群空间分布的集中性和离散性，继而分析其复杂性；箱式图利用的统计参数有中位数、上四分位数、下四分位数、最小值和最大值。

（2）采用多重分形分析

多重分形是描述几何形体、某种质量或测度在不规则的分形空间之上质量分布的定量化工具。采用连续的多重分形谱描述不同尺度不同层次复杂分形结构的特征，为探讨短花针茅在不同放牧强度下密度空间分布特征，首先根据多重分形分析的需要建立密度空间分布的概率测度，概率计算见式（9-6）。

$$p_i(\varepsilon) = \frac{M_i}{\sum\limits_{i=1}^{n} M_i} \tag{9-6}$$

式中，ε代表取样尺度（100m²）；M_i代表取样尺度下第i个样方种群密度；n为取样尺度为100m²的样方数目。

在本研究中，概率质量分布函数采用矩法进行计算，在计算之前根据种群密度的概率分布构造配分函数如式（9-7）。

$$\chi_q(\varepsilon) = \sum_{i=1}^{n} p_i^q(\varepsilon) \tag{9-7}$$

式中，q可取值为$-\infty<q<+\infty$，本研究$-10\leq q\leq10$，配分函数$\chi_q(\varepsilon)$和取样尺度ε之间满足式（9-8）

$$\chi_q(\varepsilon) \propto \varepsilon^{\tau(q)} \tag{9-8}$$

163

式中，$\tau(q)$ 为 q 阶质量指数，对于每一个 q 值对应的质量指数可以通过计算 $\log(\varepsilon)$ 和 $\log[\chi_q(\varepsilon)]$ 之间的拟合曲线的斜率而得到。当 q 远大于1时，配分函数值主要由较大的数值部分（高密度数据）决定；当 q 远小于1时，较小值数据（低密度）对于配分函数的贡献率较大。种群密度奇异性指数由 $\tau(q)$ 曲线的Legendre变换来决定，见式（9-9）。

$$\alpha(q) = \mathrm{d}\tau(q)/\mathrm{d}q \qquad (9\text{-}9)$$

若研究区域中具有奇异性指数为 α 的单元个数为 N_α，N_α 与取样尺度 ε 之间具有幂函数关系 $N_\alpha = \varepsilon^{-f(\alpha)}$，分形维数 $f(\alpha)$ 为具有奇异性指数 α 的分形子集，见式（9-10）。

$$f[\alpha(q)] = q\alpha(q) - \tau(q) \qquad (9\text{-}10)$$

二、短花针茅种群变异分析

建群种短花针茅和优势种碱韭、无芒隐子草是荒漠草原的主要植物种群，其地上现存量占群落现存量的比例可达到80%以上，3个植物种群数量消涨、时空变化及结构的位移，构成了短花针茅+碱韭+无芒隐子草的群落类型。随着放牧强度的增加，短花针茅荒漠草原群落空间异质性有增加的变化趋势，但短花针茅植物种群的空间分布具有特异性。本研究结果显示，建群种短花针茅植物种群空间分布对放牧强度的响应具有特异性，受放牧家畜采食、排泄以及践踏的影响，不同放牧强度导致群落表现出的种群结构和比例均会发生明显变化，从而会导致种群内的个体关系及其自身的生态位发生变化。

箱式图（图9-11）左、右侧箱线代表其密度数据的分散程度，由图9-11可知，建群种短花针茅在不同放牧强度下，CK和HG处理的短花针茅密度变动范围相等，中度放牧的MG处理短花针茅密度较前两者具有较大的变动范围，说明中度放牧会导致短花针茅植物种群密度具有较大的变动空间；同时由于左侧箱线左端相等，说明MG处理短花针茅植物种群密度空间分布具有较大的分布区（右侧箱线右端代表最大值）。从箱体（中间矩形区域）可以看到，随着放牧强度的增加，箱式图的箱体在逐渐增大，表明放牧压增大导致短花针茅植物种群密度的集中程度在降低，这一集中程度降低主要反映其密度值落在上下四分位数（箱体左侧边缘代表下四分位数，右侧边缘代表上四分位数）之间的变化范围在增大，意味着家畜的选择性采食和践踏强度增加导致种群空间分布均匀程度增加。箱体中间的竖线代表中位数，结合箱体和中位数可以看到，短花针茅密度空间分布主要以小密度分布区为主，但随着放牧强度增加，短花针茅密度空间分布小密度分布区趋于高密度分布。

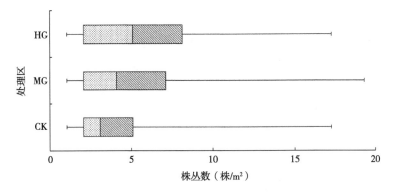

图9-11　不同放牧强度下短花针茅的箱式

三、取样尺度下短花针茅种群多重分形特征判断

以取样空间尺度，分别对不同放牧制度下的短花针茅荒漠草原建群种计算取样尺度与其密度配分函数的双对数曲线关系，即ε和$\chi_q(\varepsilon)$的$\log(\varepsilon)$-$\log[\chi_q(\varepsilon)]$关系，如图9-12所示。短花针茅在不同放牧强度下，其$\log(\varepsilon)$-$\log[\chi_q(\varepsilon)]$关系均呈现随着统计阶距$q$的增大表现比较一致的变化规律，即在$-10 \leqslant q \leqslant 0$的范围内，双对数曲线逐渐趋于直线，决定系数逐渐趋于1，在$0 < q \leqslant 10$的范围内，双对数曲线逐渐趋于偏离直线的变化趋势，决定系数逐渐小于1。采用直线进行拟合，其拟合率均大于85%，经统计学显著性检验均达到极显著水平（$P < 0.01$）。由此可见，短花针茅植物种群空间分布均存在多重分形特征，可采用多重分形探讨其空间分布特点。

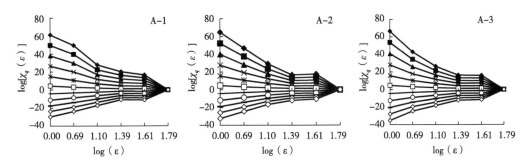

图9-12　不同放牧强度下取样尺度与短花针茅密度的$\log(\varepsilon)$-$\log[\chi_q(\varepsilon)]$关系

注：图中代表短花针茅植物种群，1～3分别代表CK、MG和HG；图中各折线由上到下分别代表q=-10，-8，-6，……，10时配分函数值连线

四、各植物种群的广义维数谱分析

为进一步探讨短花针茅植物种群空间分布的多重分形特点，在取样尺度下计算短

花针茅在不同放牧强度下的广义多重维数谱q-D_q，结果见图9-13。短花针茅植物种群广义多重维数谱基本按照放牧强度增加的顺序呈上移的变化趋势，且在$-10 \leqslant q \leqslant 10$的范围内呈现分散—集中—分散的变化规律。根据多重分形的概率测度$p_i(\varepsilon) \in [0,1]$，$1 < D_1 < 2$，其中$D_1$越接近1，说明变量空间分布在取样尺度的某个分布区域存在较为集中分布的区域；D_1越接近2，说明变量空间分布在取样尺度内越趋于均匀分布。短花针茅在取样尺度内，其D_1值在CK、MG和HG处理区分别为1.765 7、1.829 6和1.886 0。因此短花针茅受不同放牧强度的影响，其空间分布趋于均匀化分布，这一结果与箱式图分析结果一致，表明放牧使建群种短花针茅空间分布的复杂性降低，均匀性增加。

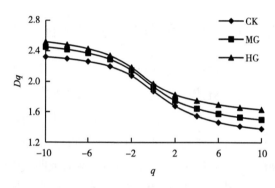

图9-13　短花针茅在不同放牧强度下的广义维数谱曲线

广义维数谱中，当q分别等于0、1和2时，其对应的3个分形维数分别为计盒维数、信息维数和关联维数，由表9-4可以看到，同一植物种群不同放牧强度下，计盒维数、信息维数和关联维数尽管存在差别，但3个分形维数在放牧强度下的变化规律是一致的。根据计盒维数和信息维数计算得到的比值显示，短花针茅植物种群随放牧强度的增大其比值也在增大，由于D_1/D_0趋近于1，说明放牧强度增加会导致短花针茅空间分布趋向于密集区。这种倾向性，反映了植物种群内部个体的协同作用强弱，当种群分布密集区斑块较大，或者单位面积内的个体数目较多，能够抵御家畜采食和践踏的干扰，相反，在放牧过程中家畜牧食行为将导致其相关株丛消失或弱化。

表9-4　短花针茅在不同放牧强度下的分形维数和多重分形度

植物种群	处理	D_0	D_1	D_2	D_1/D_0
	CK	1.871 9	1.765 7	1.676 5	0.943 3
短花针茅	MG	1.932 8	1.829 6	1.748 5	0.946 6
	HG	1.971 5	1.886 0	1.826 0	0.956 6

五、短花针茅种群的多重分形奇异谱分析

根据$\alpha(q)$和$f[\alpha(q)]$绘制的多重分形奇异谱曲线，能够进一步刻画植物种群密度空间分布特点（图9-14）。短花针茅多重分形谱曲线$f[\alpha(q)]$呈现右钩状，在$-10 \leqslant q \leqslant 10$范围内，其表征的是短花针茅空间分布密度较小的样点占主导地位，其空间变异性更多的依赖于空间分布密度较小的样点；随着放牧强度的增加，其空间分布的多重分形谱分布范围变窄，说明短花针茅植物种群密度空间分布的变异性减弱。这一变化过程显示，在不放牧时，短花针茅空间分布主要以单个株丛散落分布为主，伴随母株和土壤资源影响形成集中分布区域或斑块，当放压增大时，散落的小株丛或小的群体消失，短花针茅表现出的空间分布呈现高密度分布区占主导地位的分布形式。

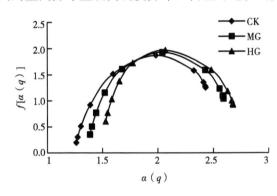

图9-14　短花针茅在不同放牧强度下的多重分形奇异谱曲线

根据奇异性指数$\alpha(q)$和多重分形谱$f[\alpha(q)]$可计算$\Delta\alpha$和Δf，多重分形谱宽$\Delta\alpha = \alpha_{\max} - \alpha_{\min}$可知（表9-5），短花针茅植物种群$\Delta\alpha$表现为MG>CK>HG，由此可见放牧强度对不同植物种群空间分布的影响存在差异，由于$\Delta\alpha$越大表明其密度空间分布越不均匀，因此短花针茅和碱韭植物种群在中度放牧条件下具有较大的空间分布不均匀性，也就意味着其密度分布的复杂性较大；如果不看CK，在存在放牧影响的条件下，放牧强度增加导致建群种短花针茅密度空间分布趋于均匀化。

表9-5　短花针茅在不同放牧强度下的多重奇异谱参数

处理	$\alpha-f(\alpha)$	短花针茅		
		$\alpha_{\min}$	$\alpha_{\max}$	Δf
CK	$\alpha(q)$	1.262	2.429	1.168
	$f[\alpha(q)]$	0.199	1.252	−1.053
MG	$\alpha(q)$	1.386	2.592	1.206
	$f[\alpha(q)]$	0.353	1.042	−0.688

（续表）

处理	$\alpha-f(\alpha)$	短花针茅		
		$\alpha_{\min}$	$\alpha_{\max}$	Δf
HG	$\alpha(q)$	1.528	2.678	1.150
	$f[\alpha(q)]$	0.604	0.925	−0.321

多重分形谱$\Delta f\left[\Delta f = f(\alpha_{\min}) - f(\alpha_{\max})\right]$短花针茅植物种群CK<MG<HG，呈"右钩"状，密度空间分布变异性主要由密度较小的分布区域引起，Δf随着放牧强度的增加而增大，说明其空间分布变异性密度分布较小区域的主导作用在降低。

箱式图、广义多重维数谱、分形维数配合使用能够深入探讨种群空间分布特点。一般认为，计盒维数D_0>信息维数D_1>关联维数D_2，变量存在空间多重分形特征；当$D_0=D_1=D_2$，变量具有空间自相关或均匀分布特征，因此本研究短花针茅存在明显的多重分形特征。D_1/D_0越接近1，植物种群空间分布越集中于密集区域；越接近于0，植物种群空间分布越集中于稀疏区域；本研究结果D_1/D_0均大于0.9，接近于1，说明短花针茅空间分布集中于密集区。3个分形维数具有不同的理论意义，计盒维数D_0反映植物种群空间占有能力（反映生态位大小），信息维数D_1反映植物种群空间分布的均匀性（反映格局强度），关联维数反映植物种群空间分布的自相关强度（反映种群个体竞争强弱），因此建群种短花针茅随放牧强度的增加，其生态位宽度增加，空间分布均匀性增大，个体间的竞争强度增加。

多重分形分析的前提首先是检验变量是否具有多重分形特征，文中已经采用了$\log(\varepsilon)-\log[\chi_q(\varepsilon)]$关系进行判定。采用$\tau''(1)=\tau(2)-2\tau(1)+\tau(0)$同样能够判定变量是否存在多重分形特征，根据$\tau(q)$和$D(q)$的关系，由于$\tau(0)=-D_0$，$\tau(1)=0$，$\tau(2)=D_2$，因此$\tau''(1)=\tau(2)+\tau(0)=D_2-D_0$，由于$\tau''(1)<0$表征变量具有多重分形特征，$\tau''(1)=0$表征变量为单分形或非分形，这一判定方法与$D_0>D_1>D_2$的判定方法具有相似之处。根据多重分形奇异谱极值，多重分形谱宽度$\Delta\alpha=\alpha_{\max}-\alpha_{\min}$反映整个分形结构研究变量的非均匀程度和受概率测度大的区域影响程度，所以在中度放牧的MG处理区短花针茅植物种群分布的均匀程度较大。多重分形谱形状特征由$\Delta f = f(\alpha_{\min}) - f(\alpha_{\max})$来反映，$\Delta f<0$表征$f[\alpha(q)]$呈右钩状，小概率子集占主导地位；反之成立。由此可见，短花针茅植物种群空间分布主要由低密度分布区决定，且随放牧强度的增加低密度分布区对其空间分布的主导作用在降低，这再一次证明植物种群空间分布因放牧强度不同而存在特异性。

综上所述，首先，放牧强度改变与否，短花针茅植物种群的空间分布多重分形特征均存在。其次，广义维数谱中的计盒维数（D_0）、信息维数（D_1）和关联维数

（D_2）不仅可作为判定植物种群空间多重分形分析能否进行的依据，也可反映植物种群生态位大小、格局复杂程度以及种内个体竞争强度。最后，多重分形可揭示植物种群空间分布的均匀程度及其高低分布区的作用大小。这与张金屯在数量生态学中提到的观点存在偏差，其认为种群空间分布研究采用点格局会更好，点格局方法最大限度地利用了点与点之间的距离信息，能够提供较为全面的空间尺度信息；同时可以分析任意尺度上种群空间格局和种间关系及其最大聚集强度对应的尺度。本研究认为，植物种群空间分布是其与环境影响、放牧强度差异长期适应和选择的结果，具有复杂的生态学过程和特定的群落内部调节机制。多重分形理论可揭示种群空间格局复杂程度、空间分布主导区域、生态位大小、种内个体竞争强度等信息；同时对比点格局可将丛生类种群密度数量化为质量函数，可在一定程度上弱化大小株丛归为坐标点引起的种群密度偏差，同时能够有效地揭示种内关系，可根据统计阶矩变化探讨不同分形维数特点及其代表的理论意义。因此，将多重分形理论引入草地植物种群空间分布研究，可丰富植物种群空间分布研究方法，也为进一步揭示植物种群空间分布特征和变化规律提供理论研究依据。

第三节　放牧对短花针茅及其他优势种空间分布关系的影响

内蒙古锡林郭勒盟苏尼特右旗赛汉塔拉镇哈登胡舒嘎查草原为短花针茅荒漠草原建群种，对群落的结构和群落环境的形成具有明显的控制作用，表现为个体数量多、生物量高、生活能力强，由于该区域荒漠草原只有短花针茅为建群种，因此称为单建群种群落；同时，无芒隐子草和碱韭为优势种，所以此群落也可称之为共优种群落。优势种在群落中也具有控制性影响，其与建群种时空变化及结构的位移会导致建群种和优势种数量特征消长，构成了短花针茅+无芒隐子草+碱韭的群落类型。

多年的研究发现，短花针茅、无芒隐子草和碱韭生物量之和占到群落生物量的80%左右，因此其数量特征差异变化和空间分布特点可以探讨群落时空变化及结构的位移情况。以往对荒漠草原建群种和优势种的研究多集中在高度、盖度、密度和生物量等方面，同时多限于季节动态或年度间变化。种群空间分布研究主要集中在异质性方面，且多为单种群研究；种间关系研究则集中在种对间亲和或竞争强度方面，缺乏空间分布数量消长规律的探讨。因此同时探讨短花针茅、无芒隐子草和碱韭空间分布关系，不仅可从空间异质性方面分析其空间分布特点，还可以从结构性因素和随机性因素揭示其空间分布的决定因子，定性的阐释三者之间空间分布数量消长的表现形式和对应关系。

有鉴于此，本研究采用地统计学分析方法，将优势种无芒隐子草和碱韭空间分布的区域化随机变量定义为有序的坐标变量，并以此为基础分析建群种短花针茅区域化变量受无芒隐子草和碱韭的影响特点和影响程度，探讨三者空间分布规律及其相互关系，明确其存在关系的决定性因素及其生态学过程。

一、取样方法与数据分析

试验始于1999年，共设两个试验处理，围封区（CK，围封禁牧）面积1hm²，自由放牧区（CG）草场面积为438hm²，放牧640只羊，折合549个羊单位，载畜率为1.25只/hm²。在2011年8月，于围封区和自由放牧区内代表性地段选择一代表性样地，样地面积为90m×90m，按机械取样方法进行网格取样，每10m设置1个1m×1m样方（样方间隔9m），样方数为100个，即取样面积为8 100m²，调查每一样方内建群种短花针茅和优势种无芒隐子草、碱韭的株丛数。由于3个植物种群均属丛生植物，调查时按大丛（基部丛径>10cm）、中丛（基部丛径5~10cm）、小丛（基部丛径≤5cm）统计，然后平均将1中丛=3小丛，1大丛=2中丛折算为小丛数记为各植物种群株丛密度。

方差分析及描述性统计分析在SAS9.0中进行；半方差函数、分形维数及克里格插值绘图均在GS+9.0中进行，在半方差函数分析时，将无芒隐子草和碱韭密度进行有序排列作为空间分隔距离，以短花针茅空间分布密度作为区域化变量。

数据预处理：在进行地统计分析时，需要将变量转化为正态分布，因此在对照区（CK）内，无芒隐子草密度经过sqrt（X）开方转化，碱韭经过log（X，2）对数转化，在自由放牧区内无芒隐子草密度经过sqrt（X）开方转化，短花针茅和碱韭经过log（X，2）对数转化。

二、短花针茅及其他优势种空间分布的基本数量特征

短花针茅荒漠草原建群种和优势种的方差分析及描述性统计分析结果见表9-6，首先，自由放牧对建群种短花针茅密度产生显著性影响，由表9-6分析结果可以看到，自由放牧区短花针茅的密度显著大于围封区；自由放牧条件下优势种碱韭的密度显著小于对照区，但无芒隐子草受自由放牧影响不大。表明受自由放牧家畜选择性采食等牧食行为影响，短花针茅密度有显著增加的变化趋势，碱韭密度有显著下降的变化趋势，而对无芒隐子草密度的影响较小。其次，通过极值（最大值、最小值）、标

准偏差、偏差系数、标准误差和极差可以看到，短花针茅植物种群在对照条件下尽管空间分布密度仅为5株/m²，但由于其偏差系数较自由放牧区大，说明短花针茅空间分布均匀程度较低；而相对对照区来看，自由放牧区短花针茅空间分布密度变化范围为0~12株/m²，但其偏差系数为47.70%，小于对照区，说明自由放牧区短花针茅空间分布密度尽管变化范围增大，但其空间分布的均匀程度却在增加。同样，优势种碱韭的空间分布密度尽管在对照区较大，但密度波动范围较自由放牧区小，均匀程度大于自由放牧区；无芒隐子草空间分布密度尽管不存在显著性差异，但其空间分布变异程度对照区大于自由放牧区，且放牧导致的这种差异无芒隐子草大于短花针茅，二者均小于碱韭。

表9-6　建群种及优势种空间分布的基本数量特征

植物种群	处理区	密度（丛/m²）	标准偏差	偏差系数	标准误差	最大值	最小值	极差
短花针茅	CK	2.16b	1.13	52.50	0.11	5.00	0.00	5.00
	CG	5.18a	2.47	47.70	0.25	12.00	0.00	12.00
碱韭	CK	16.41a	7.70	46.96	0.77	42.00	0.00	42.00
	CG	7.96b	9.13	114.70	0.91	56.00	0.00	56.00
无芒隐子草	CK	6.76a	4.54	67.21	0.45	24.00	0.00	24.00
	CG	5.83a	3.14	53.81	0.31	17.00	0.00	17.00

三、短花针茅及其他优势种的空间分布函数关系

将对照区和自由放牧区短花针茅、无芒隐子草及碱韭采用半方差函数分析，结果见表9-7。对照区短花针茅空间分布半方差函数最适模型为线性模型，自由放牧区短花针茅空间分布半方差函数最适模型为指数模型。根据模型特点，线性模型不论无芒隐子草和碱韭密度分隔距离如何，其半方差值为恒定；指数模型空间区域化变量先会随着无芒隐子草和碱韭密度分隔距离增加而增加，最终维持在某一特定水平（图9-15）。

表9-7　建群种与优势种空间分布的半方差函数参数

处理	模型 $r(h)$	块金值 C_0	基台值 C_0+C	结构比 $C/(C_0+C)$	范围参数 a_0	残差平方和 RSS	决定系数 R^2	相关尺度
CK	linear	0.089	0.089	0.000	2.722	6.101×10^{-5}	0.349	2.722
CG	exponential	0.056	0.442	0.873	0.204	3.909×10^{-3}	0.537	0.612

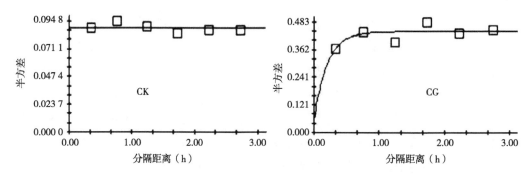

图9-15　建群种与优势种空间分布的半方差函数

在对照区内，短花针茅与无芒隐子草和碱韭的空间分布受随机性因素影响为0.089，自由放牧区内为0.056；单从随机性影响因素大小考虑，对照区内短花针茅空间分布的随机性大于自由放牧区，结合基台值和结构比来看，由块金方差（C_0）和结构方差（C）所决定的最大空间变异对照区小于自由放牧区，对照区短花针茅空间分布完全是随机的，其几乎不受结构性因素影响，而自由放牧区短花针茅空间分布主要受结构性因素影响（结构比为0.873）。

范围参数a_0表示空间变量在空间位置的依赖性，反映了空间变量在某一位置的扩散性，由于本研究为短花针茅密度空间分布与无芒隐子草和碱韭的关系，因此其反映的是短花针茅空间分布密度相对无芒隐子草和碱韭密度的依赖性。对于线性模型范围参数和相关尺度在数值上是相等的，指数模型范围参数为相关尺度的1/3。因此，在对照区内，短花针茅空间分布密度与2.722的范围内的碱韭（实际值为6.60株/m^2）和无芒隐子草（实际值为7.41株/m^2）存在依赖性，而自由放牧区其相关尺度为0.612（接近或小于1株/m^2），所以自由放牧区内短花针茅空间分布失去了对无芒隐子草和碱韭的依赖性。

四、短花针茅及其他优势种的空间分布趋势

将建群种短花针茅、优势种无芒隐子草和碱韭空间分布关系在GS+9.0软件中采用克里格插值绘制成三维立体图，结果见彩图5（其中X代表无芒隐子草，Y代表碱韭，Z代表短花针茅）。从彩图5中可以看到，随着无芒隐子草的增加，短花针茅分布状态呈先增加后减少的变化特点，说明当无芒隐子草处于中等分布密度的情况下，短花针茅分布密度最大；当随着碱韭密度增加的情况下，短花针茅的密度呈现下降的变化趋势。将建群种和优势种3个植物种群空间分布密度同时分析，可以看到，短花针茅空间分布密度最大值主要集中在无芒隐子草中密度水平而碱韭处于低密度情况下，最小值集中在无芒隐子草中密度水平而碱韭处于高密度情况，由此可见，短花针茅在

对照区内，其空间分布密度受碱韭的影响大于无芒隐子草，无芒隐子草和碱韭共同作用决定短花针茅空间分布特点，三者之间的相互消长关系决定了短花针茅荒漠草原植物群落的外貌特征。

在自由放牧区内，随着无芒隐子草密度的增加，短花针茅空间分布密度也在增加；随着碱韭密度的增加，短花针茅空间分布密度在逐渐降低。同样将建群种和优势种3个植物种群空间分布密度同时分析可知，短花针茅空间分布密度较大的区域主要集中在碱韭低密度而无芒隐子草处于中密度或高密度区；短花针茅空间分布的低密度区主要集中在碱韭分布的高密度区，与无芒隐子草空间分布密度影响不大；值得注意的是在短花针茅、无芒隐子草和碱韭的中密度区域，短花针茅空间分布形成的斑块化特征明显，且存在低密度、中密度、高密度斑块镶嵌分布形式，表明在此密度分布范围内，其空间分布关系受到放牧家畜选择性采食及游走、践踏等随机性牧食行为影响，空间分布的伴生关系比较复杂。

结合对照区、自由放牧区建群种和优势种空间分布图（彩图5）可以看到，短花针茅植物种群与碱韭植物种群空间分布主要呈此消彼长的变化形式，即短花针茅和碱韭的种间关系主要表现为竞争关系；而短花针茅与无芒隐子草在低密度和中密度范围内，主要表现为亲和关系，二者表现为短花针茅密度大小依赖于无芒隐子草密度的大小；当在中密度和高密度范围内，短花针茅与无芒隐子草主要表现为竞争关系。短花针茅和碱韭的种间关系不管是否存在放牧影响，其竞争关系没有改变，但竞争强度自由放牧区小于对照区（短花针茅和碱韭在自由放牧区内空间分布形成的低分布区小于对照区）；而短花针茅和无芒隐子草受自由放牧的影响，其种间关系主要呈现的是亲和关系，即短花针茅密度大小依赖于无芒隐子草密度的大小。这说明3个问题：一是植物种群种间关系存在密度效应，其所呈现的种间关系与分布密度有关；二是植物种群种间关系在受到外界干扰的情况下，其密度效应可以消失，两个物种可通过双方面（也可能是单方面）促进作用来抵抗干扰的影响（短花针茅和无芒隐子草），竞争关系的植物种间可通过降低竞争强度来抵抗外界环境的干扰（短花针茅和碱韭）；三是植物种间关系因植物种对或干扰条件不同，可以有多种表现形式。

五、地统计学方法分析短花针茅及其他优势种空间分布的意义

自由放牧导致短花针茅空间分布密度大于对照区，主要是由于家畜选择性采食的牧食行为影响，其导致了短花针茅植物种群株丛破碎化，从而使短花针茅密度增大，这一点已经得到很多研究者的认同。碱韭的密度下降主要是家畜的采食影响，本研究结果显示放牧抑制了碱韭植物种群在群落中的竞争强度，基于竞争理论可知，其竞争

强度下降会导致其生态位宽度下降，从而导致其在资源竞争中的竞争能力下降，进一步可能影响其有性繁殖和无性繁殖能力，这需要进一步的深入研究。

短花针茅荒漠草原建群种和优势种之间的空间分布关系受放牧影响与否表现不同，在围封内，短花针茅植物种群与碱韭主要呈现负相关关系，且由于碱韭植物种群密度处于绝对优势（16.4丛/m^2），导致围封区内碱韭植物种群利用资源能力最强，而短花针茅较弱，在相互竞争中短花针茅处于不利地位，这会使群落发生逆向演替；而在自由放牧区内，家畜放牧干扰使得碱韭的绝对优势地位下降，短花针茅植物种群在群落中的地位和作用明显增强，其种间关系发生逆转，有利于短花针茅荒漠草原植物群落稳定并进行正向演替。因此，适当的放牧干扰能够促使草地恢复和保护草原可持续利用。这一研究结果与方楷等（2012）的研究结果一致。对照区内短花针茅空间分布在半方差函数和分形维数结果不一致，半方差函数分析结果显示，其空间分布完全是由随机性因素引起的，结构性因素几乎没有影响；而分形维数显示，其空间分布主要受结构性因素决定，随机因素的影响很小。这主要是因为半方差函数分析需要先选择最适模型模拟，模型与纵轴的截距定义为块金方差，即随机性因素影响程度，且存在空间研究尺度效应；而分形维数首先不存在研究尺度效应，其只是表征空间自相关结构，通过数值大小判断影响因素的决定作用。因此二者在研究决定性因素上存在差异，突出重点不同，半方差函数主要研究不同尺度上的空间结构，分形维数分析的是没有尺度的空间结构。

本研究认为通过克里格插值绘制的建群种和优势种空间分布关系图，可以定性的判断短花针茅分布特点与无芒隐子草或碱韭的空间分布关系，也可以探讨短花针茅植物种群受无芒隐子草和碱韭共同影响的空间分布特点和表现形式。然而尽管采用地统计学方法可同时研究短花针茅对优势种无芒隐子草和碱韭的单变量或双变量空间分布形式，但无法判断无芒隐子草和碱韭之间的空间分布关系，因此采用地统计学方法定性判断3个植物种群空间分布关系，需要至少以其中两个种群分别为区域化变量进行地统计学分析。

第四节 放牧对短花针茅种间、种内关系的影响

在生态学的发展历程中，竞争或负相互作用一直占据着主导地位。可以认为生态学大厦基本就是在"竞争"理论基础上建立起来的，竞争几乎成为生态学理论的代名词。

那么，什么是竞争呢？竞争是指同种或不同种个体因争夺空间、食物等资源而发生的生存斗争或相互妨碍。实际上，在生态学的研究中，竞争可以从不同角度进行分类。通常将竞争分为种内竞争和种间竞争。在同种个体间出现的竞争为种内竞争，其结果是消除了弱的个体而有助于保存物种。在不同物种个体之间进行的竞争为种间竞争，其结果是一个种可能被另一个种取代，或在群落中按不同物种个体竞争力建立的一种动态平衡。种间竞争是竞争理论的主体。一般情况下，在谈及竞争时，若没有特别说明，通常是指种间竞争。而在实际的生态学研究中，大多情况下都会说明种内或是种间竞争在起作用。在研究实践中，竞争的效应一般用出生率、死亡率或净增长率等来表示，这样的表征基于个体特征的平均化。这种平均化忽略了种群个体间的差异以及种群结构。若是相对于种间竞争而论及种内竞争，这样的忽略在一定程度上是合理的甚至是必要的；但如果专门研究种内竞争，个体间的差异和种群结构是不可忽视的。

利用性竞争和干扰性竞争。利用性竞争是指利用同一种有限资源的两个或更多物种之间的相互作用。其中至少有一个物种的获利多于其他物种。因为它先利用了这种资源而使其他生物的资源可利用量减少。在利用性竞争中，竞争者无须见面，甚至彼此看也看不到，每个竞争者都可依据最适寻觅法则来决定是不是利用一种资源和利用多长时间，不管这种资源是不是已经被利用过和它的数量是多少。换句话说，利用性竞争是利用共同有限资源的生物个体之间的妨害作用，这种作用通过资源这个中介得以实现。在利用性竞争中，参与竞争的所有个体都在降低资源的可利用程度，而资源可利用度的下降又将影响所有个体，降低它们的适合度。在竞争过程中，没有个体间直接的行为对抗，主要表现为参与竞争的个体对资源水平的反应。干扰性竞争是指一个个体通过行为上的直接对抗影响另一个个体。这种竞争的实质还是为了资源的利用，故干扰性竞争为一种潜在的资源竞争。由于资源的存在及其数量与空间范围必然联系在一起，结果是一个个体如果能够保住一定的空间范围，就能独享一定数量的资源。这样就可避免因其他个体对资源的共同利用而使之枯竭。干扰性竞争是为了在资源利用中获胜而在进化过程中形成的，是竞争的一种主动形式。这种干扰性竞争可能在种内个体间、亚群体间及不同物种间发生。竞争还可分为竞赛性竞争与抢夺性竞争。这种分类主要是针对种内竞争，以种群的密度依赖调节的模式而定。就利用某特定资源的种群而言，随着密度的增加，种群内每个个体所能分享到的资源量就会减少。当密度增加到一定程度，每个个体获得的资源已不能保证其存活时，死亡就会发生。此时，如果种群内的所有个体都因获得资源不足而死亡，就为"抢夺性竞争"；若种群内只有一部分个体因所得资源不足而死亡，则余下的个体因获得的资源量增加得以存活，且只要总资源量一定，最终存活的个体数目也一定，这类竞争便称为"竞赛性竞争"。

正相互作用是相对竞争或负相互作用而言的。在生态学中，严格界定一个概念非常困难，对正相互作用同样如此。在文献中，不同学者对于正相互作用存在不同的认识，正相互作用是"至少对一方有利而对另一方无害的相互作用"也有讲究而认为坚持"只要对一方有利的"就是正相互作用；正相互作用可以在同一物种内部或者在不同物种之间发生。此外，将正相互作用限定在同一营养级内，排除不同营养级之间可能发生的促进作用；还有，有关直接作用与间接相互作用之分等。实际上正相互作用是一大类相互作用类型的总称。主要有以下几种常见类型：互利共生，又称互惠共生，指两种生物生活在一起，双方都能从中获益的共生现象，如有花植物与花粉传播者之间；偏利共生指两种生物生活在一起，对一方有利，对另一方并无利害关系的共生现象，如附生植物；原始协作与共生类似，双方获利，区别在于原始协作是松散的，一方可以独立生存；护理效应，举例说明，如在干旱半干旱地区，冠层较大的植物能够为幼苗提供一个良好的初始生长环境，保护幼苗免受强光的照射、减少地面蒸发、保持局部土壤水分等从而有利于幼苗的成长。

竞争强调个体或物种之间的相互妨碍，而正相互作用强调个体或者物种之间的"相互帮助"。在自然界中，植物在相互竞争的同时会"相互帮助"吗？事实确实如此。正是由于在胁迫环境条件下的大量试验研究激发了生态学界的浓厚兴趣，使人们意识到在自然界中正相互作用和负相互作用一样，处处存在。也就是说，在植物群落中，正相互作用与负相互作用同时存在，最终的结果取决于二者的相对强度，而这种相对强度又与群落所处的环境条件密切相关。

一、取样方法与数据分析

于2013年8月在各放牧区代表性地段内随机选取20个1m×1m样方，共60个样方，统计各植物种群出现的频度，并对各种群进行频度检验。

（一）种间关联分析

种间关系的定性分析采用种对间关联分析法，并根据列联表（表9-8）计算。

表9-8　两个物种存在与否的2×2列联

		种B		
		出现的样方数	不出现的样方数	
种A	出现的样方数	a	b	a+b
	不出现的样方数	c	d	c+d
		a+c	b+d	a+b+c+d

176

a、b、c、d理论值的计算，见式（9-11）。

$$a'=\frac{(a+b)(a+c)}{N},\ b'=\frac{(a+b)(b+d)}{N},\ c'=\frac{(a+c)(c+d)}{N},\ d'=\frac{(a+d)(c+d)}{N}\quad（9-11）$$

式中，N为样方总数。如果$a>a'$，则两个物种为正关联；若$a<a'$，则两个物种为负关联。

其显著性检验卡方值计算见式（9-12）。

$$\chi^2=\frac{(a-a')^2}{a'}+\frac{(b-b')^2}{b'}+\frac{(c-c')^2}{c'}+\frac{(d-d')^2}{d'}\quad（9-12）$$

根据卡方值判断种对关联的显著性。

（二）群落总体关联性分析

总体关联性分析是指一个群落中所有物种的关系，其计算见式（9-13）。

$$VR=\frac{S_T^2}{\sigma_T^2}\quad（9-13）$$

其中，$\sigma_T^2=\sum_{i=1}^{s}P_i(1-P_i)$，$S_T^2=(\frac{1}{n})\sum_{j=1}^{N}(T_j-t)^2$，$P_i=\frac{n_i}{N}$，

式中，S为调查地区总物种数；N为总样方数；n_i为物种i出现的样方数；P_i为物种出现的频度；T_j为样方j出现的物种总数；t为全部样方中种的平均数；S_T^2为所有样方物种数的方差；σ_T^2为所有物种出现频度的方差；VR为期望值，若$VR>1$，种间总体呈正关联；若$VR=1$，种间总体无关联；若$VR<1$，种间总体呈负相关。

其显著性检验W值计算式见式（9-14）。

$$W=VR\times N\quad（9-14）$$

W服从卡方分布（$df=N-1$）。

（三）种群空间格局

在各放牧处理中，选择地表平坦（避免植物株丛中心投影因地形起伏差异而产生植物着生点位置偏差）、群落外貌均匀且具有代表性的5m×5m的群落片段，分为100个50cm×50cm的小样方（图9-16）。从5m×5m群落片段的左下角第一行开始，去除凋落物和立枯物（去除枯落物的过程需十分仔细，避免对植物造成机械伤害），以便在拍摄的影像上准确地识别植物物种以及准确地给每株植物定位。第一行清除完毕，把数码相机镜头竖直向下架在三脚架横向支撑的云台上，固定好，相机距地面的垂直高度为0.6m，焦平面与地面平行。从第一行左端第一个亚样方开始，把取景

器中心对准亚样方中心（通过对角线找到亚样方中心），让亚样方的4个顶点进入取景器，拍摄下亚样方中的全部植物。第一行拍完，清除第二行的凋落物和立枯物，拍摄第二行，依此类推，拍完5m×5m的群落片段。将拍完的具有一定顺序的100幅50cm×50cm的亚样方数字影像导入计算机。

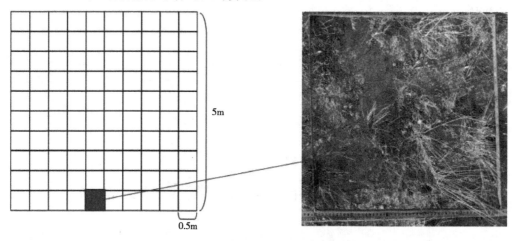

5m

0.5m

图9-16　植物数字影像取样示意

借助地理信息系统软件ArcGIS 10.2，将已经编号的5m×5m群落片段的100幅亚样方数字影像依次导入，经过建立投影坐标系、配准、选取植物等过程，确定每一株短花针茅的相对坐标及株丛基径。

（四）点格局分析

研究采用点格局分析方法来描述荒漠草原不同放牧处理下短花针茅种群空间分布模式，幼龄株丛和成龄株丛的分布模式及二者的关系。首先，使用定量标记模式的标记相关函数（Mark Correlation Functions for Quantitatively Marked Patterns）获取不同大小的短花针茅的空间特征。之后采用成对关联函数（Pair-correlation function）、最近邻距离分布函数（Distribution function of the distances to the nearest neighbour）捕捉植株（仅植株空间坐标）的特征。最后，使用双变量成对关联函数分析短花针茅幼龄株丛（幼龄期、幼苗期）和成龄株丛（成年期、老龄前期、老龄期）二者潜在分布模式的关系。以上分析在Programita（Wiegand & Moloney，2004）中完成。

二、植物种群出现频率

为探讨春季休牧后放牧对处理区内植物种群种间关系的影响，选择各处理区内均存在的15种植物种群进行频率统计，结果如表9-9所示。建群种短花针茅出现的频率在各处理区内的变动范围为66.33%～88.33%，变动幅度为20%。优势种群无芒隐子草在不同处理区出现频率的变动范围为85.00%～96.67%，变动幅度为11.67%。优势种群碱韭在不同处理区出现频率的变动范围为81.67%～98.33%，变动幅度为17.33%，因此变动幅度短花针茅>碱韭>无芒隐子草。从不同处理区之间的频率假设检验来看，春季休牧较对照频率显著增加的植物种群有短花针茅、银灰旋花、黄耆和茵陈蒿；出现频率较对照无显著变化的植物种群有无芒隐子草、蒙古葱、木地肤和栉叶蒿；出现频率较对照显著降低的植物种群有细叶葱和猪毛菜；其他植物种群出现频率因春季休牧后放牧强度不同存在差异。由此可见，不同植物种群对春季休牧后放牧响应不同。

表9-9　植物种群在样方中出现的频率

序号	植物种群	植物种群在调查样方中出现的频率（%）		
		SA1	SA2	CK
1	短花针茅（*Stipa breviflora*）	85.00a	88.33a	66.67b
2	无芒隐子草（*Cleistogenes songorica*）	96.67a	86.67a	85.00a
3	碱韭（*Cleistogenes songorica*）	98.33a	81.67b	98.33a
4	银灰旋花（*Cleistogenes songorica*）	95.00a	86.67a	66.67b
5	寸草苔（*Carex duriuscula*）	55.00a	15.00b	36.67a
6	黄耆（*Astragalus membranaceus*）	75.00a	55.00b	15.00c
7	狭叶锦鸡儿（*Caragana stenophylla*）	61.67a	26.67b	51.67a
8	蒙古葱（*Allium mongolicum*）	15.00a	15.00a	11.67a
9	野韭（*Allium tuberosum*）	33.33a	15.00b	13.33b
10	木地肤（*Kochia prostrata*）	21.67a	38.33a	35.00a
11	细叶葱（*Allium tenuissimum*）	43.33b	38.33b	75.00a
12	栉叶蒿（*Neopallasia pectinata*）	61.67a	63.33a	46.67a
13	猪毛菜（*Salsola collina*）	46.67c	73.33b	98.33a
14	阿尔泰狗娃花（*Heteropappus altaicus*）	33.33a	23.33ab	13.33b
15	茵陈蒿（*Artemisia capillaris*）	93.33a	85.00a	11.67b

注：表中相同小写字母表示不同放牧处理间无显著性差异

三、种间关联性

对以上15种植物种群进行种间关联计算，绘制种间关联矩阵图（图9-17）。主要植物种群短花针茅、无芒隐子草和碱韭的种间关联表现如下，春季休牧后无论放牧强度如何变化，短花针茅与碱韭均存在一定程度的负关联（$0.05<P\leqslant0.50$）；短花针茅与无芒隐子草只有在CK处理区内存在正关联（$0.01<P\leqslant0.50$），其他试验处理条件下两物种均未表现出种间关联性；无芒隐子草和碱韭的种间关联性比较特殊，正关联（CK）、无关联（SA2）和负关联（SA1）均出现，表明不同放牧方式间无芒隐子草和碱韭的种间关联性可以转化。

综合来看，3个主要植物种群种间关联性整体表现如下，建群种短花针茅与优势种无芒隐子草受放牧干扰后，种间关联性消失；建群种短花针茅与优势种碱韭受放牧影响呈现出弱的负关联，优势种无芒隐子草与优势种碱韭种间关联性受放牧影响可在竞争与亲和作用间进行转化。相对CK而言，SA1处理区种间关联性无变化的种对有39对，关联性消失的种对有31对，在竞争与亲和作用间转化的种对有13对，关联性发生增强或弱化的种对有22对；SA2处理区种间关联性无变化的种对有40对，关联性消失的种对有30对，在竞争与亲和作用间转化的种对有11对，关联性发生增强或弱化的种对有24对，但SA1和SA2处理区种对种间关联的响应并不完全一致。由此可见，种间关联性的变化因植物种对和放牧利用方式表现复杂。

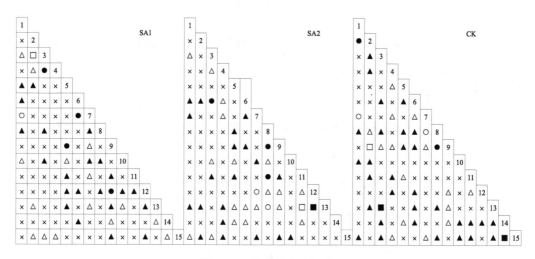

图9-17 种间关联半矩阵

注："■"表示极显著正关联，$P\leqslant0.01$；"●"表示显著正关联，$0.01<P\leqslant0.05$；"▲"表示存在正关联，$0.05<P\leqslant0.50$；"□"表示极显著负关联，$P\leqslant0.01$；"○"表示显著负关联，$0.01<P\leqslant0.05$；"△"表示存在负关联，$0.05<P\leqslant0.50$

　　将种间关联的种对数进行汇总（表9-10）。达到显著水平（$P \leq 0.05$）的正关联种对数在SA1、SA2和CK处理区内分别为4对、4对和4对，如果将显著水平放大到$P \leq 0.50$，则各处理区内正关联种对数分别为26对、24对和35对，这一结果表明，经春季休牧后，无论放牧强度如何变化，均会使种对间正关联的种对数减少，且SA2处理较SA1处理正关联种对数下降幅度大。

　　在SA1、SA2及CK试验处理区内，达到显著水平（$P \leq 0.05$）的负关联种对数分别为2对，3对和3对，如果将显著水平同样放大到$P \leq 0.50$，则各处理区内负关联种对数分别为17对、22对和18对，由此可知，SA2处理会导致负关联种对数明显增多。

　　SA1，SA2和CK处理区内无关联种对数分别为62对，59对和52对。结合正关联和负关联种对数可以看出，SA1处理方式无关联种对数最多，SA2处理方式负关联种对数最多，CK处理方式正关联种对数最多，这说明春季休牧以后，无论放牧强度如何变化，均会导致群落物种正关联种对数减少，由于正关联代表亲和性（负关联代表竞争性），且正关联种对数SA2<SA1（负关联种对数SA2>SA1），说明SA2较SA1更能够导致植物种群种间竞争激烈。

表9-10　种间关联种对数

处理区	正关联			负关联			无关联
	$P \leq 0.01$	$0.01 < P \leq 0.05$	$0.05 < P \leq 0.50$	$P \leq 0.01$	$0.01 < P \leq 0.05$	$0.05 < P \leq 0.50$	$P > 0.50$
SA1	0	4	22	1	1	15	62
SA2	1	3	20	1	2	19	59
CK	2	2	31	1	2	15	52

　　根据植物种群数据计算物种数方差、频度方差和总体联结指数（表9-11）。SA1和SA2处理区呈显著正关联性，表明春季休牧使植物群落总体呈正关联；CK处理总体关联性指数为0.89，物种总体呈负关联。这说明春季休牧后，无论放牧强度如何变化，群落物种总体关联性都会增强，即种间亲和作用会增加；其次，SA2处理区群落总体关联指数略大于SA1，但未达到显著性水平，说明SA2处理下更加需要群落种群通过协同作用来抵御其放牧的干扰。

　　关于荒漠草原种间关系的研究，有以下几个观点：第一，荒漠草原植物种群旱生化明显，种间关联性较弱，群落稳定性较低且处于演替的过程之中；第二，荒漠草原植物种群在低放牧强度和划区轮牧条件下，种间关系相对稳定；第三，植物种群种间关系存在不对称性，种间关系会因外界干扰不同产生不同响应程度和响应结果。本研究结果显示，无论放牧方式如何，物种间关联呈显著相关的种对数较少，因此印证了荒漠草原种间关联性较弱这一观点，其与李潮和锡林塔娜研究结果一致。植物群落物种总体关联性在SA1和SA2区表现显著，而CK处理区内不显著，且呈现弱的负关联，说明春季休牧可维持种间关系相对稳定，这与前人的研究结果一致。种间关系存在不对称性，不仅与分析方法有关，也与植物种群本身的生物学特性和资源竞争能力有关，但这不是本研究关注的重点。

表9-11　植物种群总体关联性

处理区	总体参数		总体关联性 VR
	物种数方差 S_T^2	频度方差 σ_T^2	
SA1	3.49	2.62	1.33*
SA2	3.97	2.74	1.45*
CK	1.94	2.17	0.89

注：*代表$P<0.05$

3个主要植物种群种间关系受放牧影响，其种间关联存在多种变化形式，这与吕世杰等的研究结果一致，他认为植物种群种间关系首先存在密度效应，在受到外界干扰的情况下，密度效应可能消失；因植物种对或干扰条件不同，植物种间关系可以有多种表现形式。本研究采用种群频度分析种间关联度，尽管不能查验密度效应，但同样得出植物种间关系可以有多种表现形式这一结论。根据春季休牧可维持种间关系相对稳定这一结论，结合本研究结果可以得出，休牧后的放牧强度、利用方式等也会导致群落物种关联种对数、群落物种总体联结性发生变化，因此单纯从春季休牧与否判定种间关系是否稳定应该慎重。

对植物种对间的关联性进行研究，得到CK处理区植物种群间主要以弱的正关联为主，春季休牧后SA1放牧方式下无关联种对数较多，SA2放牧方式下负关联种对数较多。然而，植物种群总体关联性却在CK处理区表现出弱的负关联（总体关联指数小于1），即种间总体上呈竞争关系，但SA1和SA2种群间总体上呈显著的正关联（$P<0.05$），即种群总体上呈亲和关系，且在数值上SA2大于SA1。主要原因是，不存在放牧干扰时，群落内植物种群生长限制主要来自资源限制，无放牧干扰会使植物群落种群因占有资源能力不同产生竞争作用，群落种群总体显现竞争作用。春季休牧后，当存在放牧干扰时，家畜的选择性采食、践踏、游走等牧食行为成为限制植物种群生长的关键因素，资源的限制作用降低，植物种群为维持其在群落中的地位和作用，在长期的进化过程中形成了相互协同促进作用来抵御放牧干扰，使得群落种群总

体上呈正的关联性，即亲和关系得以体现，这与吕世杰等的研究结果一致。尽管如此，SA2处理区群落物种表现出更高的亲和关系和更多的种对竞争关系，仍然对草地可持续利用是不利的，原因是首先植物种群会消耗更多的能量来维持这种特殊的种间关系，其次秋季重牧将会导致部分植物种群有性繁殖能力消失，所以单纯的春季休牧不是保护草地可持续利用的有效方法；制定休牧后的合适的放牧方式，才是制定草地可持续利用方案的优选途径。

四、种群格局

借助地理信息系统软件ArcGIS 10.2，不仅得到了每一株短花针茅的相对坐标，同时亦确定了其株丛基径，如图9-18所示，借助气泡图可生动的描述不同大小个体的短花针茅相对空间分布位点。在5m×5m的样方内，重度放牧处理获得了462株短花针茅，适度放牧处理测得612株短花针茅，不放牧处理测得775株短花针茅。

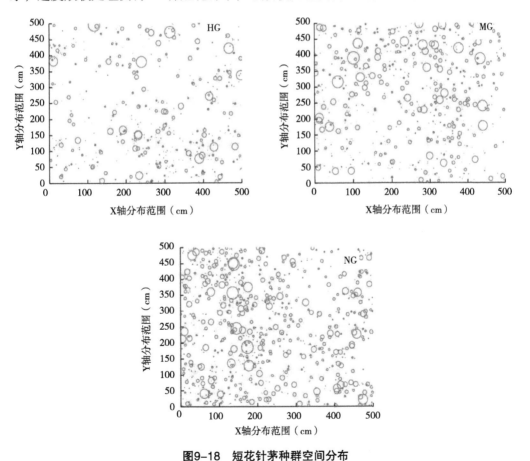

图9-18　短花针茅种群空间分布

在5m×5m的取样范围样方，如图9-19可知，各放牧处理短花针茅种群空间格局在个别尺度范围内偏离95%的置信区间，其余均处于95%的置信区间之内，说明定量标记模式的标记相关函数能够很好地匹配短花针茅种群，即采用点格局分析方法能够较好地匹配短花针茅种群的空间分布。

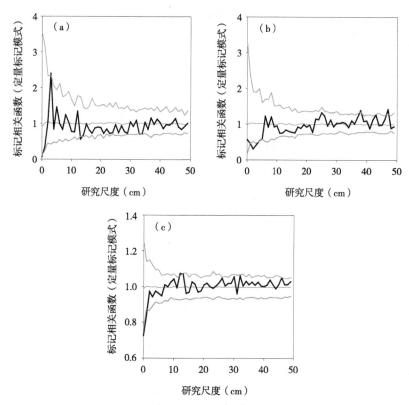

图9-19 重度放牧（a）、适度放牧（b）、不放牧（c）
处理下短花针茅种群（定量标记模式）空间分布

注：粗体黑色实线表示实测值，黑色实线表示期望值，灰色实线表示置信区间

为了进一步分析短花针茅种群的空间格局，抽取了各放牧处理短花针茅空间的相对坐标（图9-20），选取的零模型为完全随机分布，采用成对关联函数与最近邻距离分布函数对短花针茅的相对空间位置进行分析。成对关联函数结果显示，重度放牧处理在小尺度范围内为随机分布，随尺度增加过渡为集群分布；而适度放牧处理在小尺度范围内为集群分布，随尺度增加过渡为主要表现为随机分布，在46～47cm表现出微弱的均匀分布；不放牧处理下短花针茅在小尺度范围内为随机分布，随尺度增加，短花针茅种群空间格局表现为随机分布与集群分布波动，但最后表现为随机分布。值得一提的是，最近邻距离分布函数结果基本支持上述结果，且重度放牧处理下，尺度为3～18cm表现为强烈的集群分布。

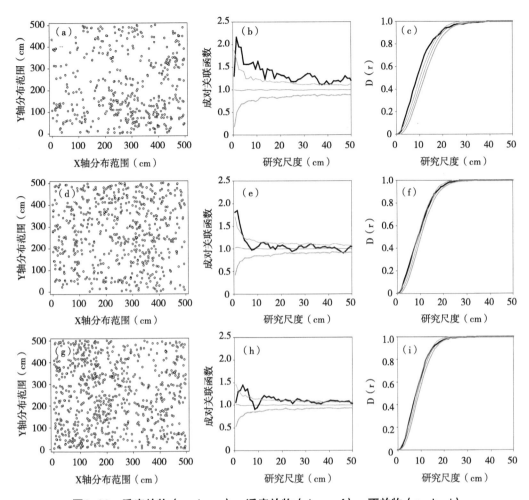

图9-20　重度放牧（a、b、c）、适度放牧（d、e、f）、不放牧（g、h、i）处理下短花针茅种群空间分布

注：粗体黑色实线表示实测值，黑色实线表示期望值，灰色实线表示置信区间

根据短花针茅个体大小，将其分为幼年株丛（包括幼苗期、幼龄期，短花针茅个体基径<20mm）与成年株丛（包括成熟期、老龄前期、老龄期，短花针茅个体基径≥20mm）（图9-21a、d、g）。在5m×5m的样方内，重度放牧处理获得幼年短花针茅378株，成年短花针茅117株；适度放牧处理测得幼年短花针茅345株，成年短花针茅234株；不放牧处理测得幼年短花针茅459株，成年短花针茅316株。

基于完全随机分布的零模型，成对关联函数结果显示，幼年株丛在重度放牧处理下小尺度范围内为随机分布，随尺度增加，其格局表现为随机分布与集群分布波动，但最终表现为集群分布，而成年短花针茅基本均为随机分布（图9-21b、c）。适度放牧处理短花针茅幼年株丛聚集尺度为1~4cm，尺度大于4cm基本为随机分布；成年短

185

花针茅基本均为随机分布（图9-21e、f）。重度放牧处理短花针茅幼年株丛聚集尺度为1～7cm，随尺度增加，其格局表现为随机分布与集群分布波动，但最终表现为随机分布；成年短花针茅基本为随机分布（图9-21h、i）。

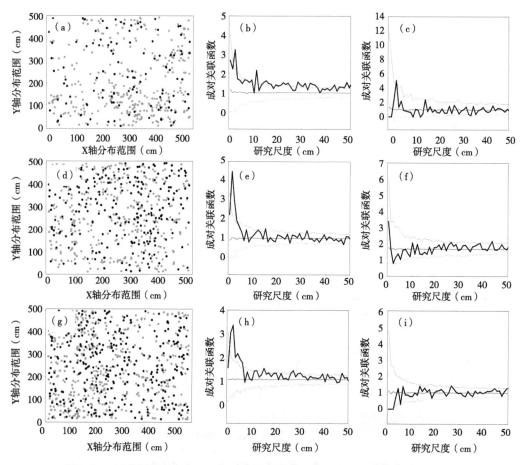

图9-21　重度放牧（a、b、c）、适度放牧（d、e、f）、不放牧（g、h、i）处理下短花针茅幼年株丛与成龄株丛空间分布

注：灰色圆点代表幼年株丛，黑色圆点代表成龄株丛。粗体黑色实线表示实测值，黑色实线表示期望值，灰色实线表示置信区间

基于完全空间随机零模型的双变量成对关联函数分析结果表明（图9-22），重度放牧处理下，幼年株丛与成年株丛两个阶段个体在9～12cm、15～16cm、19～20cm、30～31cm、48～49cm表现为空间正关联，其余尺度无关联；适度放牧处理下幼年株丛与成年株丛在19～20cm表现为空间正关联，其余尺度无关联；不放牧处理在40～41cm、46～47cm表现为空间正关联，其余尺度无关联。

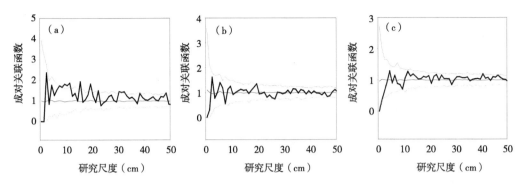

图9-22　重度放牧（a）、适度放牧（b）、不放牧（c）处理下短花针茅幼年株丛与成龄株丛关系

注：粗体黑色实线表示实测值，黑色实线表示期望值，灰色实线表示置信区间

五、短花针茅种群聚集性分布的生态意义

研究发现，生长条件理想的环境中，即亲代与子代处于相同的有利环境中，物种的扩散有助于种群发展，免受彼此间激烈的种内竞争（Cousens et al., 2008）；而在资源总体有限的干旱地区（Xu et al., 2012；Yin et al., 2010；Rong et al., 2016），未生长植物的裸地往往土壤养分较低，不利于植物的生长，此时，植物种群发挥作用的基本生态学单位为斑块，斑块特征很大程度决定了种群的现状及演替方向。研究发现，仅重度放牧处理中，短花针茅种群基本表现为集群分布。这说明在短花针茅种群在重度放牧干扰下，种群发展已出现退化的演替趋势，短花针茅不得不采取小规模聚集的策略来适应恶劣的生境。这是因为植物能够以种群的形式通过空间分布上的复杂性来提高家畜的采食成本，进而起到防御动物采食的功效（Huang et al., 2012）。进一步研究发现，各放牧处理成年的短花针茅株丛均为随机分布，适度放牧处理与重度放牧处理幼年株丛在小尺度范围内为集群分布，随尺度增大表现为随机分布（图9-22）。这说明了在适度放牧与重度放牧处理，年幼的短花针茅在小尺度范围内聚集会引发强烈的种内竞争，进而导致自疏现象的发生，亦在一定程度证明了荒漠草原地区资源总体有限这一理论。

幼年短花针茅株丛与成年株丛空间关联结果认为，重度放牧处理在不同尺度下均出现幼年短花针茅株丛与成年株丛空间正关联（图9-23）。这可能由以下几个原因共同导致：一是种子角度，结合表8-2和图7-13结果发现每个以短花针茅株丛为植物源基础的植物源土丘上聚集种子数均大于100，这保证了幼年短花针茅株丛与成年株丛能够形成空间正关联的种源基础。二是土壤角度，图7-16结果显示，以短花针茅株丛为植物源基础的植物源土丘土壤养分均高于裸地土壤养分，说明在重度放牧处理中，植物源土丘能够为幼年短花针茅生长提供良好的物质基础。三是植物角度，表4-2短花针茅叶干重结果显示，相比不放牧处理和适度放牧处理，重度放牧处理幼苗期叶干重与幼龄期叶干重无显著性差异，而差异主要由成年期和老龄前期叶干重影响，这说明年长的植物会通过牺牲部分自己的方式来保护年幼个体，来保证种群相对稳定的更新，一定程度的验证了植物会诱导动物降低对幼嫩个体的倾向性取食这一假说（Gómez et al.，2008）。四是家畜角度，重度放牧处理家畜偏食性指数结果显示（图9-23），老龄期家畜偏食性指数高于其他年龄，这暗示了幼年短花针茅与成年短花针茅呈聚集分布可有效地规避家畜对幼年植株的采食；同时结合各年龄短花针茅的相对饲用价值，老龄期短花针茅相对饲用价值低于成年期与老龄前期，这更进一步证明了植物会诱导动物降低对幼嫩个体的倾向性取食这一假说，即幼年短花针茅与成年短花针茅呈聚集生长可有效维持个体生长。

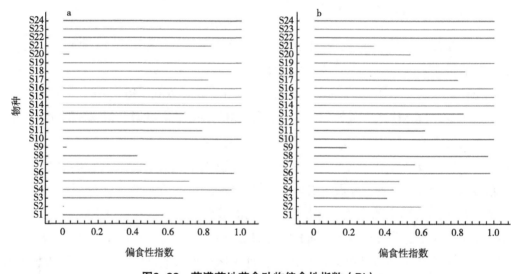

图9-23　荒漠草地草食动物偏食性指数（PI）

注：a. 重度放牧；b. 适度放牧。S1. 短花针茅；S2. 无芒隐子草；S3. 寸草苔；S4. 木地肤；S5. 狭叶锦鸡儿；S6. 戈壁天门冬；S7. 茵陈蒿；S8. 阿尔泰狗娃花；S9. 碱韭；S10. 兔唇花；S11. 银灰旋花；S12. 异叶棘豆；S13. 乳白花黄芪；S14. 叉枝鸦葱；S15. 冷蒿；S16. 蒙古葱；S17. 细叶葱；S18. 细叶韭；S19. 二裂委陵菜；S20. 栉叶蒿；S21. 猪毛菜；S22. 牻牛儿苗；S23. 狗尾草；S24. 画眉草。引自刘文亭等，2016

　　尽管幼年短花针茅与成年短花针茅的集群分布可能是重度放牧处理下短花针茅种群维持的关键，然而这一规律却不适用于适度放牧和不放牧处理。适度放牧与重度放牧仅个别尺度表现出微弱的空间正关联，基本显示为无关联。这是因为放牧通过改变局部植物种的定植与灭绝速率，动态调控植物生存，当局部物种的灭绝速率高于定植速率，引起局部物种的消亡。相比重度放牧处理家畜高频的采食和践踏，显然适度放牧与不放牧处理更有利于物种存活。刘文亭等（2016b）研究表明，短花针茅并非绵阳的偏食性物种，因此，在家畜选择性采食过程中，会根据自己的喜好优先采食异叶棘豆、乳白花黄芪、冷蒿、蒙古葱、细叶葱、细叶韭等物种，这样草地便会出现较为可观的空余生态位，增加了短花针茅的可植入的利用位点，避免了物种群聚引发的强烈的种内竞争。此外，绵羊在采食过程中，会不可避免地为短花针茅的种子进行传播扩散，这会进一步削弱适度放牧短花针茅的集群分布状态。

第十章　短花针茅种群动态

　　放牧是陆地生态系统重要的土地管理方式之一，为人类提供肉类、奶类、皮毛等畜产品，直接关系到全球自然生态系统和人类社会的健康（Millennium Ecosystem Assessment，2005）。但近几十年来，由于人类对自然资源的滥用，尤其是无节制地过度放牧，使植被覆盖度和初级生产力降低，生物多样性减少（Schönbach et al.，2011）。然而，即使在年降水量平均不足200mm、长期过度放牧的荒漠草原，依旧可以发现短花针茅稳定生存且具有相对较高的生物量（Wang et al.，2014）。因此，了解放牧与非生物因素干扰下植物的生态策略是理解物种动态和维持机理至关重要的环节。

第一节　放牧、降水季节分配对短花针茅种群的影响

　　家畜主要通过采食行为直接影响草地植物，植物的生物量很大程度上取决于植物的生长量与家畜采食量的净效应。研究发现，短期放牧并没有显著改变草地优势种生物量在群中所占比例（孙世贤等，2013）。这是因为植物存在补偿性生长假说，草地在家畜采食下降低了上层植物的高度，从而改善了未被采食部分生长条件（如光照、水分、养分等），植被单位面积的光合速率在增强，减缓了植株枯萎，增加植物繁殖的适应性等，从而促使植物生长速度加快。而王忠武等（2014）通过11年野外观测发现，轻度放牧、中度放牧、重度放牧处理前3年的草地生物量均无显著差异，差异主要表现在3年之后。因此，本研究认为，放牧家畜对植物的影响并非一蹴而就，而是一个缓慢的逐渐累积的效应。

　　由于中国北方荒漠草原四季分明、雨热同期、降水量少且不均匀分配的气象条件

（Bai et al.，2007），在植物生长期，降水始终是影响植被生长的重要因素（Bai et al.，2008）。而Bai等（2012）的研究显示降水量这一非生物因素甚至影响草地植物生长的55%～83%。然而，目前的研究大多是将降水量当作其中的一个环境因子来分析，并没有把植物的生长特征当作依据，把不同降水时期引起种群生物量动态变化作为明确的研究内容。因此，推测植物生长期降水量、非生长时期降水量、植物返青期降水量和全年降水量这4个指标可能一定程度会影响植物生物量的积累。

一、放牧和年份对短花针茅种群的影响

生物量作为生态学研究最基础的数量特征，不仅能够表征草地植物种群地上生物量的动态变化，同时还为草地生态系统的物质循环提供基础资料。本研究结果显示放牧处理改变了短花针茅荒漠草原的物种百分比，但短花针茅种群生物量始终占据主导地位（表3-1），这与Wang等（2014）的研究结果相一致。说明荒漠草原植物群落中，优势种保持了其较强的竞争优势。研究认为，群落中优势种占有大量资源，直接或间接的控制着其他物种的存活，拥有绝对的统治地位，对生态系统功能起主导作用（Kraft et al.，2011；Mouillot et al.，2013）。而在放牧条件下，异叶棘豆、冷蒿、二裂委陵菜、牻牛儿苗、画眉草生物量百分比较低（图3-2），这是因为这些物种本身并不能很好地适应放牧干扰（Milchunas et al.，1988；Garibaldi et al.，2007），且在群落中地位较低，物种本身分布较少，加之大都属绵羊偏食性物种，极易受到动物的采食，在轻度放牧下就开始减少甚至灭绝消失（Zheng et al.，2011）。这些均说明了短花针茅种群在群落中是绝对优势种（刘文亭等，2016b）。种群生物量双因素方差分析结果显示（表10-1），放牧处理、年份以及放牧处理与年份的交互作用均会影响短花针茅种群生物量（$P<0.001$）。单因素方差分析显示（表10-2），放牧试验进行前3年，即2010年、2011年、2012年各放牧处理短花针茅种群生物量均无显著性差异（$P>0.001$），放牧试验进行第4年（2013年）开始，放牧影响了短花针茅生物量（$P<0.001$）。具体表现为，不放牧处理短花针茅生物量显著高于重度放牧处理，在2015年与2016年，适度放牧处理种群生物量亦大于重度放牧处理。此外，从表10-2发现，2014年短花针茅生物量是重度放牧处理所有年份中生物量数值最低的年份，而适度放牧和不放牧却是所有年份中数值最高的年份。

表10-1　短花针茅种群生物量双因素方差分析

变异来源	df	F	P
放牧处理	2	36.51	<0.001
年份	6	36.02	<0.001

（续表）

变异来源	df	F	P
放牧处理×年份	12	14.10	<0.001

表10-2　短花针茅种群生物量特征

年份	重度放牧	适度放牧	不放牧
2010	5.28 ± 1.16a	4.68 ± 1.02a	4.11 ± 0.78a
2011	9.63 ± 2.34a	7.06 ± 1.87a	10.37 ± 2.16a
2012	14.26 ± 3.51a	11.14 ± 2.58a	11.05 ± 2.58a
2013	13.32 ± 1.88b	13.46 ± 3.72b	37.59 ± 10.41a
2014	2.73 ± 0.30c	55.71 ± 3.16b	80.33 ± 5.15a
2015	13.71 ± 2.17b	27.52 ± 4.68a	34.45 ± 5.89a
2016	8.13 ± 1.91b	5.58 ± 2.00b	29.64 ± 3.97a

注：不同小写字母表示不同放牧处理存在显著性差异

　　McIntyre和Lavorel（2001）研究认为放牧会减少草地中的多年生禾草，然而，在本研究中，相比不放牧处理，重度放牧处理短花针茅种群生物量显著降低，而适度放牧处理短花针茅种群生物量则出现明显的年际波动性（表10-2）。这说明动物密度是影响草地植物生存的关键性因素（Hartnett & Owensby，2004）。此外，本研究发现，放牧试验进行前3年短花针茅种群生物量均无显著性差异，放牧试验进行第4年始短花针茅生物量出现趋异规律，这与王忠武（2009）于内蒙古自治区乌兰察布市四子王旗荒漠草原长期放牧平台试验得出的结果较为一致，说明草食动物对草地植物的影响效应并非一蹴而就，是"缓慢且循序渐进的"生态过程。这可能是因为植被补偿性生长所致。研究认为，植物被大型草食动物采食后，机体内部机理发生变化，会迫切地从外界同化自身需要的有机物质和营养元素，进而维持自身物质—能量的动态平衡。然而，当植物的补偿性生长速度小于家畜牧食行为时，或植物机体同化作用所需物质不能得到有效补充时，即植物发生欠补偿性生长，那么之前植物—土壤界面、植物—大气之间的物质传递的良性循环便会减缓甚至发生中断，进而导致植物的亚健康生长，草地植物群落退化。这说明了草地生态系统恢复力存在阈值，且放牧强度或放牧周期不宜超出植物能够忍受的阈值。

二、不同时期降水量对短花针茅种群的影响

在干旱和半干旱地区，降水量是草原植物生物量年度波动的主要限制因子（Paruelo & Lauenroth，1996；Winslow et al.，2003；Adler & Levine，2007；Murphy & Bowman，2007）。气象数据显示（表10-3），2012年降水量最高，2014年最低且不到2012年总降水量的1/2。试验期间，年降水量<200mm的年份占总试验年份的42.86%，干旱情况较为严重。之后，通过运用偏最小二乘法构建种群生物量与返青期降水量、植物生长季降水量、非植物生长季降水量、总降水量的回归方程可知（图10-1），在不放牧处理中，植物生长季降水量与总降水量是影响短花针茅种群生物量的重要指标（VIP>1）；而返青期降水量则是非重要指标（VIP<0.5），这一结果同样适用于适度放牧处理。在适度放牧处理中，植物生长季降水量、非植物生长季降水量与总降水量是影响短花针茅种群生物量的重要指标（VIP>1）。在重度放牧处理中，仅返青期降水量为影响短花针茅种群生物量的重要指标（VIP>1）。一般研究认为，年降水量越高，植物的生物量也越高（Sternberg et al.，2000；Anderson et al.，2007），但这一理论与本研究的结果有所偏差，即短花针茅种群生物量波动并不与年降水量的变化相一致。这一结果说明了对于长期处于重度放牧的荒漠草原，如果能够在返青期给予草地适当的水分补给，可能能够有效地缓解草地退化的持续发生；而对于长期处于适度放牧处理的荒漠草原，如果能够在非植物生长季给予草地适当的水分补给，可能能够保持荒漠草地的可持续利用。

表10-3 荒漠草原不同时期降水量

年份	非植物生长季降水量（mm）	返青期降水量（mm）	植物生长季降水量（mm）	总降水量（mm）
2010	37.20	32.60	261.50	331.30
2011	19.90	18.20	122.40	160.50
2012	44.20	18.70	285.10	348.00
2013	14.20	1.20	214.80	230.20
2014	20.20	18.90	114.80	153.90
2015	48.60	7.80	203.40	259.80
2016	15.60	13.40	179.00	208.00
平均值	28.56	15.83	197.29	241.67

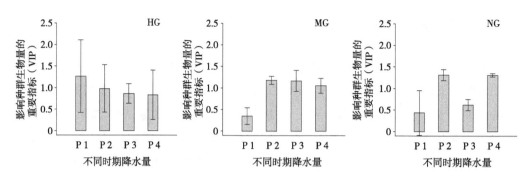

图10-1 重度放牧（HG）、适度放牧（MG）、不放牧（NG）
处理短花针茅种群生物量投影重要性指标

注：P1.返青期降水量；P2.植物生长季降水量；P3.非植物生长季降水量；P4.总降水量

三、早期短花针茅生物量对短花针茅种群的影响

为了进一步解析不同年份短花针茅种群生物量的关系，及较早年份短花针茅种群状态对后续年份短花针茅种群的影响，本研究采用如图10-2所示模型进行分析。路径分析结果认为，较早年份短花针茅种群状态会影响后续年份短花针茅种群生长，但放牧处理会减弱该作用。具体而言，2012年短花针茅种群生物量在不放牧处理中会显著影响2014年、2015年、2016年短花针茅种群生物量（$P<0.01$），而适度放牧则显著影响2015年、2016年短花针茅种群生物量（$P<0.01$），重度放牧则对2014年、2015年、2016年短花针茅种群生物量无显著性影响。除此之外，重度放牧会缩短较早年份短花针茅种群影响后续年份短花针茅种群的时间跨度。在适度放牧与不放牧处理中，2016年短花针茅种群最早都受2010年短花针茅种群影响（$P<0.01$），而重度放牧处理中仅受前2年的影响（2014年、2015年），时间缩短4年。该结果表明放牧削弱了较早年份短花针茅种群状态影响后续年份短花针茅种群生长的作用（图10-2），而这可能主要由短花针茅种群的更新过程引起（幼苗和营养枝）。在四季分明的内蒙古荒漠草原，多年生草本植物地上枝条通常只能存活一个生长季，而地下器官则可存活多年（Li et al.，2012b）。研究发现，在北美高草草原，80%以上的地上植物组织来源于地下植物营养器官，这些地下营养器官（芽库）在植物种群延续、生存方面起到决定性作用（Hartnett et al.，2006）。然而，长期放牧会显著减少植物地下组织，并使其呈现浅层化分布的规律，长此以往，必将削弱短花针茅种群地上生物量年际间的潜在关系。此外，放牧降低了单位面积短花针茅产种数和土壤种子库，还减小了每个种子的重量，这显然会削弱种群幼苗的有效更新，致使降水量充足的年份（或降水时期）亦

不能得到有效长久的恢复，进一步减弱了较早年份短花针茅种群与后续年份短花针茅种群的作用。

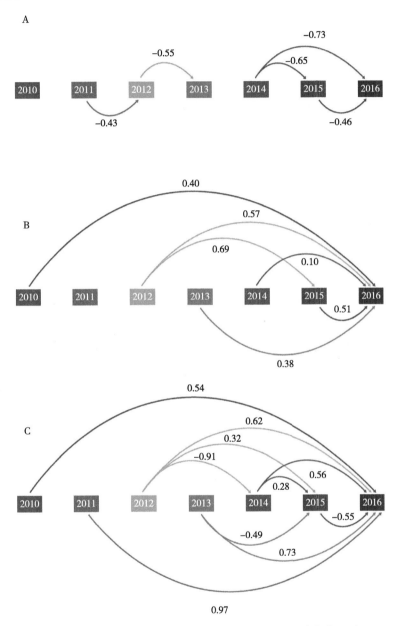

图10-2　重度放牧（HG）、适度放牧（MG）、不放牧（NG）处理不同年份短花针茅种群生物量路径分析

注：*表示$P<0.05$；**表示$P<0.01$

第二节 极端降水事件对短花针茅种群的影响

在过去的几十年中，随着温度的升高，水文循环的放大已经被观察到（IPCC，2007），据预测，降水模式将在区域和全球尺度上发生变化。预计在21世纪的最后30年，中国北方地区的降水量将增加约30%的年平均降水量。水是限制植物生长和生态系统过程的重要因素，降水格局的改变会影响陆地生态系统植物生产力和多样性等关键过程（Bai et al.，2012）。因此，有必要系统地了解降水制度的变化如何影响陆地生态系统生物多样性与生态系统功能，特别是对于直接强烈响应降水变化的水资源有限的草原生态系统。

对于草地生态系统，尤其是干旱、半干旱草原，水分可利用性是影响其群落结构和组成的首要因素（Bai et al.，2012）。植物利用不同的功能和结构性状（如植株大小、几何形状、根系深度、生理生态特征以及生活史策略等）来适应水分变异。尽管许多大尺度地理范围的观测研究发现，草地群落生物量、物种多样性随年降水量增加而增加，然而，在不同区域开展的降水控制试验结论却不一致（Harpole et al.，2007；Yang et al.，2011；Suttle et al.，2007）。究其原因，一部分认为，增加降水改变群落生物量与物种丰富度是因为增水促进了浅根系植物的生长（Yang et al.，2011），降水增加能够提高土壤水分可利用性，具有发达的、浅而平展的根系，能及时吸收雨后土壤表层的水分，促进植株生长和种子萌发，进而改变群落物种丰富度与生物量；而另一些观点认为，降水增加会一定程度地改变原植物的生物量分配策略，即不同生活史类型的植物受影响的程度不同（Harpole et al.，2007），进而影响植物群落乃至整个生态系统的碳周转、物种竞争—共存等均产生重要影响。因此，推测增水处理会通过生物量分配与物种种间的竞争和共存影响群落的构建、结构和功能。

生态化学计量学可把生物从分子尺度到生物地球化学循环和生物进化的过程联系起来，为全球变化背景下众多生态学问题提供了新思路。对于多数草原生态系统来说，养分元素对生态系统的影响会受到水分条件的影响，降水变化对草原生态系统结构和功能的影响也不容忽视。水分改变了土壤水分含量，进而影响土壤营养的有效性，土壤养分对植物生长有重要的作用，能够影响植物的生理生化过程，最终决定生态系统的结构和功能。草原生态系统多数水分条件较差，地处干旱地区的短花针茅荒漠草原同样受到水分的限制，水分条件的变化对其群落特征、土壤理化性质、群落生产力及凋落物分解碳通量等生态学过程有着明显的调控作用。植物采取何种养分利用方式来适应环境中水分的限制决定了该物种在群落中的竞争地位，从而改变群落的结构、组成和生态系统的功能。

一、1953—2014年年均降水量分布

通过分析试验地62年的年降水量发现，其年平均降水量为214mm，年降水量最高为394mm（1959年），年降水量最低为91mm（1965年与1980年）（图10-3）。在这62年中，年降水量大于250mm共计17个年份，占总年份的27%，年降水量大于300mm的年份依次为1955年、1959年、1964年、1979年、1981年、2012年，年降水量小于150mm共计10个年份，占总年份的16%，其中2014年7月、8月的降水量之和30.3mm。本章节取样时间为2014年，可见试验地植物群落正面临极端干旱年份。

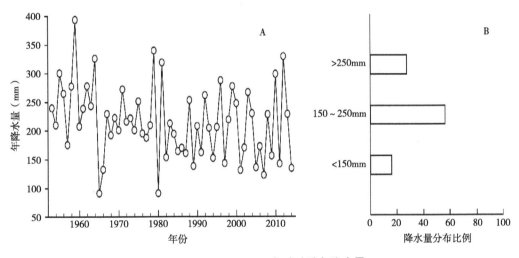

图10-3 1957—2014年试验地年降水量

二、极端降水事件对功能群特征的影响

独立样本T检验结果显示，增水处理（Water addition，WA）群落密度、高度、盖度、叶片含水量依次比不增水处理高97.17%、51.63%、211.10%、158.61%（$P<0.001$）（图10-4）；地上生物量、地下生物量、物种丰富度亦呈现相同的规律，即增水处理极显著高于不增水处理，而凋落物却刚好相反（图10-5）。进一步，从群落中各个功能群分析，发现增水处理显著提高了群落中灌木半灌木、多年生杂类草、一年生草本的生物量，却降低了多年生禾草的生物量（图10-6）。

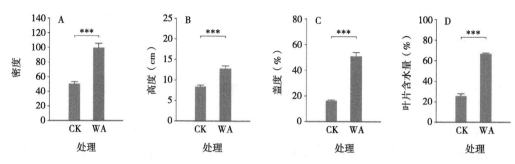

图10-4 群落密度、高度、盖度与叶片含水量

注：***表示P<0.001

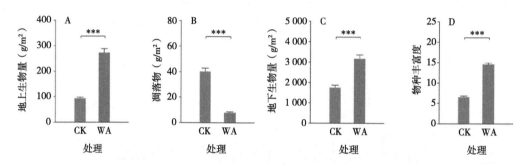

图10-5 群落地上生物量、凋落物、地下生物量与物种丰富度

注：***表示P<0.001

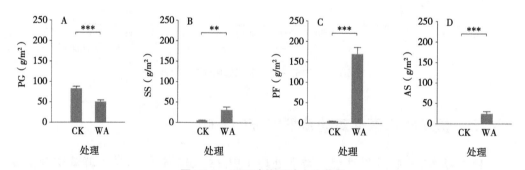

图10-6 不同功能群地上生物量

注：PG、SS、PF、AS依次代表多年生禾草、灌木半灌木、多年生杂类草、一年生草本。**表示P<0.01；***表示P<0.001

结构方程模型进一步验证，增水处理会显著影响群落中的植物密度、盖度，并通过影响群落中灌木半灌木生物量、多年生杂类草生物量及一年生草本生物量间接影响群落地上生物量，其中多年生杂类草的路径系统大于0.70（P<0.001）（图10-7）。此外，增水处理极显著影响物种丰富度，物种丰富度显著影响群落地下生物量（图10-7）。

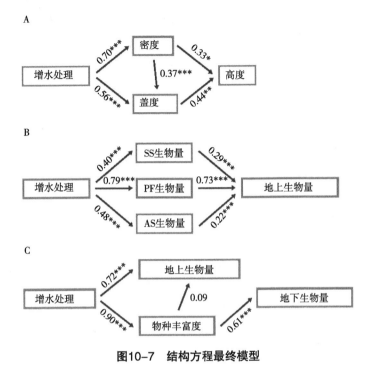

图10-7　结构方程最终模型

注：A. $\chi^2=0.004$，$P=0.950$，$df=1$；B. $\chi^2=3.125$，$P=0.537$，$df=2$；C. $\chi^2=3.810$，$P=0.149$，$df=2$。
*表示$P<0.05$；**表示$P<0.01$；***表示$P<0.001$

　　模拟极端降水事件的试验结果表明内蒙古高原荒漠草原实施增水处理会显著改变群落特征。这与Bai等（2012）的研究类似，其认为在内蒙古高原草原，植物群落地上、地下生物量、物种丰富度等变量，水分条件可以解释55%～86%的变异。本研究中，增水处理增加了灌木半灌木的生物量、多年生杂类草的生物量、一年生草本的生物量，尤其是多年生杂类草与一年生草本得到了极大地提高，但却降低了多年生禾草的生物量。这可能是以下途径导致：增水改变了原有荒漠草原的生境条件，打破了荒漠草原原有植物之间的平衡，原本受水分条件限制的多年生杂类草与一年生草本植物大量的萌发、生长，积累大量干物质，体现在植株建造空间上的配置模式和形态体现（如高度、盖度、茎叶疏密程度以及枝叶的空间搭配方式等植物形态学特征），来影响物种多样性等群落物种共存特征。通常在一个群落内部，光资源从顶层向地面递减，位于群落上层的植物发育优于其他下层植物，物种投入更多的资源给垂直生长，最终占据了大量的空间与资源，遮蔽了其他矮小的物种，从而在地上光竞争中取胜，进而导致多年生禾草生物量减少。此外，荒漠草地的植物群落组成简单，多年生禾草占据群落的绝对优势地位，种间竞争小。增水打破了荒漠草原原有植物之间的平衡，相比多年生禾草，大量生长的灌木半灌木、多年生杂类草和一年生草本植物拥有更高效地资源获取能力，在群落中处于竞争优势地位，致使多年生禾草生物量减少。该结果一定程度的验证了水分是草地生态系统的主要限制因子，降雨格局的变化对草地植被有着强烈的影响，不同生活史类型的植物受影响的程度不同（Harpole et al.，2007）。

草原植物群落生物量与多样性间的关系是草地生态系统功能的核心关系之一（Bai et al.，2007）。本研究中，物种丰富度显著影响了群落地下生物量，本研究并未做土壤种子库的试验，这是本试验的一个遗憾，但从野外观测到的结果来看，增水处理诱使了土壤中多年生杂类草及一年生草本植物的萌发，提高群落植物的物种丰富度进而提高了群落的地下生物量。此外，本研究还认为物种丰富度并不会对地上生物量造成明显影响，这一结果说明了荒漠草原对增水的响应分为地上部分和地下部分两种不同的生态过程。对于长期干旱的荒漠草原植物，毋庸置疑，增水会增加植物个体地上生物量及地下生物量，并给一年生及某些"机会主义"植物创造生长条件，使其快速发育生长，积累干物质。由于生长空间的限制，新出现的物种势必造成光资源获取及种间竞争的加剧，导致群落不同功能群植物地上生物量出现此消彼长的现象，尤其是原本在群落中占有绝对优势地位的多年生禾草显著下降。然而，对于植物地下部分则出现不同的局面，长期处于干旱条件的植物具备更深的根系分布，例如狭叶锦鸡儿，主要是利用深层土壤水分；而一年生的植物根系往往聚集在致密的表土中，且大部分根系生物量在浅层中，这部分水分主要依赖夏季降雨，此外，还有一些植物既可利用表层土壤水分也可利用深层土壤水分，如短花针茅。这即是说植物地下部分生长空间的竞争远远小于植物地上部分，新增加的物种能够显著提高群落地下生物量。

相比非增水处理，增水处理极显著提高了植物叶片N含量和P含量，降低了C：N、C：P、N：P（$P<0.001$），且增水后，群落叶片N：P由大于16变为小于14。增水处理未对C含量造成明显影响（图10-8）。结构方程模型结果进一步验证了，增水处理极显著影响植物叶片含水量、叶片N含量和P含量，植物叶片含水量极显著影响叶片N含量（图10-9）。

已有研究表明，植物的生长速率与其组织中N含量水平呈显著正相关。本研究结果在一定程度上支撑了这一理论。本研究中，增水处理显著提高了植物叶片含水量，由于荒漠草原日蒸发量极高，也就意味着增水处理会提高植物在单位时间内蒸发量（蒸腾拉力加强），而更高的蒸腾率会促使根系合成更多含N的转运蛋白供其运输营养物质，从而补偿植物叶片在单位时间内因蒸发量大而消耗的物质、能量。另一方面，为了支持植物的快速生长，核糖体必须快速合成蛋白质，也就意味着有机体需要分配更多的P到rRNA中。增水处理后植物叶片C含量无显著变化，致使群落植物叶片具有较低的C∶P和N∶P。这一结果一定程度的支撑了生态化学计量学中的"生长速率理论"假说，即生长速度较快的有机体通常具有较低的C∶P和N∶P。暗示了植物为了适应环境的变化，植物有可伸缩性地调整营养元素含量的能力。

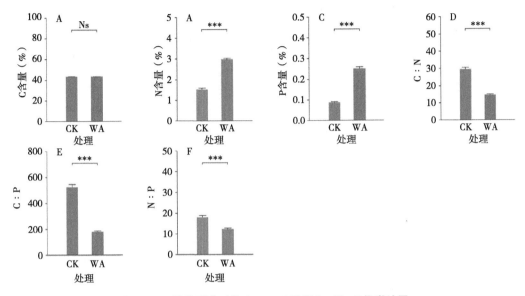

图10-8　植物群落叶片C、N、P及其C∶N∶P化学计量

注：**表示$P<0.01$；***表示$P<0.001$

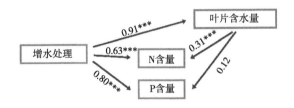

图10-9　结构方程最终模型（$\chi^2=1.662$，$P=0.197$，$df=1$）

注：*表示$P<0.05$；**表示$P<0.01$；***表示$P<0.001$

N∶P被广泛用来诊断植物个体、群落和生态系统的N、P养分限制格局。本研究中，相较于对照处理，增水处理后N∶P下降了32%，由N∶P大于16变为小于14。研究表明，当植被的N∶P小于14时，表明氮素是影响植被生长发育的限制性因子，而大于16时，则表明磷素是影响植被生长发育的限制性因子。这种现象可能主要由以下因素导致，增水处理后植被生长旺盛，植被生产力显著提高，但同时对养分的需求也增多，尤其是合成蛋白质等需要大量的N元素，而内蒙古草原土壤中N元素含量较少，可供植物吸收的N不足，造成了植物的N∶P的降低，致使N成为限制性元素。当

然，必须认识到影响植物群落N∶P化学计量比的因素是错综复杂的，不同群落的养分限制性大小受众多因素共同控制。在自然界中，N、P元素限制作用转化的阈值通常难以界定，植物N∶P化学计量特征虽能较好地反映N、P养分的限制作用，但其作为一个数字变量，只反映了N、P元素限制作用的相对大小及相互转化趋势，其价值主要在于指示作用，故而对N∶P的诊断意义时应该客观对待。

参考文献

白永飞，许志信，李德新，等，1999.内蒙古高原四种针茅种群年龄与株丛结构的研究[J]. 植物学报，41（10）：1 125-1 131.

陈山，1994.中国草地饲用植物资源[M]. 沈阳：辽宁民族出版社.

陈世锁，李银鹏，孟君，等，1997.内蒙古几种针茅特性和生态地理分布的研究[J]. 内蒙古农业大学学报（自然科学版），18（1）：40-46.

陈世锁，张昊，王立群，等，2001.中国北方草地植物根系[M]. 吉林：吉林大学出版社.

德海山，2016.放牧强度对短花针茅荒漠草原土壤动物群落的影响[D]. 呼和浩特：内蒙古农业大学.

董鸣，2011.克隆植物生态学[M]. 北京：科学出版社.

方楷，宋乃平，魏乐，等，2012.不同放牧制度对荒漠草原地上生物量及种间关系的影响[J]. 草业学报，21（5）：12-22.

傅声雷，2007.土壤生物多样性的研究概况与发展趋势[J]. 生物多样性（15）：109-115.

高雪峰，韩国栋，张国刚，2016.内蒙古荒漠草原三种植物根系分泌物组分分析[J]. 中国草地学报，38（2）：94-99.

高雪峰，韩国栋，张国刚，2017. 短花针茅荒漠草原土壤微生物群落组成及结构[J]. 生态学报，37（15）：5 129-5 136.

高莹，2008. 松嫩平原羊草种群模拟放牧耐受性研究[D]. 长春：东北师范大学.

古琛，赵天启，王亚婷，等，2017. 短花针茅生长和繁殖策略对载畜率的响应[J]. 生态环境学报，26（1）：36-42.

郭本兆，孙永华，1982. 中国针茅属分类，分布和生态的初步研究[J]. 植物分类学报，20（1）：34-43.

郭本兆，1987.中国植物志　第九卷　第三分册[M]. 北京：科学出版社.

郭伟，邓巍，燕雪飞，等，2010.植物生殖分配影响因素的研究进展[J]. 东北农业大学学报，41（9）：150-156.

韩冰，田青松，2016.内蒙古主要针茅属植物生态适应性研究[M]. 北京：中国农业科学技术出版社.

贾丽欣，2019. 放牧对短花针茅分蘖特征的影响[D]. 呼和浩特：内蒙古农业大学.

李博，雍世鹏，刘钟龄，等，1980. 松辽平原的针茅草原及其生态地理规律[J]. 植物学报，22（3）：270-279.

李德新，2011.李德新文集[M]. 呼和浩特：内蒙古大学出版社.

李江文，2019.长期不同载畜率下短花针茅荒漠草原植物功能性状与功能多样性的关系[D]. 呼和浩特：内蒙古农业大学.

李玲娟，熊勤犁，潘开文，等，2015.土壤原生动物对川滇高山栎恢复时间的响应及生长季动态[J]. 生物多样性，23（6）：793-801.

李清河，辛智鸣，高婷婷，等，2012.荒漠植物白刺属4个物种的生殖分配比较[J]. 生态学报，32
　　（16）：5 054-5 061.

李西良，侯向阳，吴新宏，等，2014.草甸草原羊草茎叶功能性状对长期过度放牧的可塑性响应[J].
　　植物生态学报，38（5）：440-451.

林勇明，洪滔，吴承祯，等，2007.桂花植冠的枝系构型分析[J]. 热带亚热带植物学报，15（4）：
　　301-306.

刘文亭，卫智军，吕世杰，等，2016a.内蒙古荒漠草原短花针茅叶片功能性状对不同草地经营方式
　　的响应[J]. 生态环境学报，25（3）：385-392.

刘文亭，卫智军，吕世杰，等，2016b.荒漠草地植物多样性对草食动物采食的响应机制[J]. 植物生态
　　学报，40（6）：564-573.

刘文亭，王天乐，张爽，等，2017. 放牧对短花针茅荒漠草原建群种与土壤团聚体特征的影响[J]. 生
　　态环境学报，26（6）：978-984.

刘杨，丁艳锋，王强盛，等，2011. 植物生长调节剂对水稻分蘖芽生长和内源激素变化的调控效
　　应[J]. 作物学报，37（4）：670-676.

刘忠宽，汪诗平，陈佐忠，等，2005.不同放牧强度草原休牧后土壤养分和植物群落变化特征[J]. 生
　　态学报，26（6）：2 048-2 056.

卢生莲，吴珍兰，1996.中国针茅属植物的地理分布[J]. 植物分类学报，34（3）：242-253.

马毓泉，1994.内蒙古植物志第五卷[M]. 内蒙古：内蒙古人民出版社.

内蒙古植物志编辑委员会，1989. 内蒙古植物志[M]. 呼和浩特：内蒙古人民出版社.

宋于洋，李荣，罗惠文，等，2012.古尔班通古特沙漠三种生境下梭梭种群的生殖分配特
　　征[J]. 生态学杂志，31（4）：837-843.

孙世贤，卫智军，吕世杰，等，2013.放牧强度季节调控下荒漠草原植物群落与功能群特征[J]. 生态
　　学杂志，32（10）：2 703-2 710.

单立山，李毅，董秋莲，等，2012. 红砂根系构型对干旱的生态适应[J]. 中国沙漠（32）：1 283-1 290.

宛涛，卫智军，杨静，等，1997.内蒙古草原针茅属六种植物的花粉形态研究[J]. 草地学报（2）：
　　117-122.

王静，杨持，王铁娟，2005.放牧退化群落中冷蒿种群生物量资源分配的变化[J]. 应用生态学报，16
　　（12）：2 316-2 320.

王炜，梁存柱，刘钟龄，等，2000.草原群落退化与恢复演替中的植物个体行为分析[J]. 植物生态学
　　报，24（3）：268-274.

王旭峰，王占义，梁金华，等，2013.内蒙古草地丛生型植物根系构型的研究[J]. 内蒙古农业大学学
　　报（自然科学版），34（3）：77-82.

王忠武，2009.载畜率对短花针茅荒漠草原生态系统稳定性的影响[D]. 呼和浩特：内蒙古农业大学.

卫智军，韩国栋，赵钢，等，2013.中国荒漠草原生态系统研究[M]. 北京：科学出版社.

卫智军，刘文亭，吕世杰，等，2016. 荒漠草地短花针茅种群年龄对放牧调控的响应机制[J]. 生态环
　　境学报，25（12）：1 922-1 928.

吴统贵，吴明，刘丽，等，2010.杭州湾滨海湿地3种草本植物叶片N、P化学计量学的季节变化[J].
　　植物生态学报，34（1）：23-28.

吴征镒，1980.中国植被[M]. 北京：科学出版社.

希吉日塔娜，吕世杰，卫智军，等，2013.不同放牧制度下短花针茅荒漠草原植物种群作用和种间关
　　系分析[J]. 生态环境学报，22（6）：976-982.

肖遥，陶冶，张元明，2014.古尔班通古特沙漠4种荒漠草本植物不同生长期的生物量分配与叶片化

学计量特征[J]. 植物生态学报，38（9）：929-940.

徐冰，程雨曦，甘慧洁，等，2010.内蒙古锡林河流域典型草原植物叶片与细根性状在种间及种内水平上的关联[J]. 植物生态学报，34（1）：29-38.

徐庆，刘世荣，臧润国，等，2001.中国特有植物四合木种群的生殖生态特征——种群生殖值及生殖分配研究[J]. 林业科学，37（2）：36-41.

阳含熙，李鼎甲，王本楠，等，1985. 长白山北坡阔叶红松林主要树种的分布格局[J]. 森林生态系统研究（5）：1-14.

杨小林，张希明，李义玲，等，2008. 塔克拉玛干沙漠腹地3种植物根系构型及其生境适应策略[J]. 植物生态学报，32（6）：1 268-1 276.

银晓瑞，梁存柱，王立新，等，2010. 内蒙古典型草原不同恢复演替阶段植物养分化学计量学[J]. 植物生态学报，34（1）：39-47.

余小琴，2017.内蒙古草原四种针茅传粉生态学研究[D]. 呼和浩特：内蒙古大学.

张金屯，孟东平，2004. 芦芽山华北落叶松林不同龄级立木的点格局分析[J]. 生态学报，24（1）：35-40.

张金屯，2011. 数量生态学[M]. 北京：科学出版社.

章祖同，刘起，1992.中国重点牧区草地资源及其开发利用[M]. 北京：中国科学技术出版社.

赵学杰，谭敦炎，2007.种子植物的选择性败育及其进化生态意义[J]. 植物生态学报，31（6）：1 007-1 018.

中国科学院内蒙古宁夏综合考察队，1985. 内蒙古植被[M]. 北京：科学出版社.

Aarssen L W，Schamp B S，Pither J，2006.Why are there so many small plants? implications for species coexistence[J]. Journal of Ecology，94（3）：569-580.

Abrams P A，1987.Alternative models of character displacement and niche shift. I. Adaptive shifts in resource use when there is competition for nutritionally nonsubstitutable resources[J]. Evolution，41（3）：651-661.

Adler P B，Levine J M，2007. Contrasting relationships between precipitation and species richness in space and time[J].Oikos，116（2）：221-232.

Agrawal A A，Lau J A，Hamback P A，2006. Community heterogeneity and the evolution of interactions between plants and insect herbivores[J]. Quarterly Review of Biology，81：349-376.

Aguiar M R，Sala O E，1999.Patch structure，dynamics and implications for the functioning of arid ecosystems[J]. Trends Ecol. Evol.，14，273-277.

Akiyama T，Kawamura K，2007. Grassland degradation in China：methods of monitoring，management and restoration[J]. Grassland Science，53，1-17.

Alméras T，Costes E，Salles J C，2004. Identification of biomechanical actors involved in stem shape variability between pricot tree varieties[J]. Annals of Botany，93，455-468.

Anderson T M，Ritchie M E，Mcnaughton S J，2007. Rainfall and soils modify plant community response to grazing in Serengeti National Park[J]. Ecology，88（5）：1 191-1 201.

Asner G P，Elmore A J，Olander L P，et al.，2004. Grazing systems，ecosystem responses，and global change[J]. Annual Review of Environment and Resources，29：261-299.

Athanasiadou S，Kyriazakis I，2004.Plant secondary metabolites：antiparasitic effects and their role in ruminant production systems[J]. Proceedings of the Nutrition Society，63（4）：631-639.

Atsatt P R，O'Dowd D J，1976.Plant defense guilds：many plants are functionally interdependent with respect to their herbivores[J]. Science，193：24-29.

August P V, 1983.The role of habitat complexity and heterogeneity in structuring tropical mammal communities[J]. Ecology, 64: 1 495-1 507.

Baas A C W, Nield J M, 2007.Modelling vegetated dune landscapes[J]. Geophys. Res. Lett., 34: L06405.

Bai Y, Wu J, Xing Q, et al., 2008. Primary production and rain use efficiency across a precipitation gradient on the Mongolia Plateau[J]. Ecology, 89（8）: 2 140-2 153.

Bai Y, Wu Jianguo, Pan Q, et al., 2007. Positive linear relationship between productivity and diversity: evidence from the Eurasian Steppe[J]. Journal of Applied Ecology, 44: 1 023-1 034.

Bai Y F, Han X G, Wu J G, et al., 2004. Ecosystem stability and compensatory effects in the Inner Mongolia grassland[J]. Nature, 431（7 005）: 181-184.

Bai Y F, Wu J G, Clark C M, et al., 2012. Grazing alters ecosystem functioning and C: N: P stoichiometry of grasslands along a regional precipitation gradient[J]. Journal of Applied Ecology, 49: 1 204-1 215.

Bardgett R D, Streeter T C, Cole L, et al., 2002.Linkages between soil biota, nitrogen availability, and plant nitrogen uptake in a mountain ecosystem in the Scottish Highlands[J].Applied Soil Ecology, 19（2）: 121-134.

Barger N N, Ojima D S, Belnap J, et al., 2004. Changes in plant functional groups, litter quality, and soil carbon and nitrogen mineralization with sheep grazing in an Inner Mongolian grassland[J]. Rangeland Ecology & Management, 57: 613-619.

Barthélémy D, Caraglio Y, 2007.Plant architecture: A dynamic, multilevel and comprehensive approach to plant form, structure and ontogeny[J]. Annuals of Botany, 99: 375-407.

Bazzaz F A, Ackerly D D, Reekie E G, 2001.Reproductive allocation in plants. Seeds: The ecology of regeneration in plant communities[M]. CAB International, Oxford.

Bazzaz F A, Chiariello N R, Coley P D, et al., 1987. Allocating resources to reproduction and defense[J]. Bioscience, 37: 58-67.

Beck J J, Hernández D L, Pasari J R, et al., 2015.Grazing maintains native plant diversity and promotes community stability in an annual grassland[J]. Ecological Applications, 25（5）: 1 259-1 270.

Berndtsson R, Chen H S, 1994.Variability of soil water content along a transect in a desert area[J]. Journal of Arid Environments, 27: 127-139.

Berntson G M, 1995.The characterization of topology: a comparison of four topological indices for rooted binary trees[J]. Journal of Theoretical Biology, 177: 271-281.

Biondini M E, Grygiel C E, 1994. Landscape distribution of organisms and the scaling of soil resources[J]. The American Naturalist, 143: 1 026-1 054.

Bisigato A J, Laphitz R, Lopez M, 2009. Ecohydrological effects of grazing-induced degradation in the Patagonian Monte, Argentina[J]. Austral Ecology, 34: 545-557.

Bochet E, Poesen J, Rubio J L, 2015.Mound development as an interaction of individual plants with soil, water erosion and sedimentation processes on slopes[J]. Earth Surface Processes & Landforms, 25（8）: 847-867.

Bouma T J, Nielsen K L, Vanhal J, et al., 2001. Root system topology and diameter distribution of species from habitats differing in inundation frequency[J]. Functional Ecology, 15: 360-369.

Brouat C, Gibernau M, Amsellem L, et al., 1998. Corner's rules revisited: Ontogenetic and interspecific patterns in leaf-stem allometry[J]. New Phytologist, 139: 459-470.

Brown G, Porembski S, 2000.Phytogenic hillocks and blow-outs as 'safe sites' for plants in an oil-contaminated area of northern Kuwait[J]. Environmental Conservation, 27（3）: 242-249.

Brys R, Shefferson RP, Jacquemyn H, 2011. Impact of herbivory on flowering behaviour and life history trade-offs in a polycarpic herb: a 10-year experiment[J]. Oecologia, 166: 293-303.

Callaway R M, Walker L R, 1997.Competition and facilition: a synthetic approach to interactions in plant communities[J]. Ecology, 78: 1 958-1 965.

Campbell D I, Wall A M, Nieveen J P, et al., 2015. Variations in CO_2 exchange for dairy farms with year-round rotational grazing on drained peatlands[J]. Agriculture Ecosystems & Environment, 202: 68-78.

Chambers J C, 1995. Relationships between seed fates and seedling establishment in an alpine ecosystem[J]. Ecology, 76（7）: 2 124-2 133.

Chang L, Wu H, Wu D, et al., 2013. Effect of tillage and farming management on Collembola in marsh soils[J]. Applied Soil Ecology, 64: 112-117.

Chapin F S Ⅲ, Zavaleta E S, Eviner V T, et al., 2000.Consequences of changing biodiversity[J]. Nature, 405（6 783）: 234-242.

Charlesworth D, Charlesworth B, 1987.The effect of investment in attractive structures on allocation to male and female functions in plants[J]. Evolution, 41: 948-968.

Chen L, Mi X, Comita L S, et al., 2010. Community-level consequences of density dependence and habitat association in a subtropical broad-leaved forest[J]. Ecology Letters, 13（6）: 695-704.

Chen R R, Senbayram M, Blagodatsky S, et al., 2014. Soil C and N availability determine the priming effect: Microbial N mining and stoichiometric decomposition theoriesp[J]. Global Change Biology, 20: 2 356-2 367.

Chen T, Christensen M, Nan Z, et al., 2017. Effects of grazing intensity on seed size, germination and fungal colonization of Lespedeza davurica, in a semi-arid grassland of northwest China[J]. Journal of Arid Environments, 144: 91-97.

Cheng W X, Parton W J, Gonzalez-Meler M A, et al., 2014. Synthesis and modeling perspectives of rhizosphere priming[J]. New Phytologist, 201: 31-44.

Chimento C, Almagro M, Amaducci S, 2014. Carbon sequestration potential in perennial bioenergy crops: the importance of organic matter inputs and its physical protection[J]. GCB Bioenergy, 8: 111-121.

Choler P, Michalet R, Callaway R M, 2001. Facilitation and competition on gradients in alpine plant communities[J]. Ecology, 82: 3 295-3 308.

Cleveland C C, Liptzin D, 2007. C : N : P stoichiometry in soil: Is there a "Redfield ratio" for the microbial biomass[J]? Biogeochemistry, 85: 235-252.

Collins S L, Knapp A K, Briggs J M, et al., 1998.Steinauer EM. Modulation of diversity by grazing and mowing in native tallgrass prairie[J].Science, 280（5 364）: 745-747.

Colwell R K, Dunn R R, Harris N C, 2012. Coextinction and persistance of dependent species in a changing world[J]. Annu. Rev. Ecol. Evol. Syst., 43: 183-203.

Concostrina-Zubiri L, Huber-Sannwald E, Martínez I, et al., 2013. Biological soil crusts greatly contribute to small-scale soil heterogeneity along a grazing gradient[J]. Soil Biology & Biochemistry, 64（9）: 28-36.

Condit R, Ashton P S, Baker P, et al., 2000. Spatial patterns in the distribution of tropical tree species[J]. Science, 288（5 470）: 1 414-1 418.

Connolly J, Wayne P, 1996.Asymmetric competition between plant species[J]. Oecologia, 108（2）: 311-320.

Coomes D A, Grubb P J, 2003. Colonization, tolerance, competition and seed-size variation within functional groups[J]. Trends in Ecology & Evolution, 18: 283-291.

Cordeiro N J, Ndangalasi H J, Mcentee J P, et al., 2009.Disperser limitation and recruitment of an endemic African tree in a fragmented landscape[J]. Ecology, 90（4）: 1 030-1 041.

Cousens R, Dytham C, Law R, 2008.Dispersal in plants: a population perspective[M]. Oxford University Press, New York.

Cramer J M, Mesquita R C G, Bentos T V, et al., 2007.Forest fragmentation reduces seed dispersal of Duckeodendron cestroides, a Central Amazon endemic[J]. Biotropica, 39: 709-718.

Cruden R W, 1977. Pollen-ovule ratios: a conservative indicator of breeding systems in flowering plants[J]. Evolution, International Journal of Organic Evolution, 31（1）: 32-46.

Dale M R K, 1999.Spatial pattern analysis in plant ecology[M].Cambridge University Press, Cambridge.

Damhoureyeh S A, Hartnett D C, 2002.Variation in grazing tolerance among three tallgrass prairie plant species[J]. American Journal of Botany, 89（10）: 1 634-1 643.

Dannowski M, Block A, 2005. Fractal geometry and root system structures of heterogeneous plant communities[J]. Plant and Soil, 272: 61-76.

de Kroons H, Hutchings M J, 1995. Morphological plasticity in clonal plants: The foraging concept reconsidered[J]. Journal of Ecology, 83: 143-152.

De Miguel J M, Casado M A, Pozo A D, et al., 2010. How reproductive, vegetative and defensive strategies of Mediterranean grassland species respond to a grazing intensity gradient[J]. Plant Ecology, 210: 97-110.

Díaz S, Lavorel S, McIntyre S, et al., 2007. Plant trait responses to grazing-a global synthesis[J]. Global Change Biology, 13（2）: 313-341.

Dore M H I, 2005.Climate change and changes in global precipitation patterns: What do we know[J]. Environment International, 31: 1 167-1 181.

Dougill A J, Thomas A D, 2002.Nebkha dunes in the Molopo Basin, South Africa and Botswana: formation controls and their validity as indicators of soil degradation[J]. Journal of Arid Environments, 50（3）: 413-428.

Drake J, Darby B, Giasson M A, et al., 2013. Stoichiometry constrains microbial response to root exudation-insights from a model and a field experiment in a temperate forest[J]. Biogeosciences, 10: 821-838.

Du H D, Jiao J Y, Jia Y F, et al., 2013. Phytogenic mounds of four typical shoot architecture species at different slope gradients on the Loess Plateau of China[J]. Geomorphology, 193（193）: 57-64.

Du J, Yan P, Dong Y, 2010. The progress and prospects of nebkhas in arid areas[J]. J. Geogr. Sci., 20: 712-728.

Eduardo S, Harry O L, Pekka N, 2004. A fractal root model applied for estimating the root biomass and architecture in two tropical legume tree species[J]. Annals of Forest Science, 61: 337-345.

El-Bana M I, Nijs I, Kockelbergh F, 2002. Microenvironmental and vegetational heterogeneity induced by phytogenic nebkhas in an arid coastal ecosystem[J]. Plant and Soil, 247（2）: 283-293.

Elbaum R, Zaltzman L, Burgert I, et al., 2007.The Role of Wheat Awns in the Seed Dispersal Unit[J]. Science, 316: 884-886.

208

Endara M J, Coley P D, 2011.The resource availability hypothesis revisited: a meta-analysis[J]. Functional Ecology, 25（2）: 389-398.

Fang J Y, Brown S, Tang Y H, et al., 2006. Overestimated biomass carbon pools of the northern mid- and high latitude forests[J]. Climatic Change, 74: 355-368.

Fenner M, Thompson K, 2005.The ecology of seeds[M]. Cambridge: Cambridge University Press.

Field J P, Breshears D D, Whicker J J, et al., 2012.Sediment capture by vegetation patches: Implications for desertification and increased resource redistribution[J]. Journal of Geophysical Research: Biogeosciences, 117: G01033.

Fine P V, Mesones I, Coley P D, 2004. Herbivores promote habitat specialization by trees in Amazonian forests[J]. Science, 305（5 684）: 663-665.

Fineblum W L, Rausher M D, 1995.Tradeoff between resistance and tolerance to herbivore damage in a morning glory[J]. Nature, 377: 517-520.

Fitter A H, 1987.An architectural approach to the comparative ecology of plant root systems[J]. New Phytologist, 106: 61-77.

Fitter A H, Stickland T R, Harvey M L, et al., 1991. Architectural analysis of plant root systems 1. Architectural correlates of exploitation efficiency[J]. New Phytologist, 118: 375-382.

Foolad M R, Zhang L P, Subbiah P, 2003. Genetics of drought tolerance during seed germination in tomato: inheritance and QTL mapping[J]. Genome, 46（4）: 536-545.

Fornara A D, Du Toit J T, 2007.Browsing lawns? Responses of Acacia nigrescens to ungulate browsing in an African savanna[J]. Ecology, 88（1）: 200-209.

Fransson P, Johansson E M, 2010. Elevated CO_2 and nitrogen influence exudation of soluble organic compounds by ectomycorrhizal root systems[J]. FEMS Microbiology Ecology, 71: 186-196.

Freckleton R P, Watkinson A R, 2001.Asymmetric competition between plant species[J]. Functional Ecology, 15（5）: 615-623.

Fu S L, Zou X M, Coleman D, 2009. Highlights and perspectives of soil biology and ecology research in China[J]. Soil Biology and Biochemistry, 41: 868-876.

Fu Y B, Thompson D, Willms W, et al., 2005. Long-Term grazing effects on genetic variability in mountain rough fescue[J]. Rangeland Ecology & Management, 58（6）: 637-642.

Fuhlendorf S D, Samuel D, Engle D M, 2001.Restoring heterogeneity on rangelands: ecosystem management based on evolutionary grazing patterns: We propose a paradigm that enhances heterogeneity instead of homogeneity to promote biological diversity and wildlife habitat on rangelands grazed by livestoc[J]. Bioscience, 51（8）: 625-632.

Gang X X, Guo H X, 2005.Spatial heterogeneity in soil carbon and nitrogen resources, caused by Caragana microphylla, in the thicketization of semiarid grassland, Inner Mongolia[J]. Acta Ecologica Sinica, 25（7）: 1 678-1 683.

Gao H, Gao Y B, He X D, 2014. Impacts of grazing and mowing on reproductive behaviors of *Stipa grandis* and *Stipa krylovii* in a semi-arid area[J]. Journal of Arid Land, 6: 97-104.

García C A M, Schellberg J, Ewert F, et al., 2014. Response of community-aggregated plant functional traits along grazing gradients: insights from African semi-arid grasslands[J]. Applied Vegetation Science, 17（3）: 470-481.

Garibaldi L A, Semmartin M, Chaneton E J, 2007. Grazing-induced changes in plant composition affect litter quality and nutrient cycling in flooding Pampa grasslands[J]. Oecologia, 151（4）: 650-662.

Garnier L K M, Dajoz I, 2001. Evolutionary significance of awn length variation in a clonal grass of fire-prone savannas[J]. Ecology, 82: 1 720–1 733.

Getzin S, Wiegand T, Wiegand K, et al., 2008. Heterogeneity influences spatial patterns and demographics in forest stands[J]. Journal of Ecology, 96 (4): 807–820.

Getzin S, Wiegand K, Wiegand T, et al., 2015.Adopting a spatially explicit perspective to study the mysterious fairy circles of Namibia[J]. Ecography, 38 (1): 1–11.

Ghermandi L, 1995. The effect of the awn on the burial and germination of *Stipa speciosa* (Poaceae) [J]. Acta Oecologica, 16 (6): 719–728.

Gibson D J, 2009. Grasses and grassland ecology[M]. Oxford: Oxford University Press.

Givnish T J, Vermeij G J, 1976. Sizes and shapes of liane leaves[J]. The American Naturalist, 110: 743–778.

Glimskär A, 2000. Estimates of root system topology of five plant species grown at steady-state nutrition[J]. Plant and Soil, 227: 249–256.

Gómez S, Onoda Y, Ossipov V, et al., 2008. Systemic induced resistance: a risk-spreading strategy in clonal plant networks[J]. New Phytologist, 179 (4): 1 142–1 153.

Gonzalo R, Aedo C, García M A, 2011.Two new combinations in Stipa sect. Smirnovia (Poaceae) [J]. Annales Botanici Fennici, 48 (2): 159–162.

Goslee S C, Havstad K M, Peters D P C, et al., 2003.High-resolution images reveal rate and pattern of shrub encroachment over six decades in New Mexico, U.S.A.[J]. Journal of arid environments, 54 (4): 755–767.

Greene D F, Johnson E A, 1993.Seed mass and dispersal capacity in wind-dispersed diaspores[J]. Oikos, 67 (1): 69–74.

Greig-Smith P, 1983.Quantitative plant ecology[M]. University of California Press.

Greipsson W, Davy A J, 1995. Seed mass and germination behavior in populations of the dune-building grass Leymus arenarius[J]. Annals of Botany, 76: 493–501.

Grum B, Assefa D, Hessel R, et al., 2017.Effect of in-situ water harvesting techniques on soil and nutrient losses in semi-arid northern Ethiopia[J]. Land Degradation & Development, 28 (3): 1 016–1 027.

Güsewell S, 2004. N : P ratios in terrestrial plants: variation and functional significance[J]. New Phytologist, 164: 243–266.

Guswa A J, 2010. Effect of plant uptake strategy on the water-optimal root depth[J]. Water resources research, 46 (9): W09601.

Han B, Wang X F, Huang S Q, 2011.Production of male flowers does not decrease with plant size in insect-pollinated Sagittaria trifolia, contrary to predictions of size-dependent sex allocation[J]. Journal of Systematics and Evolution, 49: 379–386.

Hanley M E, 1998. Seedling herbivory, community composition and plant life history traits[J]. Perspectives in Plant Ecology, Evolution and Systematics, 1 (2): 191–205.

Harper J L, 1977. Population biology of plants[M]. Academic Press, London.

Harpole W S, Potts D L, Suding K N, 2007. Ecosystem responses to water and nitrogen amendment in a california grassland[J]. Global Change Biology, 13 (11): 2 341–2 348.

Hart R H, 1993.Grazing strategies, stocking rates, and frequency and intensity of grazing on western wheatgrass and blue grama[J]. Journal of Range Management, 46 (2): 122–126.

Hartnett D C, 2002.Effects of grazing intensity on growth, reproduction, and abundance of three palatable forbs in kansas tallgrass prairie[J]. Plant Ecology, 159（1）：23-33.

Hartnett D C, Owensby C E, 2004. Grazing management effects on plant species diversity in tallgrass Prairie[J]. Journal of Range Management, 57（1）：58-65.

Hartnett D C, Setshogo M P, Dalgleish H J, 2006. Bud banks of perennial savanna grasses in Botswana[J]. African Journal of Ecology, 44（2）：256-263.

Hawkins T S, Baskin J M, Baskin C C, 2005.Life cycles and biomass allocation in seed- and ramet-derived plants of Cryptotaenia canadensis（Apiaceae）, a monocarpic species of eastern North America[J]. Canadian Journal of Botany, 83：518-528.

He F L, Legendre P, Lafrankie J V, 1997. Distribution patterns of tree species in a Malaysian tropical rain forest[J]. Journal of Vegetation Science, 8（1）：105-114.

Hedhly A, Hormaza J I, Herrero M, 2009. Global warming and sexual plant reproduction[J]. Trends in Plant Science, 14（1）：30-36.

Hendrix S D, Trapp E J, 1992.Population demography of Pastinaca sativa（Apiaceae）：effects of seed mass on emergence, survival, and recruitment[J]. American Journal of Botany, 79：365-375.

Hesp P, 2002 Foredunes and blowouts：initiation, geomorphology and dynamics[J]. Geomorphology, 48（1-3）：245-268.

Hessen D O, Ågren G I, Anderson T R, 2004.Carbon sequestration in ecosystems：the role of stoichiometry[J]. Ecology, 85：1 179-1 192.

Heuret P, Meredieu C, Coudurier T, et al., 2006. Ontogenetic trends in the morphological features of main stem annual shoots of Pinus pinaster（Pinaceae）[J]. American Journal of Botany, 93：1 577-1 587.

Hik D S, 2002. Grazing History versus current grazing：leaf demography and compensatory growth of three alpine plants in response to a native herbivore（*Ochotona collaris*）[J]. Journal of Ecology, 90（2）：348-359.

Hodgson J, Illius A, 1996.The ecology and management of grazing systems[M]. Wallingford：CABI Publishing.

Howe H F, 1989.Scatter-and clump-dispersal and seedling demography：hypothesis and implications[J]. Oecologia, 79（3）：417-26.

Huang Y, Wang L, Wang D, et al., 2012. The effect of plant spatial pattern within a patch on foraging selectivity of grazing sheep[J]. Landscape Ecolog, 27（6）：911-919.

Hughes L, Dunlop M, French K, et al., 1994.Predicting dispersal spectra：a minimal set of hypotheses based on plant attributes[J]. Journal of Ecology, 82（4）：933-950.

Huhta A P, Rautio P, Hellstrm K, et al., 2009.Tolerance of a perennial herb, Pimpinella saxifraga, to simulated flower herbivory and grazing：immediate repair of injury or postponed reproduction[J]? Plant Ecology, 201（2）：599-609.

IPCC Climate Change, 2007. The physical science basis[M]. Cambridge Univ. Press, Cambridge, UK.

Jacquemyn H, Brys R, Vandepitte K, et al., 2007.A spatially explicit analysis of seedling recruitment in the terrestrial orchid Orchis purpurea[J]. New Phytologist, 176（2）：448-459.

Jacquemyn H, Brys R, Merckx VSFT, et al., 2013. Coexisting orchid species have distinct mycorrhizal communities and display strong spatial segregation[J]. New Phytologist, 202（2）：616-627.

Beck J J, Daniel L H, Pasari J R, et al., 2015.Grazing maintains native plant diversity and promotes community stability in an annual grassland[J]. Ecological Applications, 25（5）：1 259-1 270.

Javier R, Wiegand T, Traveset A, 2012. Adult proximity and frugivore's activity structure the spatial pattern in an endangered plant[J]. Functional Ecology, 26（5）: 1 221-1 229.

Johnson E.E., Baruch Zdravko, 2014. Awn length variation and its effect on dispersal unit burial of Trachypogon spicatus（Poaceae）[J]. Revista de biologia tropical, 62（1）: 321-326.

Jones T, Kulseth S, Mechtenberg K, et al., 2006. Simultaneous evolution of competitiveness and defense: induced switching inArabis drummondii[J]. Plant Ecology, 184（2）: 245-257.

Jung W, Kim W, Kim H Y, 2014.Self-burial mechanics of hygroscopically responsive awns[J]. Integrative and Comparative Biology, 54: 1 034-1 042.

Kadioglu A, Terzi R, 2007. A dehydration avoidance mechanism: leaf rolling[J]. The Botanical Review, 73（4）: 290-302.

Khan M A, Ungar I A, 1998. Seed germination and dormancy of Polygonum aviculare L. influenced by salinity, temperature and gibberellic acid[J]. Seed Science & Technology, 26（1）: 107-117.

Khan M A, Ungar I A, 1997. Effects of light, salinity, and thermoperiod on the seed germination of halophytes[J]. Canadian Journal of Botany, 75: 835-841.

Kleyer M, Minden V, 2015.Why functional ecology should consider all plant organs: An allocation-based perspective[J]. Basic and Applied Ecology, 16: 1-9.

Klimkowska A, Bekker R M, van Diggelen R, et al., 2010.Species trait shifts in vegetation and soil seed bank during fen degradation[J]. Plant Ecology, 206: 59-82.

Klumpp K, Fontaine S, Attard E, et al., 2009. Grazing triggers soil carbon loss by altering plant roots and their control on soil microbial community[J]. Journal of Ecology, 97: 876-885.

Koerner S E, Collins S L, Blair J M, et al., 2014.Rainfall variability has minimal effects on grassland recovery from repeated grazing[J]. Journal of Vegetation Science, 25（1）: 36-44.

Kraft N J B, Comita L S, Chase J M, et al., 2011.Disentangling the drivers of β diversity along latitudinal and elevational gradients[J]. Science, 333（6 050）: 1 755-1 758.

Kuzyakov Y, 2002.Review: Factors affecting rhizosphere priming effects[J]. Journal of Plant Nutrition and Soil Science, 165: 382-396.

LaBarbera M, 1989.Analyzing body size as a factor in ecology and evolution[J]. Annual Review of Ecology and Systematics, 20: 97-117.

Langford R P, 2000.Nabkha（coppice dune）fields of south-central New Mexico, U.S.A.[J]. Journal of Arid Environments, 46（1）: 25-41.

Leimu R, Koricheva J, 2006. A meta-analysis of tradeoffs between plant tolerance and resistance to herbivores: combining the evidence from ecological and agricultural studies[J]. Oikos, 112（1）: 1-9.

Levine J M, Murrell D J, 2003.The community-level consequences of seed dispersal patterns[J]. Annual Review of Ecology, Evolution, and Systematics, 34: 549-574.

Lezama F, Paruelo J M, Alicia A, 2016.Disentangling grazing effects: Trampling, defoliation and urine deposition[J]. Applied Vegetation Science, 19（4）: 557-566.

Li Q, Bao X L, Lu C Y, et al., 2012a .Soil microbial food web responses to free-air ozone enrichment can depend on the ozone-tolerance of wheat cultivars[J]. Soil Biology and Biochemistry, 47: 27-35.

Li S, Verburg P H, Lv S, et al., 2012b .Spatial analysis of the driving factors of grassland degradation under conditions of climate change and intensive use in Inner Mongolia, China[J]. Regional Environmental Change, 12（3）: 461-474.

Li X L, Liu Z Y, Ren W B, et al., 2016.Linking nutrient strategies with plant size along a grazing gradient: Evidence from Leymus chinensis in a natural pasture[J]. Journal of Integrative Agriculture,

15（5）：1 132-1 144.

Li X，Liu Z，Wang Z，et al.，2015.Pathways of leymus chinensis individual aboveground biomass decline in natural semiarid grassland induced by overgrazing：a study at the plant functional trait scale[J]. Plos one，10（5）：e0124443.

Li X，Yin X，Yang S，et al.，2015.Variations in seed characteristics among and within Stipa purpurea Griseb. Populations on the Qinghai-Tibet Plateau[J]. Botany，93：651-662.

Lin Y，Hong M，Han G，et al.，2010.Grazing intensity affected spatial patterns of vegetation and soil fertility in a desert steppe[J]. Agriculture Ecosystems & Environment，138（3-4）：282-292.

Liu F，Chen J M，Wang Q F，2009. Trade-offs between sexual and asexual reproduction in a monoecious species Sagittaria pygmaea（Alismataceae）：the effect of different nutrient levels[J]. Plant Systematics and Evolution，277：61-65.

Liu H，Han X，Li L，et al.，2009.Grazing density effects on cover，species composition，and nitrogen fixation of biological soil crust in an inner mongolia steppe[J]. Rangeland Ecology & Management，62（4）：321-327.

Liu W T，Lü S J，Wang T L，et al.，2018b. Large herbivore-induced changes in phytogenic hillocks：links to soil and windblown sediment on the desert steppe in China[J]. Ecological research，33：889-899.

Liu W T，Wang T L，Zhang S，et al.，2018a. Grazing influences Stipa breviflora seed germination in desert grasslands of the Inner Mongolia Plateau[J]. PeerJ，6：e4447.

Liu W T，Wei Z J，Yang X X，2019.Maintenance of dominant populations in heavily grazed grassland：Inference from a Stipa breviflora seed germination experiment[J]. PeerJ，7：e6654.

Louault F，Pillar V D，Aufrère J，et al.，2005.Plant traits and functional types in response to reduced disturbance in a semi-natural grassland[J]. Journal of Vegetation Science，16（2）：151-160.

Luo W，Zhao W，Liu B，2016. Growth stages affect species richness and vegetation patterns of nebkhas in the desert steppes of China[J]. Catena，137：126-133.

Lv S，Yan B，Wang Z，et al.，2019.Grazing intensity enhances spatial aggregation of dominant species in a desert steppe[J]. Ecology and Evolution，9：6 138-6 147.

Macarthur R，Macarthur J W，1961.On bird species diversity[J]. Ecology，42：594-598.

Macarthur R，1964.Environmental factors affecting bird species diversity[J]. The American Naturalist，98：387-397.

Martínez I，González-Taboada F，Wiegand T，et al.，2012.Dispersal limitation and spatial scale affect model based projections of Pinus uncinata response to climate change in the Pyrenees[J]. Global Change Biology，18（5）：1 714-1 724.

Martorell C，Freckleton R P，2014. Testing the roles of competition，facilitation and stochasticity on community structure in a species-rich assemblage[J]. Journal of Ecology，102（1）：74-85.

Matlack G R，1987.Diaspore size，shape，and fall behavior in wind-dispersed plant species[J]. American Journal of Botany，74（8）：1 150-1 160.

Mcintyre S，Lavorel S，2001. Livestock grazing in subtropical pastures：steps in the analysis of attribute response and plant functional types[J]. Journal of Ecology，89（2）：209-226.

Mckinney K K，Fowler N L，1991. Genetic adaptations to grazing and mowing in the unpalatable grass Cenchrus incertus[J]. Oecologia，88（2）：238-242.

McMinn R G，1963.Characteristics of Douglas-fir root systems[J]. Canadian Journal of Botany，41：105-122.

Mesa J M, Scholes D R, Juvik J, et al., 2017.Molecular constraints on resistance-tolerance tradeoffs[J]. Ecology, 98: 2 528-2 537.

Milchunas D G, Sala O E, Lauenroth W K, 1988. A Generalized model of the effects of grazing by large herbivores on grassland community structure[J]. American Naturalist, 132 (1): 87-106.

Millennium Ecosystem Assessment, 2005.Ecosystem and Human Well-being[M]. Island Press, Washington DC.

Miller T E, Tyre A J, Louda S M, 2006. Plant reproductive allocation predicts herbivore dynamics across spatial and temporal scales[J]. American Naturalist, 168 (5): 608-616.

Miriti M N, Wright S J, Howe H F, 2001.The effects of neighbors on the demography of a dominant desert shrub (Ambrosia dumosa) [J]. Ecological Monographs, 71: 491-509.

Moles A T, Warton D I, Laura W, et al., 2009.Global patterns in plant height[J]. Journal of Ecology, 97: 923-932.

Mouillot D, Bellwood D R, Baraloto C, et al., 2013. Rare species support vulnerable functions in high-diversity ecosystems[J]. Plos Biology, 11 (5): e1001569.

Muller-Landau H C, Wright S J, Calderón O, et al., 2008. Interspecific variation in primary seed dispersal in a tropical forest[J]. Journal of Ecology, 96 (4): 653-667.

Murphy B P, Bowman D M J S, 2007.Seasonal water availability predicts the relative abundance of C3, and C4, grasses in Australia[J]. Global Ecology & Biogeography, 16 (2): 160-169.

Nakahara T, Fukano Y, Hirota S K, et al., 2018.Size advantage for male function and size-dependent sex allocation in Ambrosia artemisiifolia, a wind-pollinated plant[J]. Ecology and Evolution, 8: 1 159-1 170.

Nathan R, Muller-Landau H C, 2000.Spatial patterns of seed dispersal, their determinants and consequences for recruitment[J]. Trends Ecol. Evol., 15: 278-285.

Nolte D L, Mason J R, Lewis S L, 1994. Tolerance of bitter compounds by an herbivore, Cavia porcellus[J]. Journal of Chemical Ecology, 20: 303-308.

Okamoto M, Tatematsu K, Matsui A, et al., 2010.Genome-wide analysis of endogenous abscisic acid-mediated transcription in dry and imbibed seeds of Arabidopsis using tiling arrays[J]. Plant Journal, 62 (1): 39-51.

Olff H, Ritchie M E, 1998.Effects of herbivores on grassland plant diversity[J]. Trends in Ecology & Evolution, 13 (7): 261-265.

Oppelt A L, Kurth W, Godbold D L, 2001.Topology, scaling relations and Leonardo's rule in root systems from African tree species[J]. Tree Physiology, 21: 117-128.

Oppelt A L, Kurth W, Jentschke G, et al., 2005.Contrasting rooting patterns of some arid-zone fruit tree species from Botswana-II. Coarse root distribution[J]. Agroforestry Systems, 64: 1-11.

Paige K N, Whitham T G, 1987.Overcompensation in response to mammalian herbivory: the advantage of being eaten[J]. American Naturalist, 129 (3): 407-416.

Papanastasis V P, Bautista S, Chouvardas D, et al., 2017. Comparative assessment of goods and services provided by grazing regulation and reforestation in degraded mediterranean rangelands[J]. Land Degradation and Development, 28: 1 178-1 187.

Parkhurst D F, Loucks O L, 1972.Optimal leaf size in relation to environment[J]. Journal of Ecology, 60: 505-537.

Paruelo J M, Lauenroth W K, 1996.Relative abundance of plant functional types in grasslands and shrublands of North America[J]. Ecological Applications, 6（4）: 1 212–1 224.

Pastrán G, Carretero E M, 2016.Phytogenic Mounds（Nebkhas）: Effect of tricomaria usillo on sand entrapment in central-west of argentina[J]. Journal of Geographic Information System, 8（4）: 429–437.

Peart M H, 1981.Further experiments on the biological significance of the seed-dispersal units in grasses[J]. Journal of Ecology, 69: 425–436.

Peart M H, 1984. The effects of morphology, orientation and position of grass diaspores on seedling survival[J]. Journal of Ecology, 72: 437–453.

Phillips R P, Finzi A C, Bernhardt E S, 2011. Enhanced root exudation induces microbial feedbacks to N cycling in a pine forest under long-term CO_2 fumigation[J]. Ecology Letters, 14: 187–194.

Price A H, Young E M, Tomos A D, 1997. Quantitative trait loci associated with stomatal conductance leaf rolling and heading date mapped in upland rice[J]. New Phytologist, 137（1）: 83–91.

Pritchard S G, 2011.Soil organisms and global climate change[J]. Plant Pathology, 60: 82–99.

Provenza F D, 1995. Postingestive feedback as an elementary determinant of food preference and intake in ruminants[J]. Journal of Range Management, 48: 2–17.

Pulleman M M, Marinissen J C Y, 2004. Physical protection of mineralization C in aggregates from long-term pasture and arable soil[J]. Geoderma, 120（3/4）: 273–282.

Purves D W, Law R, 2002.Fine-scale spatial structure in a grassland community: quantifying the plant's-eye view[J]. Journal of Ecology, 90（1）: 121–129.

Qian J, Liu Z, Hatier J H B, et al., 2016.The vertical distribution of soil seed bank and its restoration implication in an active sand dune of Northeastern Inner Mongolia, China[J]. Land Degradation & Development, 27（2）: 305–315.

Rajjou L, Duval M, Gallardo K, et al., 2012. Seed germination and vigor.[J]. Annual Review of Plant Biology, 63（3）: 507–533.

Raju M V S, Ramaswamy S N, 1983. Studies on the inflorescence of wild oats（Avena fatua）[J]. Canadian Journal of Botany, 61: 74–78.

Rausher M D, 1981. The effect of native vegetation on the susceptibility of Aristolochia reticulata（Aristolochiaceae）to herbivore attack[J]. Ecology, 62: 1 187–1 195.

Ravi S, D' Odorico P, Okin G S, 2007.Hydrologic and aeolian controls on vegetation patterns in arid landscapes[J]. Geophysical Research Letters, 34（24）: 1 061–1 064.

Recher H F, 1969.Bird species diversity and habitat diversity in Australia and North America[J]. American Naturalist, 103（929）: 75–80.

Reynolds J F, Virginia R A, Kemp P R, et al., 1999.Impact of drought on desert shrubs: effects of seasonality and degree of resource island development[J]. Ecological Monographs, 69（1）: 69–106.

Ritchie M E, Tilman D, Knops J M H, 1998.Herbivore effects on plant and nitrogen dynamics in Oak Savanna[J]. Ecology, 79（1）: 165–177.

Rodríguez-Pérez J, Santamaria L, 2012. Frugivore behaviour determines plant distribution: A spatially-explicit analysis of a plant-disperser interaction[J]. Ecography, 35（2）: 113–123.

Rong Q, Liu J, Cai Y, et al., 2016. "Fertile island" effects of Tamarix chinensis, Lour. on soil N and P stoichiometry in the coastal wetland of Laizhou Bay, China[J]. Journal of Soils & Sediments, 16（3）: 864–877.

Rosenthal G, Schrautzer J, Eichberg C, 2012.Low-intensity grazing with domestic herbivores: a tool for maintaining and restoring plant diversity in temperate Europe[J]. Tuexenia, 32: 167–205.

Russo S E, Augspurger C K, 2004.Aggregated seed dispersal by spider monkeys limits recruitment to clumped patterns in Virola calophylla[J]. Ecology Letters, 7（11）: 1 058-1 067.

Saiz H, Bittebiere A K, Benot M L, et al., 2016. Understanding clonal plant competition for space over time: a fine-scale spatial approach based on experimental communities[J]. Journal of Vegetation Science, 27（4）: 759-770.

Sasaki T, Okayasu T, Jamsran U, et al., 2008. Threshold changes in vegetation along a grazing gradient in Mongolian Rangelands[J]. Journal of Ecology, 96（1）: 145-154.

Schenk H J, Jackson R B, 2002a .Rooting depths, lateral root spreads and below-ground/above-ground allometries of plants in water-limited ecosystems[J]. Journal of Ecology, 90: 480-494.

Schenk H J, Jackson R B, 2002b. The global biogeography of roots[J]. Ecological Monographs, 73: 311-328.

Schlesinger W H, Raikes J A, Hartley A E, et al., 1996.On the spatial pattern of soil nutrients in desert ecosystems[J]. Ecology, 77（2）: 364-374.

Schlesinger W H, Reynolds J F, Cunningham G L, et al., 1990.Biological feedbacks in global desertification[J]. Science, 247: 1 043-1 048.

Schmid B, Puttick G M, Burgess K H, et al., 1988.Clonal integration and effects of simulated herbivory in old-field perennials[J]. Oecologia, 75: 465-471.

Schönbach P, Wan H, Gierus M, et al., 2011.Grassland responses to grazing: effects of grazing intensity and management system in an Inner Mongolian steppe ecosystem[J]. Plant and Soil, 340（s1-2）: 103-115.

Seidler T G, Plotkin J B, 2006.Seed dispersal and spatial pattern in tropical trees[J]. Plos Biology, 4（11）: e344.

Shachak M, Lovett G M, 1998.Atmospheric Deposition to a Desert ecosystem and its implications for management[J]. Ecological Applications, 8（2）: 455-463.

Shao Y, Zhang W, Shen J, et al., 2008.Nematodes as indicators of soil recovery in tailings of a lead/zinc mine[J]. Soil Biology & Biochemistry, 40（8）: 2 040-2 046.

Shen X J, Zhou D W, Fei L I, et al., 2015.Vegetation change and its response to climate change in grassland region of China[J]. Scientia Geographica Sinica, 35（5）: 622-629.

Shi S J, Condron L, Larsen S, et al., 2011. In situ sampling of low molecular weight organic anions from rhizosphere of radiata pine（Pinus radiata）grown in a rhizotron system[J]. Environmental and Experimental Botany, 70: 131-142.

Shroff R, Vergara F, Muck A, et al., 2008. Nonuniform distribution of glucosinolates in arabidopsis thaliana leaves has important consequences for plant defense[J]. Proceedings of the National Academy of Sciences of the United States of America, 105（16）: 6 196-6 201.

Siemens D H, Lischke H, Maggiulli N, et al., 2003.Cost of resistance and tolerance under competition: the defense-stress benefit hypothesis[J]. Evolutionary Ecology, 17（3）: 247-263.

Silvertown J W, 1983. The distribution of plants in limestone pavement: tests of species interaction and niche separation against null hypotheses[J]. The Journal of Ecology, 71（3）: 819-828.

Simpson S J, Sibly R M, Lee K P, et al., 2004.Optimal foraging when regulating intake of multiple nutrients[J].Animal Behaviour, 68（6）: 1 299-1 311.

Singer F J, Schoenecker K A, 2003.Do ungulates accelerate or decelerate nitrogen cycling[J]? Forest Ecology and Management, 181: 189-204.

216

Stephens D W, Krebs J R, 1986.Foraging theory[M]. Princeton: Princeton University Press.

Sternberg M, Gutman M, Perevolotsky A, et al., 2000. Vegetation response to grazing management in a mediterranean herbaceous community: a functional group Approach[J]. Journal of Applied Ecology, 37（2）: 224-237.

Sterner R W, Elser J J, Fee E J, et al., 1997.The light: nutrient ratio in lakes: the balance of energy and materials affects ecosystem structure and process[J]. American Naturalist, 150（6）: 663-684.

Stöcklin J, Favre P, 1994. Effects of plant size and morphological constraints on variation in reproductive components in two related species of epilobium[J]. Journal of Ecology, 82: 735-746.

Strauss S Y, Agrawal A A, 1999. The ecology and evolution of plant tolerance to herbivory[J]. Trends in Ecology and Evolution, 14（5）: 179-185.

Sullivan B W, Hart S C, 2013.Evaluation of mechanisms controlling the priming of soil carbon along a substrate age gradient[J]. Soil Biology & Biochemistry, 58: 293-301.

Susyan E A, Wirth S, Ananyeva N D, Stolnikova E V, 2011. Forest succession on abandoned arable soils in European Russia—Impacts on microbial biomass, fungal-bacterial ratio, and basal CO_2 respiration activity[J]. European Journal of Soil Biology, 47: 169-174.

Suttle K B, Thomsen M A, Power M E, 2007.Species Interactions reverse grassland responses to changing climate[J]. Science, 315（5 812）: 640-642.

Swamy V, Terborgh J, Dexter K G, et al., 2010.Are all seeds equal? Spatially explicit comparisons of seed fall and sapling recruitment in a tropical forest[J]. Ecology Letters, 14（2）: 195-201.

Tahvanainen J O, Root R B, 1972.The influence of vegetational diversity on the population ecology of a specialized herbivore, Phyllotreta crucifera（Coleoptera: Chrysomelidae）[J]. Oecologia, 10: 321-346.

Tang Y, Wang X J, 2014. Effects of grazing on reproductive allocation of elm in Horqin Sandy Land, Northeastern China[J]. Advanced Materials Research, 937: 554-558.

Tessier J T, Raynal D J, 2003.Use of nitrogen to phosphorus ratios in plant tissue as an indicator of nutrient limitation and nitrogen saturation[J]. Journal of Applied Ecology, 40: 523-534.

Thomes D W, Sanson C, Bergeron J M, 1988.Metabolic cost associated with the ingestion of plan phenolics by Microtus pennsylvanicus[J]. Journal of Mammalogy, 69: 512-515.

Tian G, Gao L, Kong Y, et al., 2017. Improving rice population productivity by reducing nitrogen rate and increasing plant density[J]. Plos One, 12（8）: e0182310.

Tilman D, 1999. The ecological consequences of biodiversity: a search for general principles[J]. Ecology, 80（5）: 1 455-1 474.

Tilman D, 1998.Plant strategies and the dynamics and structure of plant communities[M]. Princeton: Princeton University Press.

Tracey A J, Aarssen L W, 2014.Revising traditional theory on the link between plant body size and fitness under competition: evidence from old-field vegetation[J]. Ecology and Evolution, 4（7）: 959-967.

Tripathi P, 2013.Plant height profiling in western India using LiDAR data[J]. Current Science, 105: 970-977.

van Noordwijk M, Purnomosidhi P, 1995.Root architecture in relation to tree-soil-crop interactions and shoot pruning in agroforestry[J]. Agroforestry Systems, 30: 161-173.

Verón S R, Paruelo J M, Oesterheld M, 2011.Grazing-induced losses of biodiversity affect the transpiration of an arid ecosystem[J]. Oecologia, 165（2）: 501-510.

Villalba J J, Provenza F D, 2000.Discriminating among novel foods: Effects of energy provision on preferences of lambs for poor-quality foods[J]. Applied Animal Behaviour Science, 66: 87-106.

Violle C, Navas M L, Vile D, et al., 2007.Let the concept of trait be functional[J]. Oikos, 116: 882-892.

Wallace A, Rhods W A, Frolich E F, 1968.Germination behavior of Salsola as influenced by temperature, moisture, depth of planting, and gamma irradiation[J]. Agronomy Journal, 60（1）: 76-78.

Wan H W, Bai Y F, Schönbach P, et al., 2011.Effects of grazing management system on plant community structure and functioning in a semiarid steppe: scaling from species to community[J]. Plant and Soil, 340: 215-226.

Wang F X, Yin C H, Song Y P, et al., 2017a .Reproductive allocation and fruit-set pattern in the euhalophyte Suaeda salsa in controlled and field conditions[J]. Plant Biosystems, 150: 1-10.

Wang H, Dong Z, Guo J, et al., 2017.Effects of grazing intensity on organic carbon stock characteristics in Stipa breviflora desert steppe vegetation soil systems[J]. Rangeland Journal, 39: 169-177.

Wang L, Wang D, Bai Y, et al., 2010.Spatial distributions of multiple plant species affect herbivore foraging selectivity[J]. Oikos, 119（2）: 401-408.

Wang T H, Zhou D W, Wang P, et al., 2006.Size-dependent reproductive effort in Amaranthus retroflexus: the influence of planting density and sowing date[J]. Canadian Journal of Botany, 84: 485-492.

Wang X, Wang T, Dong Z, et al., 2005. Nebkha development and its significance to wind erosion and land degradation in semi-arid northern China[J]. Journal of Arid Environments, 65（1）: 129-141.

Wang X, Zhang C, Zhang J, et al., 2010b .Nebkha formation: implications for reconstructing environmental changes over the past several centuries in the Ala Shan Plateau, China[J]. Palaeogeography Palaeoclimatology Palaeoecology, 297（3-4）: 697-706.

Wang Z, Jiao S, Han G, et al., 2014.Effects of stocking rate on the variability of peak standing crop in a desert steppe of Eurasia grassland[J]. Environmental Management, 53（2）: 266-273.

Wang Z, Jiao S, Han G, et al., 2014.Effects of stocking rate on the variability of peak standing crop in a desert steppe of Eurasia grassland[J]. Environmental Management, 53: 266-273.

Wardle D A, Bardgett R D, Klironomos J N, et al., 2004. Ecological linkages between aboveground and belowground biota[J]. Science, 304: 1 629-1 633.

Webb C O, Peart D R, 2000.Habitat associations of trees and seedlings in a bornean Rain Forest[J]. Journal of Ecology, 88（3）: 464-478.

Weeda W C, 1967.The effect of cattle dung patches on pasture growth, botanical composition, and pasture utilization[J]. New Zealand Journal of Agricultural Research, 10: 150-159.

Weiner J, Thomas S C, 1986. Size variability and competition in plant monocultures[J]. Oikos, 47: 211-222.

Weiner J, 1990. Asymmetric competition in plant populations[J]. Trends in Ecology & Evolution, 5（11）: 360-364.

Weiner J, 2004. Allocation, plasticity and allometry in plants[J]. Perspectives in Plant Ecology Evolution & Systematics, 6: 207-215.

Weitbrecht K, Müller K, Leubnermetzger G, 2011.First off the mark: early seed germination[J]. Journal of Experimental Botany, 62（10）: 3 289-3 309.

Westoby M, Falster D S, Moles A T, et al., 2002.Plant ecological strategies: some leading dimensions of variation between species[J]. Annual Review of Ecology and Systematics, 33: 125-159.

218

Wiegand T, Gunatilleke S, Gunatilleke N, et al., 2007.Analyzing the spatial structure of a sri lankan tree species with multiple scales of clustering[J]. Ecology, 88 (12): 3 088-3 102

Wiegand T, Martínez I, Huth A, 2009. Recruitment in tropical tree species: revealing complex spatial patterns[J]. American Naturalist, 174 (4): 106-140.

Wiggs G F S, Livingstone I, Thomas D S G, et al., 1994.Effect of vegetation removal on airflow patterns and dune dynamics in the southwest Kalahari desert[J]. Land Degradation and Development, 5 (1): 13-24.

Willson M F, 1983.Plant Reproductive Ecology[M]. John Wiley & Sons, New York.

Winslow J C, Jr E R H, Piper S C, 2003.The influence of seasonal water availability on global C3, versus C4, grassland biomass and its implications for climate change research[J]. Ecological Modelling, 163 (1-2): 153-173.

Wood M K, Blackburn W H, Eckert R E, et al., 1978. Interrelations of the physical properties of coppice dune and vesicular dune interspace soils with grass seedling emergence[J]. Journal of Range Management, 31 (3): 189-192.

Wright I J, Reich P B, Westoby M, et al., 2004. The worldwide leaf economics spectrum[J]. Nature, 428 (6 985): 821-827.

Wright S I, Barrett S C H, 1999.Size-dependent gender modification in a hermaphroditic perennial herb[J]. Proceedings of the Royal Society B: Biological Sciences, 266: 225-232.

Wu H, Wiesmeier M, Y U Q, et al., 2012. Labile organic C and N mineralization of soil aggregate size classes in semiarid grasslands as affected by grazing management[J]. Biology and Fertility of Soils, 48 (3): 305-313.

Xiao W H, Yan P W, Yan R W, 2009.Different requirements for physical dormancy release in two populations of Sophora alopecuroides, relation to burial depth[J]. Ecological Research, 24 (5): 1 051-1 056.

Xiong X, Han X, 2005. Spatial heterogeneity in soil carbon and nitrogen resources, caused by Caragana microphylla, in the thicketization of semiarid grassland, Inner Mongolia[J]. Acta Ecol. Sin., 25: 1 678-1 683.

Xu W, Liu W, Yang W, et al., 2012.Rhombomys opimus, contribution to the "fertile island" effect of tamarisk mounds in Junggar Basin[J]. Ecological Research, 27 (4): 775-781.

Xue W, Huang L, Yu F H, et al., 2018. Intraspecific aggregation and soil heterogeneity: Competitive interactions of two clonal plants with contrasting spatial architecture[J]. Plant and Soil, 425: 231-240.

Yagihashi T, Hayashida M, Miyamoto T, 1998.Effects of bird ingestion on seed germination of Sorbus commixta[J]. Oecologia, 114 (2): 209-212.

Yang H, Li Y, Wu M, et al., 2011.Plant community responses to nitrogen addition and increased precipitation: The importance of water availability and species trait[J]s. Global Change Biology, 17 (9): 2 936-2 944.

Yang X D, Yang Z, Warren M W, et al., 2012.Mechanical fragmentation enhances the contribution of Collembola to leaf litter decomposition[J]. European Journal of Soil Biology, 53: 23-31.

Yavuz T, Karadag Y, 2015.The effect of fertilization and grazing applications on root length and root biomass of some rangeland grasses[J]. Turkish Journal of Field Crops, 20 (1): 38-42.

Yin C H, Gu F, Zhang F S, et al., 2010.Enrichment of soil fertility and salinity by tamarisk in saline soils on the northern edge of the Taklamakan Desert.[J]. Agricultural Water Management, 97 (12):

1 978-1 986.

Yin H J, Li Y F, Xiao J, et al., 2013.Enhanced root exudation stimulates soil nitrogen transformations in a subalpine coniferous forest under experimental warming[J]. Global Change Biology, 19: 2 158-2 167.

Yin H J, Wheeler E, Phillips R P, 2014.Root-induced changes in nutrient cycling in forests depend on exudation rates[J]. Soil Biology & Biochemistry, 78: 213-221.

Zamani S, Mahmoodabadi M, 2013.Effect of particle-size distribution on wind erosion rate and soil erodibility[J]. Archives of Agronomy & Soil Science, 59 (12): 1 743-1 753.

Zhang D Y, Jiang X H, 2000.Costly solicitation, timing of offspring conflict, and resource allocation in plants[J]. Annals of Botany, 86: 123-131.

Zhang G G, Kang Y M, Hang G D, et al., 2011a .Effect of climate change over the past half century on the .distribution, extent and NPP of ecosystems of Inner Mongolia[J]. Global Change Biology, 17: 377-389.

Zhang P, Yang J, Zhao L, et al., 2011b .Effect of Caragana tibetica, nebkhas on sand entrapment and fertile islands in steppe-desert ecotones on the Inner Mongolia Plateau, China[J]. Plant & Soil, 347 (1-2): 79-90.

Zheng S, Lan Z, Li W, et al., 2011.Differential responses of plant functional trait to grazing between two contrasting dominant C3 and C4 species in a typical steppe of Inner Mongolia, China[J]. Plant & Soil, 340 (1-2): 141-155.

Zimmerman J K, Weis I M, 1983. Fruit size variation and its effects on germination and seedling growth in Xanthium strumarium[J]. Canadian Journal of Botany, 61: 2 309-2 315.

附录 试验设计与取样方法

第一节 研究区概况

一、地理位置

试验区设立在内蒙古高原的荒漠草原亚带，南侧的短花针茅草原的东南部（呈条状分布），位于锡林郭勒盟苏尼特右旗朱日和镇中的都呼木苏木（地理位置）（E112°47′16.9″、N42°16′26.2″），海拔1 100～1 150m。

内蒙古荒漠草原在内蒙古高原的中部偏西地区呈集中连片分布，其主体位于阴山山脉北部的层状高平原上；以苏尼特东起，西部至乌拉特地区，西南和鄂尔多斯高原中、西部的荒漠草原相接，西北面相连广袤的荒漠草原，继而形成内蒙古荒漠草原植被。

二、气候

根据离试验区东部15km外的朱日和国家基准气象站气象资料多年统计可知，年均日照时数3 137.3h，年均气温5.8℃，年均降水量183.0mm，年均蒸发量2 793.4mm，≥5℃年积温3 426.0℃，≥10℃年积温2 491℃，无霜期177d，为中温型气候。平均风速达5.1m/s，多为西北风，集中在春、冬两季，大风日年均67d，并伴有沙尘暴。

本试验进行期间（2010—2016年），在试验地的小型气象站记录了试验地的大气温度和降水量（附图1）。2012年降水量最高（329.30mm），2014年最低且不到2012

年总降水量的1/2（135.00mm）。试验期间，年降水量<200mm的年份占总试验年份的42.86%，干旱情况较为严重。5—10月植物生长季日最低温度>6℃，最高月均温为7月（>22.00℃），植物返青期5月均温>13℃。

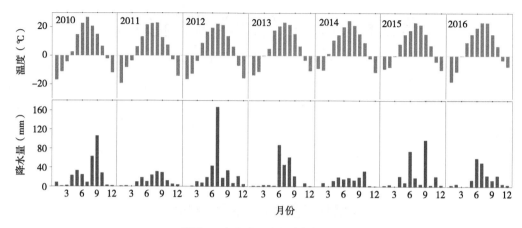

附图1　试验地月均温度与降水量

三、土壤

苏尼特右旗属于古湖盆上升而形成的层状剥蚀高平原的地质构造。海拔在897～1 672m，呈南高北低阶梯状下降的地势。低山多集中于南部，而中、北部以起伏丘陵和平坦高平原为主，从而由北到南，大致形成了3种阶梯地貌：一是赛乌素以北的高平原与丘陵地貌；二是赛乌素以南至朱日和间的高平原地貌；三是朱日和以南的阴山山脉北麓地貌。试验区位于朱日和镇以西15km，地势平坦，表层被大量的第三纪中生代红色砂岩、泥沙和沙砾层覆盖，上层覆有较薄的第四组残积物。土壤为淡栗钙土，是地带性土壤（由荒漠草原向荒漠过渡的）。沙化性地表，腐殖质层20～30cm厚，腐殖质含量达1.0%～1.8%。

四、植被

内蒙古高原的荒漠草原亚带位于荒漠带和典型草原亚带之间，因此，在组成植被和植物区系上，除有植物组成和亚带固有的群落类型成分外，还有来自东、西两侧的渗透和侵入的少量植物种群。戈壁蒙古荒漠草原种和亚洲中部荒漠草原种是在群落中起主要作用的植物区系成分。主要建群种和优势种植物有须芒组的短花针茅（*Stipa breviflora*）的无芒隐子草（*Cleistogenes songorica*）和碱韭（*Allium polyrhizum*）等以及针茅属羽针组植物的小针茅（*Stipa klemenzii*）、戈壁针茅（*Stipa gobica*）、沙生针茅（*Stipa glareosa*）及其他植物。如兔唇花（*Lagochilus ilicifolius*）、戈壁天门冬（*Asparagus gobicus*）、荒漠丝石竹（*Gypsophila desertorum*）、燥原荠（*Ptilotrichum canescens*）等一些常见的旱生杂类草和小半灌木，也都是荒漠草原的特征种。还有组成群落中的旱生小半灌木层片，如蓍状亚菊（*Ajania achiloides*）和女蒿（*Hippolytia trifida*）也是特有的荒漠草原优势植物。此外，有如狭叶锦鸡儿（*Caragana stenophylla*）、矮锦鸡儿（*Caragana pygmaea*）和中间锦鸡儿（*Caragana intermedia*）等少数锦鸡儿属小灌木，形成了灌丛化荒漠草原群落。荒漠草原的层片结构中，主要为旱生小半灌木及葱类鳞茎植物层片，建群层以旱生的多年生丛生小禾草为主，且旱生小半灌木层片和旱生多年生杂类草层片也很稳定。荒漠草原几乎只在降水较多的年份，出现一种特殊的"夏雨型"一年生植物层片，在群落中占有较大的优势。这些一年生植物主要有栉叶蒿（*Neopallasia pectinata*）、虱子草（*Tragus berteronianus*）、猪毛菜（*Salsola collina*）、冠芒草（*Enneapogon borealis*）、狗尾草（*Setaria viridis*）等。还有些欧亚草原区亚洲中部典型草原成分，如糙隐子草（*Cleistogenes squarrosa*）、克氏针茅（*Stipa krylovii*）和冷蒿（*Artemisia frigida*）等常在内蒙古荒漠草原群落中出现。

　　本试验位于内蒙古荒漠草原呈地带性分布的短花针茅草原。短花针茅草原以禾本科植物占主导，其次为蓼科植物、菊科植物，蔷薇科、百合科和十字花科的植物也有出现。对短花针茅草原的植物作水分生态类型分析，旱生植物占优势地位。在群落外貌、结构特征形成和群落环境建造中，短花针茅起着主导作用。优势种为无芒隐子草和碱韭，构成了短花针茅+无芒隐子草+碱韭的群落类型。群落的伴生种主要有银灰旋花、糙隐子草、阿尔泰狗娃花（*Heteropappus altaicus*）、木地肤（*Kochia prostrata*）等，狭叶锦鸡儿在群落中零星出现，详见附表1。试验区植被草层低矮，一般高度为10～25cm；植被盖度较低，为15%～25%。群落地上生物量随降水量变化有较大的波动性，荒漠草原牧草蛋白质含量较高平均为10%以上，粗灰分和粗蛋白含量高于其他草原群落。

附表1　试验地物种

物种	拉丁名	物种	拉丁名
短花针茅	*Stipa breviflora*	乳白花黄芪	*Astragalus gulactites*
无芒隐子草	*Cleistogenes songorica*	叉枝鸦葱	*Scorzonera divaricata*
寸草苔	Carex duriuscula	冷蒿	*Artemisia frigida*
木地肤	*Kochia prostrata*	蒙古葱	*Allium mongolicum*

（续表）

物种	拉丁名	物种	拉丁名
戈壁天门冬	*Asparagus gobicus*	细叶韭	*Allium tenuissimum*
茵陈蒿	*Artemisia capillaries*	二裂委陵菜	*Potentilla bifurca*
阿尔泰狗娃花	*Heteropappus altaicus*	栉叶蒿	*Neopallasia pectinata*
碱韭	*Allium polyrhizum*	猪毛菜	*Salsola collina*
兔唇花	*Lagochilus diacanthophyllus*	牻牛儿苗	*Erodium stephanianum*
银灰旋花	*Convolvulus ammannii*	狗尾草	*Setaria viridis*
异叶棘豆	*Oxytropis diversifolia*	画眉草	*Eragrostis pilosa*

第二节 放牧试验设计

本研究所选用的试验样地位于连续的同一地段，地势平坦，环境相对均匀，有效地控制了本底和空间异质性的差异。放牧试验于2010年开始，每年5月开始放牧，10月底终止，期间采用连续放牧方式，夜间羊群不归牧，不进行补饲。试验平台设有放牧季节调控、放牧强度调控与放牧强度下季节调控3种试验方案（附图2，附表2），每个处理均设有3次重复，每个试验小区面积约为2.60hm²。放牧区所用放牧家畜为"苏尼特羊"（彩图6），且绵羊的健康状况、个体大小、体重、性别基本一致。

在本研究中，为了深入探讨建群种短花针茅对放牧强度的响应过程与机理，因此只抽取了重度放牧（SA3）、适度放牧（SA5）、不放牧（CK）这3种放牧处理方式。适度放牧处理和重度放牧处理载畜率分别放牧1.92只/hm²、3.08只/hm²。

附表2 试验设计

处理	春季（5—6月）	夏季（7—8月）	秋季（9—10月）	重复数
SA1	不放牧	重度放牧	适度放牧	3
SA2	不放牧	适度放牧	重度放牧	3
SA3	重度放牧	重度放牧	重度放牧	3
SA4	重度放牧	重度放牧	适度放牧	3

（续表）

处理	春季（5—6月）	夏季（7—8月）	秋季（9—10月）	重复数
SA5	适度放牧	适度放牧	适度放牧	3
CK	不放牧	不放牧	不放牧	3

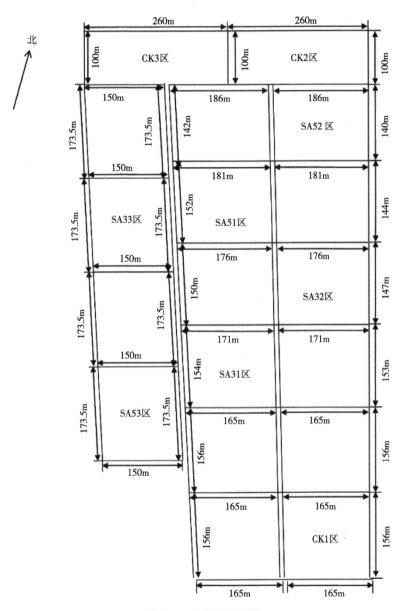

附图2　试验设计示意

注：未标注（空白）试验小区为其他放牧处理

第三节 取样与数据分析

一、取样方法

（一）短花针茅种群特征

于2010年8月至2016年8月上旬植物生长高峰期，在每个试验小区随机设置5个面积为1m×1m的描述样方，测定短花针茅种群的高度、数量，将每个植株用剪刀齐地面剪起、编号，带回阴凉处处理。之后试验材料置于105℃烘箱中杀青15min，将叶片置于55℃干燥箱中烘干至恒重，获得其生物量。

（二）短花针茅功能性状

于2015年8月、2016年8月进行野外取样，在每个试验小区，随机设置5个1m×1m的样方，每个1m×1m样方内，观测短花针茅个体数量，使用电子游标卡尺测量所有现存的短花针茅基径，对应随机选取该株10片叶片（不足10片的株丛全部测量），测量其叶高（自然状态下叶片最高点距离地面的垂直高度，LH）、自然叶宽（叶片自然状态的宽度，LWi），待完成后，将叶片切成0.5～1.0cm的小段，用装有10mm FAA固定液（70%酒精：冰乙酸：福尔马林溶液=90：5：5）封存，并带回实验室进行相关指标观测。剩余株丛部分齐地剪起、编号，以便进一步处理。之后将每个植株用剪刀齐地剪起、编号，带回室内阴凉处处理。

于12h内用去离子水快速冲洗干净，吸干表面水分，测量叶片数量（LN）、叶片完全宽度（叶片展平时的宽度，LD）、叶长（叶片拉直时的长度，LL）、叶面积（LA），待完成后，将新鲜材料置于105℃烘箱中杀青10min，将叶片置于75℃干燥箱中烘干至恒重，称量样品干重（LWe）。

将浸有短花针茅叶片片段用蒸馏水清洗干净，用不同浓度（70%、85%、95%和100%）乙醇依次脱水，经二甲苯透明、渗蜡、包埋和修块等过程，使用番红-固绿染色，加拿大树胶封片。充分干燥后，所制石蜡切片在Motic B-210显微镜下进行拍照，照片使用Photoshop 8.0软件测量尺测定，记录每个叶片上表皮角质层厚度（Ctue）、下表皮角质层厚度（Ctle）、上表皮细胞厚度（Tuec）、下表皮细胞厚度（Tlec）、上表皮细胞面积（Auec）、下表皮细胞面积（Alec）、主脉厚度（Mvt）和叶片厚度（Lt）。

（三）短花针茅个体生殖特征

野外取样于2015年6月1日进行。在每个试验小区，随机设置3个1m×1m的样方，每个1m×1m样方内，分别记录有生殖枝和无生殖枝的短花针茅个体数量，使用电子游标卡尺测量样方内所有短花针茅基径，并测量短花针茅个体生殖枝数量（RBN）、营养枝数量（FBN）、生殖枝高度（RBH）、营养枝高度（FBH）、生殖枝长度（RBL）、营养枝长度（FBL）、生殖枝宽度（RBWi）、营养枝宽度（FBWi），之后进行种子收集，并统计每个样方中生殖个体产生的种子数（SN）。待完成后，将新鲜材料置于105℃烘箱中杀青10min，将叶片置于75℃干燥箱中烘干至恒重，测量生殖枝干重（RBWe）与营养枝干重（FBWe）。

土壤种子库的采样于上述每个样方内进行，长度、宽度、深度依次为10cm、10cm、5cm，将土样装入密封袋，带回实验室。

2015年6月3日，于每个试验小区选取植株健壮、结实率高的成熟短花针茅繁殖枝，风干后手动脱粒，储存于袋内过冬备用。

2016年6月15日，将2015年6月3日收集到的种子带回实验室，将相同放牧处理的种子均匀混合后分为3份。

（1）在第一份种子中，各放牧处理随机挑选50粒种子，采用游标卡尺测量种子宽度、种子长度、种子重量、芒重量（附图3），形态指标测量完成后，将每一粒种子经自来水冲洗、75%乙醇消毒、去离子水冲洗，之后置于培养皿中，每间隔24h统计各个培养皿中短花针茅种子萌发状况。统计后适量补水，以保证后期处理条件一致，连续培养14d后终止培养。

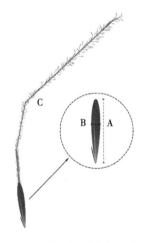

附图3　种子测量指标示意

注：A.种子长度；B.种子宽度；C.种子芒柱。

（2）第二份种子中，选取第一份种子萌发状况较好的形态特征的种子，做去芒处理和不去芒处理（附图4）。之后分别置于培养皿中，每个培养皿50粒种子，每种处理重复5次，共计30个培养皿。之后重复（1）中的萌发过程。

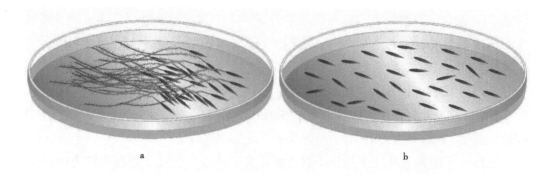

附图4　非去芒种子与去芒种子萌发示意

注：a. 未去芒处理；b. 去芒处理

（3）第三份种子中，重复（1）中选取种子的过程，并去芒处理，并将种子与土壤表面夹角依次以0°、15°、30°、45°、60°、90°种植于土壤中，且每粒种子的3/4体积于土壤中，每种放牧处理重复10次，适量浇水，之后重复（1）中的萌发过程（附图5）。

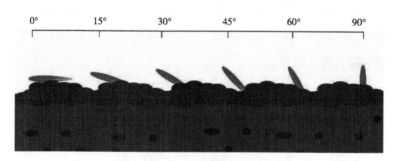

附图5　不同植入土壤角度种子示意

土壤种子库的测定采用种子萌发法估算土壤种子库中短花针茅种子的数量。2016年6月20日，在内蒙古农业大学草学的玻璃温室[萌发试验期间（6—9月）温度为22.4～26.8℃]内进行萌发试验。将同一采样点同层土样过筛去除碎石、根茎、枯枝落叶后，混合均匀。在15cm×15cm×7cm的萌发盒中铺设1cm厚的蛭石，之后将野外采集的土样均匀的覆于其上。定期向水槽中补充水分，使土壤保持湿润。种子萌发14d后，统计每个萌发盒内短花针茅的萌发数量。萌发持续到8月，不再有新的短花针茅萌发，继续观察一个月后结束试验。

（四）短花针茅与植物源土丘的划分

根据短花针茅株丛实际基径（Basal diameter，Bd）大小并结合已有文献，将短花针茅划分为5个年龄阶段，依次为幼苗（Ⅰ，Bd≤4mm）、幼龄（Ⅱ，4mm<Bd≤20mm）、成年（Ⅲ，20mm<Bd≤40mm）、老龄前期（Ⅳ，40mm<Bd≤70mm）、老龄期（Ⅴ，Bd>70mm）。并依据短花针茅年龄，将所取得的土壤样品依次分为：PHⅠ，植物年龄Ⅰ期着生土壤；PHⅡ，植物年龄Ⅱ期着生土壤；PHⅢ，植物年龄Ⅲ期植物源土丘土壤；PHⅣ，植物年龄Ⅳ期植物源土丘土壤；PHⅤ，植物年龄Ⅴ期植物源土丘土壤；BL，裸地。

（五）植物与土壤养分测定

将每份植物样品在105℃下杀青15min，在55℃下烘干至恒重后，将收集到的植物依照植株大小分为裸地、幼苗、幼龄、成年、老龄前期、老龄期叶片，之后按照上述标准将每个样地的植物混合为一份植物样品。植物样品在球磨仪中研磨成粉末，利用元素分析仪（Elementar vario MACRO）测定C、N含量，采用钼锑抗比色法测定P含量。酸性洗涤纤维、中性洗涤纤维采用Ankom A220i型纤维分析系统测定。

将收集到的土壤依照植株大小分为裸地、幼苗、幼龄、成年、老龄前期、老龄期，之后按照上述标准将每个样地的土样混合为一份土壤样品。土壤样品在球磨仪中研磨成粉末，土壤C、N采用元素分析仪测定，土壤全P采用钼锑抗比色法测定，土壤全K采用NaOH熔融—火焰光度计法测定。

二、数据处理

（一）叶卷曲度、比叶面积

通过式1、式2计算出短花针茅叶卷曲度（LRI）、比叶面积（SLA）。

$$LRI =（LD–LWi）/LD \qquad\qquad 式1$$

$$SLA = LA/LWe \qquad\qquad 式2$$

式中，LD为叶片完全宽度；LWi为自然状态下叶片宽度；LA为叶面积；LWe为叶干重。

（二）叶片可塑性

短花针茅叶性状对放牧的响应可利用可塑性指数表示。本研究以NG处理为参考系，HG、MG样地中某一叶性状的可塑性指数为：NG处理数值减去HG、MG处理数值的绝对值，除以（HG和NG）、（MG和HG）处理数值中的最大值。

（三）不同年龄短花针茅的动物偏食性

草食动物通过采食（下行作用）作用于局部植物生存与灭绝，那么既有现存植物即可体现家畜对某些植物的偏好。本研究用不同年龄短花针茅生物量来计算，以不放牧处理下不同年龄的短花针茅为总供给量。依据各年龄短花针茅的采食情况，计算绵羊对各生长年龄的短花针茅的偏食性指数（PI）。PI指每个年龄短花针茅的采食情况占短花针茅种群总采食量的百分比。

（四）相对饲用价值

相对饲用价值（RFV），同时考虑了饲草的中性洗涤纤维（NDF）和酸性洗涤纤维（AND）2个指标，从而更加全面对饲草的干物质采食量和消化率进行评价。饲用价值是粗饲料的一项重要经济性状，相对饲用价值是中性洗涤纤维和酸性洗涤纤维的综合反映，是饲料质量的评定指数，其值越高，说明该粗饲料的营养价值越高，相对饲用价值大于100，其营养价值整体较好。计算式3、式4、式5如下。

$$DDM = 88.9 - (0.779 \times \%ADF) \qquad \text{式3}$$

$$DMI = 120/(\%NDF) \qquad \text{式4}$$

$$RFV = (DDM \times DMI)/1.29 \qquad \text{式5}$$

式中，DDM（Digestible dry matter）为可消化干物质；DMI（Dry matter intake）为干物质采食量。

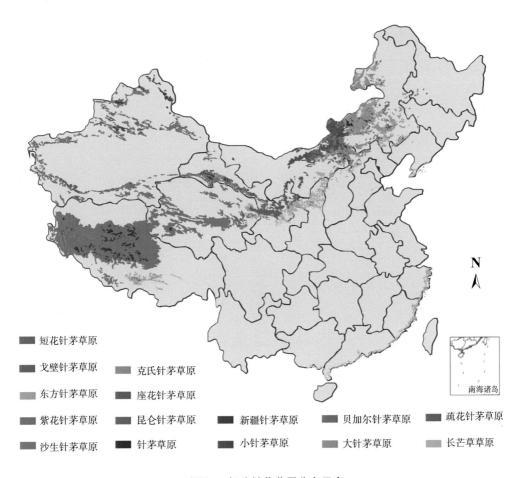

彩图1　部分针茅草原分布示意

短花针茅草原

戈壁针茅草原　　克氏针茅草原

东方针茅草原　　座花针茅草原

紫花针茅草原　　昆仑针茅草原　　新疆针茅草原　　贝加尔针茅草原　　疏花针茅草原

沙生针茅草原　　针茅草原　　　小针茅草原　　　大针茅草原　　　长芒草草原

彩图2　短花针茅荒漠草原群落

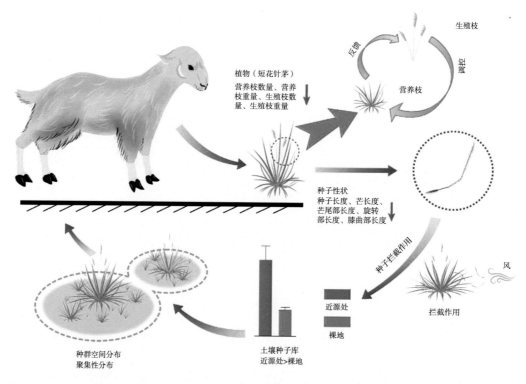

彩图3　荒漠草原短花针茅种群在重度放牧胁迫下的适应通径分析图式

注：箭头表示在重度放牧胁迫下短花针茅的生态适应过程

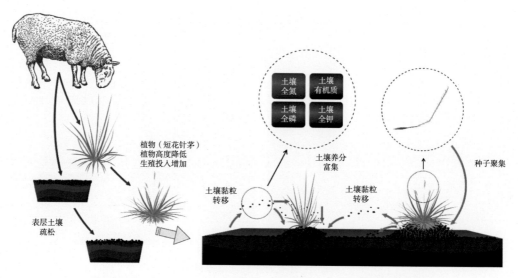

彩图4　荒漠草原放牧干扰下植被、植物源土丘生态过程的通路图式

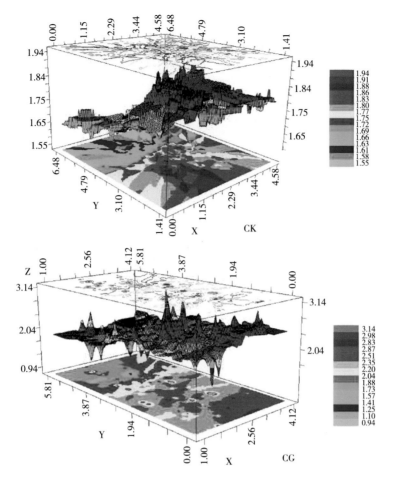

彩图5 建群种与优势种空间分布趋势

彩图6 放牧羊群饮水